湖北省教育科学"十一五"规划专项资助重点课题成果

湖北高职规划教材编审委员会

顾　问

姜大源	教育部职业技术教育中心研究所研究员	《中国职业技术教育》主编

委　员

马必学	湖北省高教学会副理事长	武汉职业技术学院院长
黄木生	湖北省高教学会高职专委会主任	长江职业学院党委书记
刘青春	湖北省高教学会秘书长	湖北省教科规划办主任
		湖北省教育科学研究所所长
李友玉	湖北省高教学会副秘书长	湖北省教科所高教中心主任
刘民钢	湖北省高教学会高职专委会副主任	武汉船舶职业技术学院院长
蔡泽寰	湖北省高教学会高职专委会副主任	襄樊职业技术学院院长
李前程	湖北省高教学会高职专委会副主任	仙桃职业学院院长党委书记
彭汉庆	湖北省高教学会高职专委会副主任	湖北职业技术学院院长
陈秋中	湖北省高教学会高职专委会副主任	荆州职业技术学院院长
廖世平	湖北省高教学会高职专委会常务理事	武汉软件工程职业学院院长
张　玲	湖北省高教学会高职专委会常务理事	武汉铁路职业技术学院院长
魏文芳	湖北省高教学会高职专委会常务理事	十堰职业技术学院院长
杨福林	湖北省高教学会高职专委会常务理事	咸宁职业技术学院院长
顿祖义	湖北省高教学会高职专委会常务理事	恩施职业技术学院院长
陈年友	湖北省高教学会高职专委会常务理事	黄冈职业技术学院院长
陈杰峰	湖北省高教学会高职专委会常务理事	随州职业技术学院院长党委书记
赵儒铭	湖北省高教学会高职专委会常务理事	三峡职业技术学院院长
李家瑞	湖北省高教学会高职专委会常务理事	教学组组长
屠莲芳	湖北省高教学会高职专委会常务理事	秘书长
张建军	湖北省高教学会高职专委会理事	湖北财税职业学院院长党委书记
饶水林	湖北省高教学会高职专委会理事	鄂东职业技术学院院长党委书记
杨文堂	湖北省高教学会高职专委会理事	江汉艺术职业学院院长
王展宏	湖北省高教学会高职专委会理事	武汉工程职业技术学院院长
刘友江	湖北省高教学会高职专委会理事	武汉警官职业学院院长
韩洪建	湖北省高教学会高职专委会理事	湖北水利水电职业技术学院院长
盛建龙	湖北省高教学会高职专委会理事	武汉交通职业学院院长
黎家龙	湖北省高教学会高职专委会理事	湖北国土资源职业学院院长
王进思	湖北省高教学会高职专委会理事	湖北交通职业技术学院院长
郑　港	湖北省高教学会高职专委会理事	武汉电力职业技术学院院长
李　志	湖北省高教学会高职专委会理事	湖北城市建设职业技术学院院长
田巨平	湖北省高教学会高职专委会理事	鄂州职业大学校长
张元树	湖北省高教学会高职专委会理事	武汉商业服务学院院长
梁建平	湖北省高教学会高职专委会理事	三峡电力职业学院院长
颜永仁	武汉工业职业技术学院院长	
杨仁和	湖北中医药高等专科学校副校长	

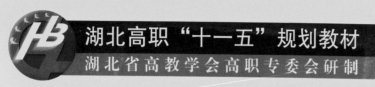

总策划 李友玉　策划 屠莲芳

塑料模具设计基础

Suliao Moju Sheji Jichu

主　编
胡东升　湖北三峡职业技术学院
杨俊秋　武汉船舶职业技术学院
夏碧波　武汉电力职业技术学院

副主编
兰　杰　湖北三峡职业技术学院
许　颖　湖北三峡职业技术学院
彭　超　襄樊职业技术学院

主　审
覃　鸿

教材参研人员（以姓氏笔画为序）
吕雪松　湖北三峡职业技术学院
佘昌全　湖北三峡职业技术学院
沈　锋　襄樊职业技术学院
陈　坊　湖北三峡职业技术学院
孟　灵　襄樊职业技术学院

武汉大学出版社

湖北高职"十一五"规划教材

机电类

编 委 会

主　任　　李望云　武汉职业技术学院
　　　　　　陈少艾　武汉船舶职业技术学院

副主任　（按姓氏笔画排序）
　　　　　　胡成龙　武汉软件工程职业学院
　　　　　　郭和伟　湖北职业技术学院
　　　　　　涂家海　襄樊职业技术学院
　　　　　　游英杰　黄冈职业技术学院

委　员　（按姓氏笔画排序）
　　　　　　刘合群　咸宁职业技术学院
　　　　　　苏　明　湖北国土资源职业技术学院
　　　　　　李望云　武汉职业技术学院
　　　　　　李鹏辉　湖北科技职业学院
　　　　　　邱文萍　武汉铁路职业技术学院
　　　　　　余小燕　荆州职业技术学院
　　　　　　张　键　十堰职业技术学院
　　　　　　陈少艾　武汉船舶职业技术学院
　　　　　　胡成龙　武汉软件工程职业学院
　　　　　　洪　霞　武汉电力职业技术学院
　　　　　　贺　剑　随州职业技术学院
　　　　　　郭和伟　湖北职业技术学院
　　　　　　郭家旺　仙桃职业技术学院
　　　　　　涂家海　襄樊职业技术学院
　　　　　　黄堂芳　鄂东职业技术学院
　　　　　　覃　鸿　湖北三峡职业技术学院
　　　　　　游英杰　黄冈职业技术学院

编委会秘书　　应文豹　武汉职业技术学院

凝聚集体智慧　研制优质教材

教材是教师教学的脚本，是学生学习的课本，是学校实现人才培养目标的载体。优秀教师研制优质教材，优质教材造就优秀教师，培育优秀学生。教材建设是学校教学最基本的建设，是提高教育教学质量最基础性的工作。

高职教育是中国特色的创举。我国创办高职教育时间不长，高职教材存在严重的"先天不足"，目前使用的教材多为中专延伸版、专科移植版、本科压缩版等，这在很大程度上制约着高职教育教学质量的提高。因此，根据高职教育培养"高素质技能型专门人才"的目标和教育教学实际需求，研制优质教材，势在必须。

2005年以来，湖北省高教学会高职高专教育管理专业委员会（简称"高职专委会"）高瞻远瞩，审时度势，深刻领会国家关于"大力发展职业教育"和"提高高等教育质量"之精神，准确把握高职教育发展之趋势，积极呼应全省高职院校发展之共同追求；大倡研究之风，大鼓合作之气；组织全省高职院校开展"教师队伍建设、专业建设、课程建设、教材建设"（简称"四个建设"）的合作研究与交流，旨在推进全省高职院校进一步全面贯彻党的教育方针，创新教育思想，以服务为宗旨，以就业为导向，工学结合、校企合作，走产学结合发展道路；推进高职院校培育特色专业、打造精品课程、研制优质教材、培养高素质的教师队伍，提升学校整体办学实力与核心竞争力；促进全省高职院校走内涵发展的道路，全面提高教育教学质量。

湖北省教育厅将高职专委会"四个建设"系列课题列为"湖北省教育科学'十一五'规划专项资助重点课题"。全省高职院校纷起响应，几千名骨干教师和一批生产、建设、服务、管理一线的专家，一起参加课题协同攻关。在科学研究过程中，坚持平等合作，相互交流；坚持研训结合，相互促进；坚持课题合作研究与教材合作研制有机结合，用新思想、新理念指导教材研制，塑造教材"新、特、活、实、精"的优良品质；坚持以学生为本，精心酿造学生成长的精神食粮。全省高职院校重学习研究、重合作创新蔚然成风。

这种以学会为平台，以学术研究为基础开展的"四个建设"，符合教育部关于提高教育教学质量的精神，符合高职院校发展的需求，符合高职教师发展的需求。

在湖北省教育厅和湖北省高教学会领导的大力支持下，在湖北省高教学会秘书处的指导下，经过两年多艰苦不懈的努力和深入细致的工作，"四个建设"合作研究初见成效。高职专委会与长江出版传媒集团、武汉大学出版社、复旦大学出版社等知名出版单位携手，正陆续推出课题研究成果："湖北高职'十一五'规划教材"，这是全省高职集体智慧的结晶。

交流出水平，研究出智慧，合作出成果，锤炼出精品。凝聚集体智慧，共创湖北高职教育品牌——这是全省高职教育工作者的共同心声！

湖北省高教学会高职专委会主任
黄木生
2009 年 1 月

前　言

　　《塑料模具设计基础》是湖北高职"十一五"规划教材，是在湖北省教育厅立项的湖北省教育科学"十一五"规划专项资助重点课题《高职模具设计与制造专业课程体系研究》（湖北高职"四个建设"系列规划课题）的成果基础上合作研制而成的。

　　塑料模具设计基础课程作为模具设计与制造专业的核心专业课，地位十分重要，该课程能够培养学生的塑料模具设计制造思想，帮助学生掌握基本的塑料模具设计理论和设计方法，形成常见制品缺陷分析及解决方法，具有成形条件设定和注射机调试的基本技能。

　　本教材采用模块任务式的结构，形式以任务引领型课程为主体的课程结构体系。按照专业需要、少而精的原则，突出基本理论、基本技能、基本知识"三基"原则，注重教材的先进性，同时根据技术领域和职业岗位（群）的任职要求，参照相关的职业资格标准，改革课程体系和教学内容。

　　湖北省高等教育学会副秘书长、湖北省教育科学研究所高教研究中心主任李友玉研究员，湖北省高等教育学会高职高专教育管理专业委员会教学组组长李家瑞教授、秘书长屠莲芳，负责本教材研制队伍的组建、管理和本教材研制标准、研制计划的制定与实施。

　　本教材由湖北三峡职业技术学院胡东升、武汉船舶职业技术学院杨俊秋、武汉电力职业技术学院夏碧波任主编，湖北三峡职业技术学院兰杰、许颖，襄樊职业技术学院彭超任副主编。湖北三峡职业技术学院覃鸿任主审。教材共分十四个模块。模块一为概述，模块二为塑料的组成与工艺特性，由武汉船舶职业技术学院杨俊秋编写；模块三为塑料制品的结构工艺性，由湖北三峡职业技术学院胡东升编写；模块四为注射模的基本结构及分类，由湖北三峡职业技术学院许颖编写；模块五为分型面的选择和浇注系统设计、模块六为成型零部件设计，由湖北三峡职业技术学院兰杰编写；模块七为模架结构零部件设计，由湖北三峡职业技术学院胡东升编写；模块八为脱模机构设计，模块九为侧向分型与抽芯机构设计，由武汉电力职业技术学院夏碧波编写；模块十为温度调节系统，由襄樊职业技术学院彭超、孟灵、沈锋编写；模块十一为注射模与注射机的关系，由湖北三峡职业技术学院许颖、吕雪松编写；模块十二为其他塑料成形工艺与模具设计简介，由湖北三峡职业技术学院佘昌全编写；模块十三为典型塑料模具设计实例及模具材料选用，由湖北三峡职业技术学院胡东升编写；模块十四为成形条件和缺陷分析，由湖北三峡职业技术学院胡东升、陈坊编写，全书由胡东升统稿。

　　本教材主要作为职业院校和成人教育院校模具设计与制造专业的教学用书，也可以作为机械、机电、数控等相关专业的教材，也可以供从事模具设计和制造专业的工程技术人员自学和参考。

本教材参考了许多文献和成果，谨对原作者一并表示深深的谢意。

由于作者水平有限，欢迎专家学者和广大高职高专院校师生对书中的不足之处给予批评指正。

湖北高职"十一五"规划教材
《塑料模具设计基础》研制组
2009年1月

目　　录

模块一　概述 ··· 1
  任务一　塑料模具设计与制造的意义 ··· 1
    一、任务目标 ·· 1
    二、知识平台 ·· 1
    三、知识应用 ·· 6
  任务二　课程任务与学习目标 ··· 7
    一、任务目标 ·· 7
    二、知识平台 ·· 7
    三、知识应用 ·· 8
  习题与思考题 ·· 8

模块二　塑料的组成与工艺特性 ·· 9
  任务一　塑料的基本组成 ·· 9
    一、任务目标 ·· 9
    二、知识平台 ·· 9
  任务二　塑料成型的工艺特性 ·· 16
    一、任务目标 ··· 16
    二、知识平台 ··· 16
  任务三　常用塑料简介 ·· 32
    一、任务目标 ··· 32
    二、知识平台 ··· 32
    三、知识应用 ··· 36
  习题与思考题 ··· 36

模块三　塑料制品的结构工艺性 ·· 40
  任务一　塑料制品的设计 ··· 40
    一、任务目标 ··· 40
    二、知识平台 ··· 40
    三、知识应用 ··· 68
  习题与思考题 ··· 68

模块四　注射模的基本结构及分类 ·· 70

任务一 注射模的基本结构 ··· 70
　　一、任务目标 ··· 70
　　二、知识平台 ··· 70
任务二 注射模的分类 ··· 72
　　一、任务目标 ··· 72
　　二、知识平台 ··· 72
　　三、知识应用 ··· 79
习题与思考题 ··· 79

模块五 分型面的选择和浇注系统设计 ·· 80
任务一 分型面的选择 ··· 80
　　一、任务目标 ··· 80
　　二、知识平台 ··· 80
　　三、知识应用 ··· 83
任务二 普通浇注系统设计 ··· 85
　　一、任务目标 ··· 85
　　二、知识平台 ··· 85
　　三、知识应用 ·· 102
任务三 热流道凝料浇注系统设计 ·· 104
　　一、任务目标 ·· 104
　　二、知识平台 ·· 104
　　三、知识应用 ·· 114

模块六 成型零部件设计 ·· 119
任务一 成型零部件结构设计 ·· 119
　　一、任务目标 ·· 119
　　二、知识平台 ·· 119
任务二 成型零部件工作尺寸计算 ·· 128
　　一、任务目标 ·· 128
　　二、知识平台 ·· 128
　　三、知识应用 ·· 134
任务三 成型零部件刚度和强度校核 ·· 136
　　一、任务目标 ·· 136
　　二、知识平台 ·· 136

模块七 模架结构零部件设计 ·· 144
任务一 标准模架的选用 ·· 144
　　一、任务目标 ·· 144
　　二、知识平台 ·· 144

  三、知识应用 …………………………………………………………………………… 159
 任务二 支承与固定零件的设计 ………………………………………………………… 162
  一、任务目标 …………………………………………………………………………… 162
  二、知识平台 …………………………………………………………………………… 162
  三、知识应用 …………………………………………………………………………… 165
 任务三 导向机构的设计 ………………………………………………………………… 166
  一、任务目标 …………………………………………………………………………… 166
  二、知识平台 …………………………………………………………………………… 166
  三、知识应用 …………………………………………………………………………… 173
 习题与思考题 ……………………………………………………………………………… 174

模块八 脱模机构设计 ……………………………………………………………………… 175
  一、任务目标 …………………………………………………………………………… 175
  二、知识平台 …………………………………………………………………………… 175
  三、知识应用 …………………………………………………………………………… 198
 习题与思考题 ……………………………………………………………………………… 199

模块九 侧向分型与抽芯机构设计 ……………………………………………………… 201
  一、任务目标 …………………………………………………………………………… 201
  二、知识平台 …………………………………………………………………………… 201
  三、知识应用 …………………………………………………………………………… 223
 习题与思考题 ……………………………………………………………………………… 224

模块十 温度调节系统 …………………………………………………………………… 226
 任务一 注射模冷却通道设计要点 …………………………………………………… 226
  一、任务目标 …………………………………………………………………………… 226
  二、知识平台 …………………………………………………………………………… 226
  三、知识应用 …………………………………………………………………………… 235
 任务二 冷却系统的结构形式 ………………………………………………………… 237
  一、任务目标 …………………………………………………………………………… 237
  二、知识平台 …………………………………………………………………………… 237
  三、知识应用 …………………………………………………………………………… 242
 任务三 模具的加热装置 ……………………………………………………………… 245
  一、任务目标 …………………………………………………………………………… 245
  二、知识平台 …………………………………………………………………………… 245
  三、知识应用 …………………………………………………………………………… 247
 习题与思考题 ……………………………………………………………………………… 247

模块十一 注塑模与注塑机的关系 ……………………………………………………… 248

任务一　注塑机的基本结构及规格 ………………………………………… 248
     一、任务目标 …………………………………………………………… 248
     二、知识平台 …………………………………………………………… 248
   任务二　注射成型过程及其工艺 …………………………………………… 253
     一、任务目标 …………………………………………………………… 253
     二、知识平台 …………………………………………………………… 253
   任务三　注塑机的技术规范及工艺参数校核 ……………………………… 258
     一、任务目标 …………………………………………………………… 258
     二、知识平台 …………………………………………………………… 258
   任务四　注射模具的安装 …………………………………………………… 261
     一、任务目标 …………………………………………………………… 261
     二、知识平台 …………………………………………………………… 261
     三、知识应用 …………………………………………………………… 270
   习题与思考题 ………………………………………………………………… 271

模块十二　其他塑料成型工艺与模具设计简介 ……………………………… 273
   任务一　压缩模与压注模 …………………………………………………… 273
     一、任务目标 …………………………………………………………… 273
     二、知识平台 …………………………………………………………… 273
   任务二　挤出模 ……………………………………………………………… 287
     一、任务目标 …………………………………………………………… 287
     二、知识平台 …………………………………………………………… 287
   任务三　气动成形模具 ……………………………………………………… 295
     一、任务目标 …………………………………………………………… 295
     二、知识平台 …………………………………………………………… 295
   习题与思考题 ………………………………………………………………… 307

模块十三　典型塑料模具设计实例及模具材料选用 ………………………… 308
   任务一　注射模的设计步骤 ………………………………………………… 308
     一、任务目标 …………………………………………………………… 308
     二、知识平台 …………………………………………………………… 308
   任务二　典型模具设计实例 ………………………………………………… 311
     一、任务目标 …………………………………………………………… 311
     二、知识平台 …………………………………………………………… 311
     三、知识应用 …………………………………………………………… 311
   任务三　注射模具材料选用 ………………………………………………… 337
     一、任务目标 …………………………………………………………… 337
     二、知识平台 …………………………………………………………… 337
   习题与思考题 ………………………………………………………………… 341

模块十四　成形条件和缺陷分析 ……………………………………………………………… 343
　　任务一　成型条件设定 ………………………………………………………………… 343
　　　　一、任务目标 …………………………………………………………………………… 343
　　　　二、知识平台 …………………………………………………………………………… 343
　　　　三、知识应用 …………………………………………………………………………… 350
　　任务二　成形缺陷分析 ………………………………………………………………… 353
　　　　一、任务目标 …………………………………………………………………………… 353
　　　　二、知识平台 …………………………………………………………………………… 354
　　　　三、知识应用 …………………………………………………………………………… 361

参考文献 …………………………………………………………………………………………… 364

模块一 概　　述

任务一　塑料模具设计与制造的意义

【知识点】

塑料工业在国民经济中的地位

塑料模具设计与制造在塑料工业中的地位

塑料模具的基本要求、成型技术的发展动向

一、任务目标

了解塑料工业、塑料模具设计与制造在国民经济中的地位，掌握本课程所学内容及塑料成型的方法。可以根据产品用途正确选用合适的成型方法。

二、知识平台

（一）塑料工业在国民经济中的地位

塑料工业是世界上增长最快的工业之一。

石油工业的高速发展为塑料工业提供了丰富而廉价的原料，推动了塑料工业的发展。塑件在工业产品与生活用品方面获得广泛的应用。随着高分子化学技术的发展，各种性能的塑料，特别是聚酰胺、聚甲醛、ABS、聚碳酸酯、聚砜、聚苯醚、与氟塑料等工程塑料发展迅速，其速度超过了聚乙烯、聚丙烯、聚氯乙烯等四种通用塑料，使塑件在工业产品与生活用品方面获得广泛开发应用，以塑料代替金属的实例，比比皆是。塑料有着一系列金属所不及的优点，诸如：重量轻、耐腐蚀、抗静电性、耐燃性等。但随着高分子合成技术、材料改性技术及成型工艺的进步，愈来愈多的具有优异性能的塑料高分子材料不断涌现，从而促使塑料工业飞速发展。

塑料数量的增多，新的工程塑料品种的增加，塑料成型设备、成型工艺技术和模具技术水平的发展，为塑件的应用开拓了广阔的领域。目前，塑件已深入国民经济的各个行业中。特别是办公机器、照相机、汽车、仪器仪表、机械制造、航空、交通、通信、轻工、建材业产品、计算机、日用品及家用电器行业中的零件塑料化的趋势不断加强，并且陆续出现全塑产品。如今，我国塑料工业已形成了相当规模的完整体系，塑料工业包括塑料的生产，成型加工，塑料机械设备，模具加工以及科研、人材培养等。塑料工业在国民经济各行业中发挥了愈来愈大的作用。

（二）塑料模具设计与制造在塑料工业中的地位

塑料模具设计与制造技术与塑料工业息息相关。由于塑件的制造是一项综合性技术，围绕塑件成型生产将用到有关成型物料、成型设备、成型工艺、成型模具及模具制造等方面知识,所以这些知识便构成了塑件成型生产的完整系统。该系统大致可以包括产品设计、塑料的选择、塑件的成型、模具设计与制造四个主要环节,在上述四个环节中,模具设计与制造是实现最终目标——塑件使用的重要手段之一。

1. 产品设计　产品质量源于设计。任何产品设计都要满足用户提出的产品性能、使用寿命、可靠性、安全性与经济性等方面的要求。

2. 塑料的选择　塑料的合理选择是保证塑件质量的重要环节。首先要从塑料品种和性能着手,根据需要与可行选用。

3. 塑件的成型　塑件的成型加工是根据各种塑料的固有特性,采用不同的模塑工艺,将各种形态的塑料(粉料、粒料、溶液或分散体)制成所需形状的制品或坯件的过程。成型所使用的模塑工具即塑料模具。塑件的成型方法有多种,常用的方法见图1-1,成型工艺与不同塑料的适应关系见表1-1。

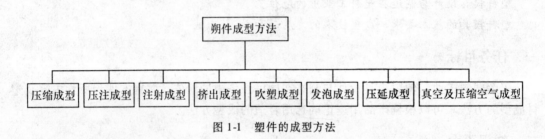

图1-1　塑件的成型方法

表1-1　　　　　　　　　成型方法与不同塑料的适应关系

成型加工方法	热固性塑料	热塑性塑料
注射成型	○	◎
压缩成型	◎	△
挤出成型	△	◎
压注成型	◎	△
压延成型	×	◎
中空吹塑成型	△	◎
发泡成型	○	◎
真空成型	×	◎

注:◎应用最多;○应用较多;△应用较少;×未应用。

(1) 压缩成型　压缩成型是借助加热和加压,使直接放入模具型腔内的塑料流动,充满型腔的各个角落,然后,由化学或物理变化而固化成型的。

(2) 压注成型　压注成型是使加料室内受热塑化或熔融的热固性塑料,经模具浇注系统压入被加热的闭合型腔并固化成型的。

(3) 注射成型　注射成型是用注射机的螺杆或柱塞使料筒内的熔料,经注射机喷嘴,模具的浇注系统,注入型腔而固化成型的。

(4) 挤出成型 挤出成型是将加热料筒内塑料加热塑化呈熔融状态，在螺杆的推动下使其通过特殊形状的口模而成为与口模形状相仿的连续体，逐渐冷却硬化成型。挤出成型通常用于制造连续型材的塑件。

(5) 吹塑成型 吹塑成型是将挤出的熔融塑料毛坯，置于模具内，借助压缩空气吹胀而贴于型腔壁上，经冷却硬化为塑件。该方法主要应用于成型空心塑件。

(6) 压延成型 压延成型是将塑化的热塑性塑料，通过两道或多道旋转的辊筒间隙挤压延展，连续生产塑料薄膜或片材。

(7) 发泡成型 发泡成型是将发泡性树脂直接填入模具内，使之受热熔融，形成气液饱和溶液，通过成核作用，形成大量微小泡核，泡核增长，制成泡沫塑件。常用发泡方法有三种：物理发泡法、化学发泡法和机械发泡法。

(8) 真空及压缩空气成型 该方法是将热塑性塑料板、片固定在模具上，用辐射加热器进行加热；加热到软化温度后，用真空泵把板材和模具之间的空气抽掉，靠大气的压力（或借助压缩空气的压力）使板材贴合在模具的型腔表面，冷却后固化成型。

4. 模具设计与制造 模具是指利用其本身特定形状去成型具有一定形状和尺寸的制品的工具。塑料模具是指利用其本身特定密闭腔体去成型具有一定形状和尺寸的立体形状塑料制品的工具。模具种类有很多，常用的模具种类如表 1-2 所示。

表 1-2　　　　　　　　　　常用模具种类

冲压模	锻造模	拉丝模
普通冲裁模	热锻模	热拉丝模
级进模	冷锻模	冷拉丝模
复合模	金属挤压模	无机材料成型模
精冲模	切边模	玻璃成型模
拉深模	其他锻造模	陶瓷成型模
弯曲模	铸造模	水泥成型模
成型模	压力铸造模	其他无机材料成型模
切断模	低压铸造模	模具标准件
其他冲压模	失蜡铸造模	冷冲模架
塑料模	翻砂金属模	塑料模架
热塑性塑料注射模	粉末冶金模	顶杆
热固性塑料注射模	金属粉末冶金模	其他模具
热固性塑料压塑模	非金属粉末冶金模	食品成型模具
挤塑模	橡胶膜	包装材料模具
吹塑模	橡胶注射成型模	复合材料模具
真空吸塑模	橡胶压胶成型模	合成纤维模具
其他塑料模	橡胶挤胶成型模	其他类未包括的模具
	橡胶浇注成型模	
	橡胶封装成型模	
	其他橡胶模	

不同的塑料成型方法使用着不同模塑工艺和原理及结构特点各不相同的塑料模具。塑件质量的优劣及生产效率的高低，模具因素约占 80%。一副质量好的注射模可以成型上百万次，压塑模大约可以生产几十万件，这些都同模具设计和制造有很大的关系。在现代塑件生产中，合理的模塑工艺、高效的模塑设备、先进的塑料模具和制造技术是必不可少的重要因素，尤其是塑料模具对实现塑料加工工艺要求、塑件的使用要求和造型设计起着重要的作用。高效的全自动的设备也只有装上能自动化生产的模具才可能发挥其效能，产品的生产和更新都是以模具制造和更新为前提。随着国民经济领域的各行业对塑件的品种和产量需求量愈来愈大、产品更新换代周期愈来愈短、用户对塑件的质量要求愈来愈高，因而对模具设计与制造的周期和质量提出了更高的要求，促使塑料模具设计和制造技术不断向前发展，从而也推动了塑料工业生产高速发展。可以说，模具设计与制造水平标志着一个国家工业化发展的程度，模具技术已成为衡量一个国家产品制造水平的重要标志之一。

美国工业界认为：模具是美国工业的基石；日本工业界认为：模具是促进社会繁荣的动力；国外将模具比喻为"金钥匙"、"进入富裕社会的原动力"。

（三）塑料模具的基本要求

模具是塑件生产的重要工艺装备之一。塑料制件的生产一般是由模具一次成型，塑件质量的优劣及生产效率的高低，模具因素约占 80%。所以对塑料模具有以下基本要求：

（1）能生产出形状、尺寸、外观、物理性能、力学性能等各方面都能达到所需要的合格塑件。

（2）自动高效，操作方便。

（3）结构合理，制造方便，制模成本低。

（4）塑件的修整及二次加工的工作量能尽量减少。

（5）模具的结构和材料的选择应能满足加工工艺、使用寿命的要求。

（四）塑料成型技术的发展动向

在塑料成型生产中，先进的模具设计、高质量的模具制造、优质的模具材料、合理的加工工艺和现代化的成型设备等是成型优质塑件的重要条件。模具寿命达上百万次的优良注射模，与上述因素的合理优化密切相关。分析国内外模具工业的现状及我国国民经济和现代工业生产中模具的地位，从塑料成型模具的设计理论、设计实践和制造技术出发，塑料成型技术大致有以下几个方面的发展趋势。

1. 模具设计、制造数字化，模具分析智能化

经过多年的推广应用，数字化设计和制造技术的应用已经在我国模具企业中成为现实。采用 CAD 技术是模具生产的一次革命，是模具技术发展的一个显著特点。应用模具 CAD 系统后，模具设计借助计算机完成结构设计、力学分析、运动分析、流动分析、工程图制作、BOM 自动生成等各个环节的设计工作，大部分设计与制造信息由系统直接传送，图纸不再是设计与制造环节的唯一文件，许多企业已经实现无图纸生产，图纸也不再是制造、生产过程中的唯一依据，图纸将被简化，甚至最终消失。近年来，CAD/CAE/CAM 技术发展主要有以下特点。

(1) 随着计算机硬件和软件的进步模具 CAD 技术及其应用日趋成熟　模具 CAD/CAM 技术日益深入人心，并且发挥着越来越重要的作用。在 20 世纪末，CAD/CAM 软件得到开发和应用，如 UG、Moldflow、Pro/E、Visi、CATIA 等。集设计、制造、分析功能于一体。由于网络技术的发展和工业部门的实际需求，国外许多著名计算机软件开发商已能按实际生产过程中的功能要求划分产品系列，在网络系统下实现了 CAD/CAM 的一体化，解决了传统混合型 CAD/CAM 系统无法满足实际生产过程分工协作的要求，更能符合实际应用的自然过程。

(2) 模具分析智能化正在逐步推广　模具设计与制造的经验固然重要，但每个设计者要靠自己的经历在所有模具设计与制造中积累经验几乎是不现实的。Moldflow 公司开发的三维真实感流动模拟软件 Moldflow Advisers，可以在模具加工前通过计算机对整个注塑成型过程进行模拟分析，准确预测熔体的填充、保压、冷却情况，以及塑件中的应力分布、分子和纤维取向分布、制品的收缩和翘曲变形等情况，以便设计者能尽早发现问题，及时修改制件和模具设计，而不是等到试模以后再返修模具。在今后一段时间内，国内的模具企业要提高 CAD/CAM/CAE 技术在塑料模具设计与制造中的应用层次。

2. 快速原型制造技术的应用

塑料模具是型腔模具中的一种类型，其模具型腔由凹模和凸模组成。对于形状复杂的曲面塑料制件，为了缩短研制周期，在现代模具制造技术中，可以不急于直接加工出难以测量和加工的模具凹模和凸模，而是采用快速原型制造技术，先制造出与实物相同的样品，看该样品是否满足设计要求和工艺要求，然后再开发模具。快速原型制造（RPM）技术是一种综合运用计算机辅助设计技术、数控技术、激光技术和材料科学的发展成果，采用分层增材制造的新概念取代了传统的去材或变形法加工，是当代最具代表性的制造技术之一。利用快速成型技术不需任何工装，可以快速制造出任意复杂的甚至连数控设备都极难制造或根本不可能制造出来的产品样件，这样大大减少了产品开发的风险和加工费用，缩短了研制周期。快速成型技术在产品开发、样机制造等方面具有极大的优越性。

3. 模具的快速测量技术与逆向工程的应用

在塑料产品的开发设计与制造过程中，设计与制造者往往面对的并非是由 CAD 模型描述的复杂曲面实物样件，这就必须通过一定的三维数据采集方法，将这些实物原型转化为 CAD 模型，从而获得零件几何形状的数学模型，使之能利用 CAD、CAM、PRM 等先进技术进行处理或管理。这种从实物样件获取产品数学模型的相关技术，称为逆向工程技术或反求工程技术。对于具有复杂自由曲面零件的模具设计，可以采用逆向工程技术，即首先获取其表面几何点的数据，然后通过 CAD 系统对这些数据进行预处理，并考虑模具的成型工艺性再进行曲面重构以获得模具的凹模和凸模的型面，最后通过 CAM 系统进行数控编程，完成模具的加工。原型实样表面三维数据的快速测量技术是逆向工程技术的关键。采用逆向工程技术不但可以缩短模具设计周期，更重要的是可以提高模具的设计质量，提高企业快速应变市场的能力。逆向工程技术是一项先进的现代模具成型技术。目前，国内能采用该项技术的企业不多，应逐步加以推广和应用。

4. 优质的模具材料和采用先进的热处理及表面处理技术

模具材料的选用在模具设计与制造中是一个涉及模具加工工艺、模具使用寿命、塑料制件成型质量和加工成本等的重要问题。不断开发模具新材料，从碳素工具钢→低合金工具钢→高合金工具钢发展使模具材料获得优异的强韧性、耐磨性、耐蚀性和耐热性。国内外模具材料的研究工作者在分析模具的工作条件、失效形式和如何提高模具使用寿命的基础上进行了大量的研究工作，开发研制出具有良好使用性能和加工性能、热处理变形小、抗热疲劳性能好的新型模具钢种，如预硬钢、耐腐蚀钢等。另外，模具成型零件的表面抛光处理技术和表面强化处理技术的发展也很快，国内许多单位进行了研究与工程实践，取得了一些可喜的成果。模具热处理的发展方向是采用真空热处理，国内许多热处理中心和一些大型模具企业已经开始应用这一技术并且正在进一步推广。模具表面处理除普及常用表面处理方法（如渗碳、渗氮、渗硼、渗铬、渗钒）外，还应发展设备昂贵、工艺先进的气相沉积、等离子喷涂等技术。

5. 模具零部件向标准化水平发展

模具标准化的水平在某种意义上也体现了某个国家模具工业发展的水平。采用标准模架和使用标准零件，可以满足大批量制造模具且缩短模具制造周期的需要，从而降低成本。虽然我国模具标准化程度正在不断提高，但估计目前其模具标准件使用覆盖率不足30%。为了适应模具工业发展，模具标准化工作必将加强，模具标准化程度将进一步提高，模具标准件生产也必将得到发展。目前我国塑料模标准化工作有了一定的进展，关于模具零部件、模具技术条件和标准模架等有国家标准，如：《塑料注射模大型模架标准》（GB/T12555—1990），《塑料注射模中小型模架及技术条件标准》（GB/T12556—1990），《塑料注射模具技术条件标准》（GB/T 12554—1990）等。现在国内企业中具有一定生产规模的模具标准件生产企业已超过100家。此外，许多企业还有各自的企业标准。

但与国外工业先进国家的模具标准化程度相比较，我国模具标准化在标准体系、标准件的品种和规格以及标准化的管理工作等方面仍有较大的差距。因此提高模具标准化水平和模具标准件的使用率仍然是今后一段时期内我国模具工作者的一项任务。

6. 模具的复杂化、精密化与大型化

为了满足塑料制件在各种工业产品中的使用要求，塑料成型技术正朝着复杂化、精密化与大型化方向发展，如汽车的保险杠和某些内饰件等塑料件的成型。大型塑料件和精密塑料件的成型，除了必须研制开发或引进大型和精密的成型设备外，还需要采用先进的模具CAD/CAM/CAE技术来设计与制造模具，否则，这类投资很大的模具研制将难以获得成功。面对激烈的市场竞争，我国要从模具大国迈向模具强国，应调整产品的结构，增强复杂、精密与大型模具的自主开发能力，以提高产品的市场竞争能力，来适应持续多变的、竞争激烈的市场需求。

三、知识应用

根据所给案例进行成型方法的选用。

遥控器后盖零件图，见图1-2。根据性能要求，选用塑料加工成型方法。

图 1-2 遥控器后盖零件图

任务二 课程任务与学习目标

【知识点】
课程的学习任务与目标
课程学习的方法

一、任务目标

了解本课程主要讲授的内容,掌握本课程的学习方法,可以根据产品用途确定工作内容、具体工作项目。

二、知识平台

随着现代工业发展的需要,塑料制品在工业、农业和日常生活等各个领域的应用越来越广泛,质量要求也越来越高。在塑料制品的生产中,高质量的模具设计,先进的模具制造设备、合理的加工工艺、优质的模具材料和现代化的成型设备等都是成型优质塑件的重要条件。模具工业是我国国民经济的基础产业,是技术密集的高技术行业,模具是制造过程中的重要工艺装备,模具设计与制造专业人才是制造业紧缺人才。《塑料模具设计》课程已成为目前制造类专业的主要课程之一,是模具专业的核心课程。

(一) 课程的学习任务与目标

本课程主要讲授成型用的物料、塑料成型基础理论、成型方法、成型工艺条件的选择与控制、模具结构与设计计算方法、模具材料的正确选用、成型质量分析控制以及塑料成型的设备和新工艺。

通过本课程学习,应达到以下目标:

1. 了解塑料模具的发展历史及其发展方向。
2. 了解塑料模具的种类以及适用于成型的塑料材料。
3. 了解各种塑料成型的基本手段、方法、基本原理和特点。

4. 掌握塑料材料的性能、特点、成型工艺参数，能正确选用塑料。
5. 掌握塑料成型工艺对模具和成型设备的要求以及设备和模具的关系。
6. 掌握各种成型模具的结构特点、设计计算方法和设计流程，合理选用模具材料。
7. 具备进行中等复杂塑料件的设计、模塑工艺编制、塑料模设计的能力。
8. 具有一定的分析和解决实际问题的能力，包括塑料制件的质量判断、模具的安装与调试、分析质量问题和提出解决方案。
9. 了解先进的塑料模具设计与制造技术。

（二）课程学习方法

《塑料模具设计》课程综合性、实践性强，应将多门学科知识综合应用、还需不断地理论联系实际。多在生产现场向有经验的工程技术人员和工人师傅学习，丰富课程内容。逐步培养分析问题、解决问题的能力；逐步培养创新能力和与他人合作的能力。在学习过程中，应注重理论联系实际，配合生产实习、课程设计等实践性环节，独立完成1~2套塑料模具的设计加工全过程。塑料模具的结构向多功能和复杂化方向发展，对模具设计工作也提出了更高的要求。这就要求我们在继承学习的同时，具有掌握现代CAD/CAM/CAE软件的能力，还应不断地探索和创新，使我国的模具工业进入一个崭新的时代，缩短与世界发达国家之间的差距。

随着塑料工业的蓬勃发展，塑料成型加工技术也不断推陈出新。我们在学习本课程时，还应注意学习国内外的新技术、新工艺、新经验，为使我国塑料成型加工技术赶超世界先进水平作出贡献．

三、知识应用

根据所给案例进行设计项目的选用。

遥控器后盖零件图，见图1-2。课程学习结束后能合理地设计塑料件、编制模塑工艺卡片、设计塑料模、正确选用模具材料、试模及分析质量问题并提出解决方案。

习题与思考题

1. 什么是模具？什么是塑料模具？
2. 塑件成型加工的四要素是什么？
3. 塑件的成型方法及模具有哪些？
4. 塑料模具的基本要求有哪些？

模块二 塑料的组成与工艺特性

任务一 塑料的基本组成

【知识点】
塑料的概念、分子结构
塑料的成分、分类
塑料的特性、用途及供给状态

一、任务目标

掌握塑料的定义、分子结构、组成、分类。可以根据所设计的塑件合理选用塑料材料,判断其性能。

二、知识平台

(一)塑料的概念、分子结构

1. 塑料的概念

塑料是以高分子合成树脂为基本原料,加入一定量的添加剂而组成,在一定的温度压力下可以塑制成具有一定结构形状,能在常温下保持其形状不变的材料。

2. 塑料的分子结构

合成树脂是由一种或几种简单化合物通过聚合反应而生成的一种高分子化合物,也称为聚合物,这些简单的化合物也称为单体。塑料的主要成分是树脂,而树脂又是一种聚合物,所以分析塑料的分子结构实质上是分析聚合物的分子结构。如聚乙烯。

(1) 乙烯和聚乙烯的化学结构 若干个乙烯单体分子,在适当条件(100MPa,200℃)下,聚合形成高分子化合物(即聚合物)聚乙烯,其反应式如下:$nCH_2=CH_2 \longrightarrow \{CH_2-CH_2\}_n$,上式中 $CH_2=CH_2$ 是乙烯单体,$\{CH_2-CH_2\}_n$ 是聚乙烯,将其展开得到 $\sim CH_2-CH_2-CH_2-CH_2\cdots\cdots CH_2-CH_2 \sim$,其中 $-CH_2-CH_2-$ 是结构单元,也叫"链节",n 称为链节数或者聚合度,表示有多少链节聚合在一起。由许多链节构成一个很长的聚合物分子,称为"分子链"。例如聚乙烯的相对分子质量若是56000,那么一个聚乙烯分子里就含有两千个乙烯单体分子(乙烯的分子量是28),如图2-1所示。

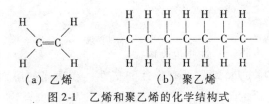

(a) 乙烯　　　　(b) 聚乙烯
图 2-1 乙烯和聚乙烯的化学结构式

(2) 聚乙烯的聚合反应过程　若干个乙烯单体分子,在 100MPa 压力、200°C 温度下,分子的双键裂开(或打开),重新结合成为长长的单键碳键(含碳原子数可达 1000 多个),反应生成物就是聚合乙烯简称聚乙烯。如图 2-2 所示。

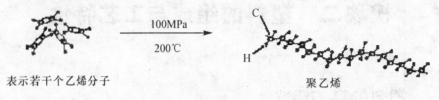

图 2-2　聚乙烯的聚合反应

3. 聚合物的高分子结构特点

(1) 低分子所含原子数都很少,而一个高分子中含有几千个、几万个、甚至几百万个原子。

(2) 从相对分子质量来看,如水的相对分子质量为 18,石灰石为 100,酒精为 46,蔗糖为 324,这些低分子化合物其相对分子质量只有几十或几百,而高分子化合物的分子量比低分子高得多,一般可以达几万至几十万、几百万甚至上千万。例如尼龙分子的分子量为二万三千左右,天然橡胶的为四十万。

(3) 从分子长度来看,例如低分子乙烯的长度约为 $0.0005\mu m$,而高分子聚乙烯的长度则为 $6.8\mu m$,后者是前者的 13 600 倍。

聚合物分子链结构示意图如图 2-3 所示,如果聚合物的分子链呈不规则的线状(或者团状),聚合物是一根根的分子链组成的,则称为线型聚合物,如图 2-3 (a) 所示。如果在大分子的链之间还有一些短链把分子链连接起来,成为立体结构,则称为体型聚合物,如图 2-3 (c) 所示。此外,还有一些聚合物的大分子主链上带有一些或长或短的小支链,整个分子链呈枝状,如图 2-3 (b) 所示,称为带有支链的线型聚合物。

(a) 线型高分子　　　(b) 支链型高分子　　　(c) 网状型高分子

图 2-3　聚合物分子链结构示意图

4. 聚合物的性质

聚合物的分子结构不同,其性质也不同。

(1) 线性聚合物的物理特性是具有弹性和塑性,在适当的溶剂中可以溶解,当温度升高时,则软化至熔化状态而流动,可以反复成型,这样的聚合物具有热塑性。

(2) 体型聚合物的物理特性是脆性大、弹性较高和塑性很低,成型前是可溶或可熔的,而一经硬化成型(化学交联反应)后,就成为不溶不熔的固体,即使在再高的温度下(甚至被烧焦碳化)也不会软化,因此,又称这种材料具有热固性。

5. 聚合物的聚集态结构及其性能

聚合物由于分子特别大且分子之间引力也较大,容易聚集为液态或固体,而不形成气态。固体聚合物的结构按照分子排列的几何特征,可以分为结晶型和非结晶型(或无定形)两种。

(1) 结晶型聚合物　结晶型聚合物由"晶区"(分子作有规则紧密排列的区域)和"非晶区"(分子处于无序状态的区域)所组成,如图 2-4 所示。晶区所占的重量百分数称为结晶度,例如低压聚乙烯在室温时的结晶度为 85%～90%。通常聚合物的分子结构简单,主链上带有的侧基体积小、对称性高,分子之间作用力大,则有利于结晶,反之,则对结晶不利或不能形成结晶区。结晶只发生在线性聚合物和含交联不多的体型聚合物中。

结晶对聚合物的性能有较大影响。由于结晶造成了分子紧密聚集状态,增强了分子之间的作用力,所以使聚合物的强度、硬度、刚度、熔点、耐热性和耐化学性等性能有所提高,但与链运动有关的性能如弹性、伸长率和冲击强度等则有所降低。

1—晶区;2—非晶区
图 2-4　结晶型聚合物结构示意图

(2) 非结晶聚合物　对于非结晶聚合物的结构,过去一直认为其分子排列是杂乱无章的、相互穿插交缠的。但在电子显微镜下观察,发现无定形聚合物的质点排列不是完全无序的,而是大距离范围内无序,小距离范围内有序,即"远程无序,近程有序"。体型聚合物由于分子链之间存在大量交联,分子链难以作有序排列,所以绝大部分是无定形聚合物。

(二) 塑料的成分、分类

1. 塑料的组成

塑料是以合成树脂为主要成分,再加入改善其性能的各种各样的添加剂(也称助剂)制成的。在塑料中,树脂起决定性的作用,但也不能忽略添加剂的作用。

(1) 树脂　树脂是塑料中最重要的成分，树脂决定了塑料的类型和基本性能（如热性能、物理性能、化学性能、力学性能等）。在塑料中，树脂联系或胶黏着其他成分，并使塑料具有可塑性和流动性，从而具有成型性能。树脂包括天然树脂和合成树脂。在塑料生产中，一般都采用合成树脂。

常用塑料及树脂的缩写代号见附录 A。

(2) 填充剂　填充剂又称填料，是塑料中重要的但并非每种塑料必不可少的成分。填充剂与塑料中的其他成分机械混合，它们之间不起化学作用，但与树脂牢固胶黏在一起。

填充剂在塑料中的作用有两个：一是减少树脂用量，降低塑料成本；二是改善塑料某些性能，扩大塑料的应用范围。在许多情况下，填充剂所起的作用是很大的，例如聚乙烯、聚氯乙烯等树脂中加入木粉后，既克服了塑料的脆性，又降低了成本。用玻璃纤维作为塑料的填充剂，能使塑料的力学性能大幅度提高，而用石棉作填充剂则可以提高塑料的耐热性。有的填充剂还可以使塑料具有树脂所没有的性能，如导电性、导磁性、导热性等。

常用的填充剂有木粉、纸浆、云母、石棉、玻璃纤维等。

(3) 增塑剂　有些树脂（如硝酸纤维、醋酸纤维、聚氯乙烯等）的可塑性很小，柔软性也很差，为了降低树脂的熔融粘度和熔融温度，改善其成型加工性能，改进塑件的柔韧性、弹性以及其他各种必要的性能，通常加入能与树脂相溶的、不易挥发的高沸点有机化合物，这类物质称为增塑剂。

在树脂中加入增塑剂后，增塑剂分子插入到树脂高分子链之间，增大了高分子链之间的距离，因而削弱了高分子之间的作用力，使树脂高分子容易产生相对滑移，从而使塑料能在较低的温度下具有良好的可塑性和柔软性，如图 2-5 所示。例如，聚氯乙烯树脂中加入邻苯二甲酸二丁酯，可以变为像橡胶一样的软塑料。

加入增塑剂在改善塑料成型加工性能的同时，有时也会降低树脂的某些性能，如硬度、抗拉强度等，因此添加增塑剂要适量。

对增塑剂的要求是：与树脂有良好的相溶性；挥发性小，不易从塑件中析出；无毒、无色、无臭味；对光和热比较稳定；不吸湿。

　　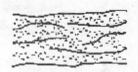

(a) 不含增塑剂的情况　　　　(b) 含有增塑剂的情况

图 2-5　增塑剂作用的示意图

(4) 着色剂　为使塑件获得各种所需色彩，常常在塑料组分中加入着色剂。着色剂品种很多，但大体分为有机颜料、无机颜料和染料三大类。有些着色剂兼有其他作用，如本色聚甲醛塑料用碳黑着色后能在一定程度上有助于防止光老化；聚氯乙烯用二盐基性亚磷酸铅等颜料着色后，能避免紫外线的射入，对树脂起着屏蔽作用，因此，这类着色剂还可以提高塑料的稳定性。

对着色剂的一般要求是：着色力强；与树脂有很好的相溶性；不与塑料中其他成分起化学反应；成型过程中不因温度、压力变化而分解变色，而且在塑件的长期使用过程中能够保持稳定。

(5) 稳定剂 为了防止或抑制塑料在成型、储存和使用过程中，因受外界因素（如热、光、氧、射线等）作用所引起的性能变化，即所谓"老化"，需要在聚合物中添加一些能稳定其化学性质的物质，这些物质称为稳定剂。

对稳定剂的要求是除对聚合物的稳定效果好外，还应能耐水、耐油、耐化学药品腐蚀，并与树脂有很好的相溶性，在成型过程中不分解、挥发小、无色。

稳定剂可以分为热稳定剂、光稳定剂、抗氧化剂等。常用的稳定剂有硬脂酸盐类、铅化合物、环氧化合物等。

(6) 固化剂 固化剂又称硬化剂、交联剂。成型热固性塑料时，线型高分子结构的合成树脂需发生交联反应转变成体型高分子结构。添加固化剂的目的是促进交联反应。如在环氧树脂中加入乙二胺。

塑料的添加剂除上述几种常用的以外，还有发泡剂、阻燃剂、防静电剂、导电剂和导磁剂等。并不是每一种塑料都要加入全部这些添加剂，而是依塑料品种和塑件使用要求按需要有选择地加入某些添加剂。

2. 塑料的分类

塑料的品种较多，分类的方式也很多，常用的分类方法有以下两种：

(1) 根据塑料中树脂的分子结构和热性能分类 按这种分类方法可以将塑料分成两大类：热塑性塑料和热固性塑料。

① 热塑性塑料

这种塑料中树脂的分子结构是线型或支链型结构。热塑性塑料在加热时软化熔融成为可流动的粘稠液体，在这种状态下可以塑制成一定形状的塑件，冷却后保持已定型的形状。若再次加热，又可以软化熔融，可以再次塑制成一定形状的塑件，如此可以反复多次。在上述过程中一般只有物理变化而无化学变化。由于这一过程是可逆的，在塑料加工中产生的边角料及废品可以回收粉碎成颗粒后再生利用。

热塑性塑料的可逆过程如图 2-6 (a) 所示。

聚乙烯、聚丙烯、聚氯乙烯、聚苯乙烯、ABS、聚酰胺、聚甲醛、聚碳酸酯、有机玻璃、聚砜、氟塑料等都属热塑性塑料。图为边角料及废品回收的塑料破碎机，该设备对边角料及废品粉碎成颗粒后重新利用。

② 热固性塑料

这种塑料在受热之初分子为线型结构，具有可塑性和可溶性，可以塑制成为一定形状的塑件。当继续加热时，线型高聚物分子主链之间形成化学键结合（即交联），分子呈网状结构，当温度达到一定值后，交联反应进一步发展，分子最终变为体型结构，树脂变得既不熔融，也不溶解，塑件形状固定下来不再变化。因这一变化过程是不可逆的，称为固化。上述成型过程中，既有物理变化又有化学变化。若再加热，塑料也不再软化，不再具有可塑性。由于热固性塑料具有上述特性，故加工中的边角料和废品不可回收再生利用。

热固性塑料的不可逆过程如图 2-6 (b) 所示。

属于热固性塑料的有酚醛塑料、氨基塑料、环氧塑料、有机硅塑料、硅酮塑料等。

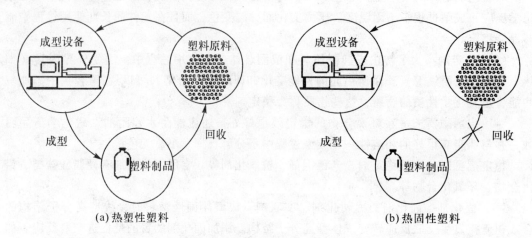

(a) 热塑性塑料　　　　　　　　(b) 热固性塑料

图 2-6　热塑性塑料的可逆过程和热固性塑料的不可逆过程

(2) 根据塑料性能及用途分类　分为通用塑料、工程塑料、增强塑料、特殊塑料

① 通用塑料

这类塑料是指产量大、用途广、价格低的塑料。主要包括：聚乙烯、聚氯乙烯、聚苯乙烯、聚丙烯、酚醛塑料和氨基塑料六大品种，它们的产量占塑料总产量的一半以上，构成了塑料工业的主体。

② 工程塑料

这类塑料常指在工程技术中用做结构材料的塑料。除具有较高的机械强度外，这类塑料还具有很好的耐磨性、耐腐蚀性、自润滑性及尺寸稳定性等。它们具有某些金属特性，因而现在越来越多地代替金属来作某些机械零部件。

目前常用的工程塑料包括聚酰胺、聚甲醛、聚碳酸酯、ABS、聚砜、聚苯醚、聚四氟乙烯等。

③ 增强塑料

在塑料中加入玻璃纤维等填料作为增强材料，以进一步改善塑料的力学性能和电性能，这种新型的复合材料通常称为增强塑料。增强塑料具有优良的力学性能，比强度和比刚度高。增强塑料分为热塑性增强塑料和热固性增强塑料。

④ 特殊塑料

特殊塑料是指具有某些特殊性能的塑料。如氟塑料、聚酰亚胺塑料、有机硅树脂、环氧树脂、导电塑料、导磁塑料、导热塑料以及为某些专门用途而改性得到的塑料。

(三) 塑料的特性、用途及供给状态

1. 优点和用途

(1) 密度小　塑料密度一般在 $0.83 \sim 2.2 g/cm^3$ 之间，只有钢的 12.5%～25%，泡沫塑料的密度更小，其密度一般小于 $0.01 g/cm^3$。

塑料密度小，对于减轻机械设备重量和节能具有重要的意义，尤其是对车辆、船舶、飞机、宇宙航天器而言。在日常生活中，我们会发现塑料制品越来越多，传统的材料如金属、陶瓷、木材等逐步被塑料所代替，使材料成本低。

(2) 比强度和比刚度高　塑料的绝对强度不如金属高，但塑料密度小，所以比强度（σb/ρ）、比刚度（E/ρ）相当高。尤其是以各种高强度的纤维状、片状和粉末状的金属或非金属为填料制成的增强塑料，其比强度和比刚度比金属还高。

比强度和比刚度好，在某些场合（如空间技术领域）具有重要的意义，这些场合要求其零部件既要重量轻又要强度高。如碳纤维和硼纤维增强塑料可以用于制造人造卫星、火箭、导弹上的高强度、刚度好的结构零部件。

(3) 化学稳定性好　绝大多数的塑料都具有良好的耐酸、碱、盐、水和气体的性能，在一般的条件下，塑料不与这些物质发生化学反应。

因此，塑料在化工设备和在其他腐蚀条件下工作的设备及日用品中应用广泛。最常用的耐腐蚀塑料是硬质聚氯乙烯，这种塑料可以加工成管道、容器和化工设备的零部件，广泛应用于防腐领域。

(4) 电绝缘、绝热、绝声性能好　塑料具有良好的电绝缘性能和耐电弧性，塑料被广泛地用于电力、电机和电子工业中做绝缘材料和结构零部件，如电线电缆、旋钮插座、电器外壳等，许多塑料已成为必不可少的高频材料。

塑料由于热导率很低，所以具有良好的绝热保温性能，塑料被广泛地用于需要绝热和保温的产品中。

塑料还具有优良的隔声和吸声性能。

(5) 耐磨和自润滑性好　塑料的摩擦系数小、耐磨性好、具有很好的自润滑性，加上比强度高，传动噪声小，塑料可以在液体介质、半干甚至干摩擦条件下有效地工作。塑料可以制成轴承、齿轮、凸轮和滑轮等机器零部件，非常适用于转速不高、载荷不大的场合，同时这些塑料零部件在传动时无噪音。

(6) 粘结能力强　一般的塑料都具有一定的粘结能力。有一种号称"万能胶"的环氧树脂，不但可以粘结木材、橡胶、皮革、玻璃、陶瓷等非金属材料，而且还可以粘结钢、铜、铝等金属材料。用环氧树脂粘结金属构件（如桥梁、屋架、机翼等）可以代替金属结构的铆接和焊接。

(7) 成型和着色性能好　塑料在一定条件下具有良好的塑性，这就为塑料的成型加工创造了有利的条件，塑料可以采用多种成型方法高效率地制造产品。

塑料的着色比较容易，而且着色范围广，可以染成各种颜色。有些塑料的光学性能很好，具有良好的光泽，不加填料可以制成透明性很好的塑件，如常用的有机玻璃、聚苯乙烯、聚碳酸脂、聚酯等。

(8) 多种防护性能　除防腐和绝缘性能外，塑料还具有防水、防潮、防透气、防震、防辐射等多种防护性能。尤其是塑料经改性后，其性能更广泛，应用领域更广。

2. 缺点及使用局限

(1) 耐热性较差，一般塑料的工作温度仅100℃左右，否则会降解、老化。

(2) 导热性较差，所以在要求导热性好的场合，不能用塑料件。

(3) 吸湿性大，容易发生水解。

(4) 易老化，所以对于要求使用寿命较长的场合，一般还是用金属件。

这些不足使塑料在某些领域的应用受到限制。但是，随着新品种塑料的问世以及改性技术的发展，塑料的这些不足都将得到改进。

3. 塑料的供给状态

工业上用于成型的塑料物料形态有粉料、粒料、溶液和分散体等若干种。

(1) 粉料和粒料

将一定配比的树脂和各种添加剂制成成分均匀的粉料或粒料有利于成型后得到性能一致的塑件，同时便于装卸、计量和成型等操作。

粉料和粒料的区别在于混合、塑化和细分的程度不同。粉料的配制通常是将塑料各组分放在混合设备中，按一定的工艺步骤混合即可。粒料的制造步骤是塑炼和造粒。塑炼是将经过混合的粉料置于塑炼设备中，借助加热和剪切应力作用使聚合物熔融，驱出挥发物等杂质，并进一步分散其中的不均匀组分；造粒是将经塑炼后的物料通过粒化设备或装置使之成为粒料。粒料更有利于成型出性能一致的塑件。

(2) 溶液

用流涎法生产薄膜、胶片及某些浇铸制品等常用树脂的溶液作为原料，其主要组分是树脂与溶剂。

用溶液为原料制成的塑件并不含溶剂，溶剂在塑件生产过程中已经挥发，所以构成塑件的主体是树脂，溶剂只是为加工需要而加入的一种助剂。

(3) 分散体

塑料成型中作为原料用的分散体是树脂与非水液体形成的悬浮体，通称为溶胶塑料或"糊"塑料。

任务二　塑料成型的工艺特性

【知识点】

塑料的热力学性能与加工工艺性

塑料熔体的流变性能

塑料在成型过程中的流动状态

热塑性塑料和热固性塑料的成型工艺特性

一、任务目标

掌握塑料在受热时的物理状态及加工工艺性；了解塑料熔体的流变性能、塑料在成型过程中的流动状态，掌握热塑性塑料的成型工艺性能，可以根据所设计的塑件选用的塑料材料合理确定成型方法、制定成型工艺。

二、知识平台

(一) 塑料的热力学性能与加工工艺性

塑料的物理状态、力学性能与温度密切相关，温度变化时，塑料的受力行为发生变化，呈现出不同的物理状态，表现出分阶段的力学性能特点。塑料在受热时的物理状态和力学性能对塑料的成型加工有着非常重要的意义。

1. 热塑性塑料在受热时的物理状态

热塑性塑料在恒定压力下，随温度的变化，表现出三种物理状态：玻璃态（结晶聚合物亦称结晶态)、高弹态和粘流态,如图 2-7 所示为线型无定形聚合物和线型结晶型聚合物受恒定压力时的变形程度与温度及塑料加工成型关系的曲线,也称为热力学曲线。

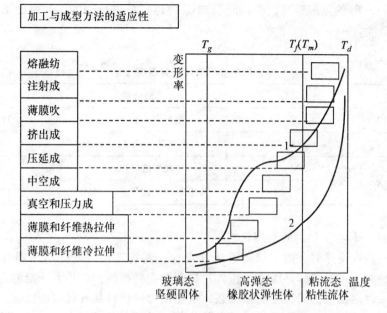

1—非结晶型树脂;2—结晶型树脂;T_g—玻璃化温度
T_f—非结晶型塑料粘流温度;T_d—分解温度;T_m—结晶型塑料熔点
图 2-7 聚合物的状态与塑料加工成型的关系

(1) 玻璃态 塑料在 T_g 以下温度的状态是坚硬的固体,称之为玻璃态,是大多数塑件的使用状态。处于该状态的塑料受外力作用有一定的变形能力,其变形是可逆的。在该状态下,可以进行车、铣、钻等切削加工,不宜进行大变形量的加工。

T_g 是大多数塑料成型加工的最低温度,也是合理选用塑料的重要参数,是多数塑料使用温度的上限。

(2) 高弹态 当塑料受热温度超过 T_g 时,由于聚合物的链段运动,塑料进入高弹态。处于这一状态的塑料类似橡胶状态的弹性体,仍具有可逆的形变性质。

从图 2-7 中曲线 1 可以看到,线型无定形聚合物有明显的高弹态,而从曲线 2 可以看到,线型结晶聚合物无明显的高弹态,这是因为完全结晶的聚合物无高弹态,或者说在高弹态温度下也不会有明显的弹性变形,但结晶型聚合物一般不可能完全结晶,都含有非结晶的部分,所以它们在高弹态温度阶段仍能产生一定程度的变形,只不过比较小而已。

处于该状态的塑料仍具有可逆的形变性质。在该状态下,可以进行真空成型、压延成型、中空成型、冲压、锻造等。

(3) 粘流态 当温度超过 T_f(T_m)时,由于分子链的整体运动,塑料开始有明显的流动,塑料开始进入粘流态变成粘流液体,通常我们也称之为熔体。塑料在这种状态下的变形不具可逆性质,一经成型和冷却后,其形状永远保持下来。在该状态下可以进行注射、挤出、吹塑等成型加工。

T_f（T_m）称为粘流化温度,是聚合物从高弹态转变为粘流态（或粘流态转变为高弹态）的临界温度。当塑料继续加热,温度至 T_d 时,聚合物开始分解变色,T_d 称为热分解温度,是聚合物在高温下开始分解的临界温度。T_f（T_m）是塑料成型加工重要的参考温度,T_f（T_m）~T_d 的范围越宽,塑料成型加工就越容易进行。表 2-1 列出了几种常用塑料的热分解温度。

表 2-1　　　　　　　　　　　常用塑料的热分解温度

聚合物	T_d	聚合物	T_d
聚乙烯（PE）	335~450	聚酰胺—6（PA-6）	310~380
聚丙烯（PP）	328~410	聚酰胺—66（PA-66）	310~380
聚氯乙烯（PVC）	200~300	聚甲醛（POM）	222
聚苯乙烯（PS）	300~400	聚甲基丙烯酸甲酯（PMMA）	170~300

2. 热固性塑料在受热时的物理状态

热固性塑料在受热时,由于伴随着化学反应,其物理状态变化与热塑性塑料明显不同。开始加热时,由于树脂是线型结构,和热塑性塑料相似,加热到一定温度时树脂分子链运动的结果使之很快由固态变成粘流态,这使热固性塑料具有成型的性能。但这种流动状态存在的时间很短,很快由于化学反应的作用,分子结构变成网状,分子运动停止了,塑料硬化变成坚硬的固体。再加热分子运动仍不能恢复,化学反应继续进行,分子结构变成体型,塑料还是坚硬的固体。当温度升到一定值时,塑料开始分解。

（二）塑料熔体的流变性能

研究物质变形与流动的科学称为流变学。流动和变形是塑料成型加工中最基本的工艺特征,所以,流变学研究对塑料成型加工有非常重要的意义。

1. 牛顿液体及其流动规律

对于塑料熔体流变学性质,可以对比流体力学理论进行研究。在流体力学中,液体在圆形管道中的流动分为层流和紊流（湍流）两种形式,如果液体雷诺准数 Re<2100,则该液体为层流;反之则为湍流。在成型过程中,塑料熔体流动时的 Re 值均小于 2100,故可以将其流动视为层流。

描述液体层流的最简单的规律是牛顿流动定律,如图 2-8 所示是液体在圆管内层流动时的流速分布模型。牛顿流动定律的内容是:在一定温度下,在相对移动速度为 dv,相对距离为 dr 的两液体平行层面施加切应力 τ 时,则切应力 τ 与剪切速率 dv/dr（或称流变速率或速度梯度）之间呈下列直线关系

$$\tau = \eta(dv/dr) = \eta\dot{r} \tag{2-1}$$

式中：η——比例常数,通常称为牛顿粘度（Pa·s）;

τ——切应力（Pa）;

$\dot{r}$——剪切速率或速度梯度（s-1）。

牛顿粘度是物料的一种基本特性,依赖于物料的分子结构和温度。式（2-1）称为牛顿流变方程,凡符合上式关系的液体统称为牛顿液体。

2. 非牛顿液体及其表观粘度

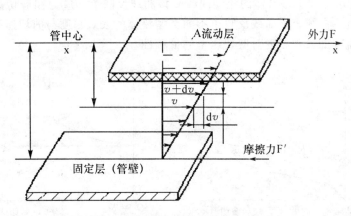

图 2-8　液体在圆管内层流时的流速分布模型

实际上，真正属于牛顿液体的只有低分子化合物液体或溶液。由于聚合物高分子长链结构复杂且相互缠结，使其熔体流动行为远比低分子液体复杂，这类液体流动时的切应力和剪切速率不再构成比例关系，而粘度也不是常数，因此，聚合物液体流变行为不服从式 (2-1) 的牛顿流动规律，通常将具有这种流变行为的液体称为非牛顿液体。

在注射成型中，只有少数聚合物熔体的粘度对剪切速率不敏感如聚酰胺、聚碳酸脂等，除经常把它们近似视为牛顿流体外，其他绝大多数的聚合物熔体都表现为非牛顿流体。这些聚合物熔体都近似地服从指数流动规律，其表达式为

$$\tau = K\left(\frac{dv}{dr}\right)^n = K\dot{\gamma}^n \tag{2-2}$$

式中：K——聚合物和温度有关的常数，可以反映聚合物熔体的粘稠性，称为粘度系数，液体粘稠性越大，K 就越大；

n——与聚合物和温度有关的常数，可以反映聚合物熔体偏离牛顿流体性质的程度，称为非牛顿指数。

上式可以改写为

$$\tau = (K\dot{\gamma}^{n-1})\dot{\gamma}$$

设

$$\eta_a = K\dot{\gamma}^{n-1}（称为流变方程） \tag{2-3}$$

于是式 (2-1) 可以改写为

$$\tau = \eta_a\dot{\gamma}（称为流变方程） \tag{2-4}$$

式中：η_a——非牛顿液体的表观粘度（Pa·s）；

当 $n = 1$ 时，$\eta_a = K = \eta$，即非牛顿液体转变为牛顿液体。

当 $n \neq 1$ 时，绝对值 $|1-n|$ 越大，则液体的非牛顿性越强，剪切速率对表观粘度的影响越强。

当 $n < 1$ 时，称为假塑性液体，在注射成型中，除了热固性塑料和少数热塑性塑料外，大多数聚合物熔体均有近似假塑性液体流变学的性质。

当 $n > 1$ 时，称为膨胀性液体，属于膨胀性液体的主要是一些固体含量较高的聚合物悬浮液以及带有凝胶结构的聚合物溶液或悬浮液，处于高剪切速率下的聚氯乙烯糊的流动行为就近似这类液体。

如图 2-9 所示，同类型流体的流动曲线，该曲线反映了切应力和剪切速率的关系。不同类型流体的流变曲线，该曲线反映了不同类型流体的表观粘度与剪切速率的关系，也说明了各种类型流体的表观粘度对剪切速率的依赖性。

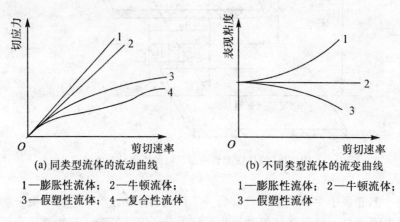

(a) 同类型流体的流动曲线　　　　(b) 不同类型流体的流变曲线

1—膨胀性流体；2—牛顿流体；　　1—膨胀性流体；2—牛顿流体；
3—假塑性流体；4—复合性流体　　3—假塑性流体

图 2-9　同类型流体的流动曲线和不同类型流体的流变曲线

3. 温度和压力对粘度的影响

影响塑料熔体粘度的因素有温度、压力、施加的应力和应变速率等。关于应力和应变速率与熔体粘度的关系前面已有叙述。这里仅分析温度和压力对熔体粘度的影响。

(1) 温度对剪切粘度的影响

温度与液体剪切粘度（包括表观粘度）的关系可以用下式表示

$$\eta = \eta_0 e^{a(\theta_0 - \theta)} \tag{2-5}$$

式中：η——液体在某一基准温度时的剪切粘度；

η_0——为某一基准温度时的剪切粘度；

e——为自然数；

a——常数，对大多数液体而言，当温度范围小于 50℃ 时，是常数，超过该范围则变化较大。

由此可见，剪切粘度对温度具有敏感性，这在塑料成型过程中是非常有意义的。

在塑料成型加工过程中，对于一种表观粘度随温度变化不大的聚合物来讲，如果仅凭升高温度来增加其流动性，从而想使成型顺利进行是错误的，因为温度升高的幅度很大，聚合物的表观粘度却降低有限（如聚丙烯、聚乙烯、聚甲醛等）。同时，这样大幅度的升高温度很可能使聚合物发生高温降解，从而降低塑件质量，而且成型设备的消耗也大。

相反，对于聚甲基丙烯酸甲脂这类聚合物，其表观粘度对温度非常敏感，成型时温度稍有升高，就可能大大降低其表观粘度，使其流动性得到改善。

(2) 压力对剪切粘度的影响

由于液体的剪切粘度（包括表观粘度）依赖于分子间的作用力，而作用力又与分子之间的间距有关，因此，当液体受到压力时，其分子之间的距离减小，液体的剪切粘度总是趋于增大。

相关实验证明，聚合物熔体在受压时，其粘度会有所增高，在某些情况下表观粘度竟能增加一个数量级。

因此，在塑料成型时就会出现这样情况，一种塑料在通常压力范围内是可以成型的，但当压力增加时，由于粘度增加，塑料就不容易成型或生产率下降，甚至塑料变得像固体般不能流动。

值得注意的是，各种聚合物熔体粘度对压力的敏感性不同，所以在注射成型时，单纯依靠增大注射压力来提高熔体流量或充模能力的方法并不十分恰当。

通过以上影响粘度的因素可以得出，在塑料成型时，可以通过改变应力、应变、温度和压力的方法来调节聚合物的粘度，要综合考虑具体采用哪一种方法更合理有效。

4. 热塑性聚合物和热固性聚合物流变行为的比较

（1）热塑性聚合物和热固性聚合物流变行为不同

热塑性聚合物和热固性聚合物流变行为的不同可以由图 2-10 加以说明，由图 2-10 (a) 和 (b) 可以看出，热固性聚合物加热初期流动性的增大（粘度降低）是由于热松弛作用的结果，在达到硬化之前的一段时间，体系粘度随时间的变化不大，过了这一段时间之后，聚合与交联反应进一步进行，流动性迅速减小。

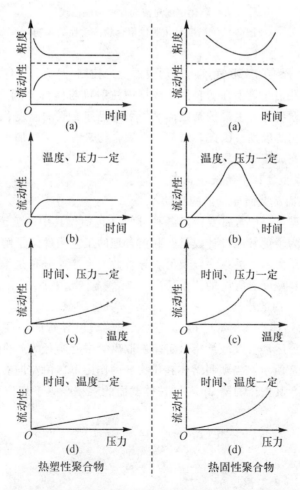

图 2-10　热塑性聚合物和热固性聚合物流变行为的比较

(2) 温度对流动性的影响是由粘度和固化速度决定的

从图 2-11 可以看出，温度对流动性的影响是由粘度和固化速度决定的，这种关系可以进一步用图 2-11 来说明。由图 2-11 可以看出，在较低温度范围内温度对粘度的影响起主导作用，在 $\theta\max$ 以下，粘度随温度升高而降低，所以交联之前总的流动性随温度上升而增加；而在较高的温度范围（即 $\theta\max$ 以上），则化学交联反应起主导作用，随温度升高，交联反应速度加快，熔体的流动性迅速降低。

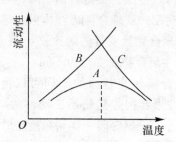

A—总的流动曲线；B—粘度对流动性的影响曲线；
C—硬化速度对流动性的影响曲线
图 2-11 温度对热固性聚合物流动性的影响

(3) 热固性聚合物的交联速度可以通过温度来控制

温度的这种特性正是热固性塑料注射成型中注射机与模具分别采用不同温度的原因。例如，注射的最佳温度是产生最低粘度而又不引起迅速交联的温度，浇口和模具的温度则应是有利于迅速硬化的温度。因此，对热固性聚合物来说，正确加工工艺的关键是使聚合物组分在交联之前完成流动过程。

（三）塑料在成型过程中的流动状态

1. 塑料熔体在简单截面导管内的流动

塑料熔体在成型过程中常常要流经各种导管（包括模具中的流道），以使其受热、受压、冷却和定型。为了更好地设计模具，制定合理的工艺条件，了解并掌握塑料熔体在导管内流动时流速与压力降的关系，以及沿着导管截面上流速分布是很有必要的。下面简单分析塑料在两种简单截面导管内的流动情况。

(1) 在圆形导管内的流动

为了研究塑料熔体在圆形导管内的流动状况，假设导管的半径为 R，塑料熔体在管内作等温稳定的层流运动，且服从指数定律。取离管中心半径为 r 的流体圆柱体单元，其长度为 L，如图 2-12 所示。当塑料熔体在压力 p 的作用下，由左向右移动时，在流体层间产生摩擦力，于是，其中压力降 Δp 与圆柱体截面的乘积必等于切应力与流体层间接触面积的乘积，即

$$\Delta p(\pi r^2) = \tau(2\pi r L)$$

所以切应力为

$$\tau = \frac{r\Delta p}{2L} \tag{2-6}$$

在管壁处 $r = R$，$\tau = \tau_w$ 则

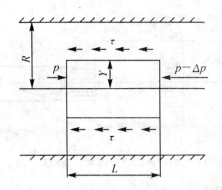

图 2-12 圆形导管内的流动液体受力分析

$$\tau_w = \frac{R\Delta p}{2L} \tag{2-7}$$

即
$$\tau = \tau_w \frac{r}{R} \tag{2-8}$$

由此看出切应力在管中心为零，逐渐增大至管壁处为最大。据此进一步推导可以得出流速与压力降的关系为

$$v_r = \frac{nR}{1+n}\left[\frac{R\Delta P}{2KL}\right]^{\frac{1}{n}}\left[1-\left(\frac{r}{R}\right)^{1+\frac{1}{n}}\right] \tag{2-9}$$

塑料熔体在圆形导管中切应力和流速分布（呈抛物线型）如图 2-13 所示。

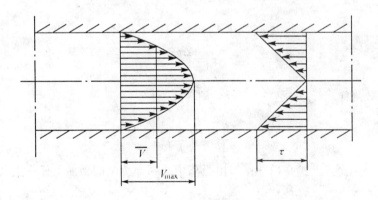

图 2-13 塑料熔体在圆形导管中切应力和流速分布

塑料熔体的流速随流道的几何形状或尺寸而变化，如注射成型中在圆形流道直径变化（由主流道到分流道或由分流道到浇口）时，塑料熔体流速的变化情况如图 2-14 所示。

(2) 在扁形导槽内的流动

在等温条件下，聚合物熔体经扁形导槽（扁槽）作稳定层流运动时，其情况如图 2-15 所示。在扁槽内以中心平面为中心取一矩形单元体，其厚度为 $2y$，宽度取一个单位长度，长度为 L。假定扁槽上下两面为无限宽平行面（扁槽宽度 W 应大于扁槽上下平行面距离 $2B$ 的 20 倍，此时扁槽两侧壁对流速的减缓作用可以忽略不计）根据压力与切应力

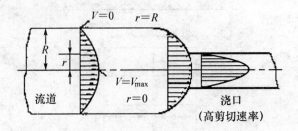

图 2-14 塑料熔体的流速随导管几何尺寸而变化

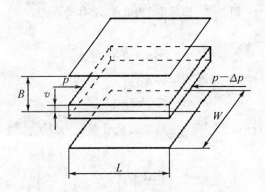

图 2-15 扁槽内流动液体受力分析

的关系，可得

$$\Delta p(2y \times 1) = \tau(1 \times L \times 2)$$

$$\tau = \frac{\Delta p}{L} y \tag{2-10}$$

根据非牛顿指数规律 $\tau = K\left(\dfrac{\mathrm{d}v}{\mathrm{d}y}\right)^n$ 得

$$\frac{\mathrm{d}v}{\mathrm{d}y} = \left(\frac{\tau}{K}\right)^{\frac{1}{n}}$$

将式 (2-10) 代入上式并积分，得出距离中心平面为 y 的平面上任一点其流速与压力降的关系为

$$v_y = \left(\frac{\Delta p}{KL}\right)^{\frac{1}{n}} \frac{n}{n+1}\left[B^{\frac{n+1}{n}} - y^{\frac{n+1}{n}}\right] \tag{2-11}$$

塑料熔体在狭缝形导管内的流速分布如图 2-16 所示。

2. 塑料成型过程中的取向行为

所谓取向就是在应力作用下，聚合物分子链倾向于沿应力方向作平行排列的现象。在塑料成型中，取向可以分为两种情况：

(1) 注射成型、压注成型塑件中固体填料的流动取向

聚合物中的固体填料也会在注射成型、压注成型过程中取向，而且取向方向与程度取决于浇口的形状和位置，如图 2-17 所示。可以看出，填料排列的方向主要顺着流动的方

向，碰到阻力（如模壁等）后，填料的流动就改成与阻力成垂直的方向，并按此定型。

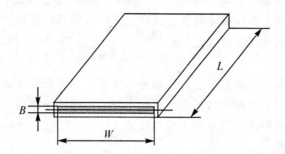

图 2-16　塑料熔体在扁槽内的流速分布

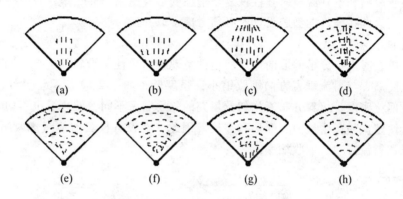

图 2-17　扇形薄片试样填料的取向

（2）注射成型、压注成型塑件中聚合物分子的流动取向

聚合物在注射成型和压注成型过程中，总是存在熔体的流动。有流动就会有分子的取向。由于塑件的结构形态、尺寸和熔体在模具型腔内流动的情况不同，取向结构可以分为单轴取向和多轴取向（或称平面取向），如图 2-18 所示。单轴取向时，取向结构单元均沿着一个流动方向有序排列；而多轴取向时，结构单元可以沿两个或两个以上流动方向有序排列。

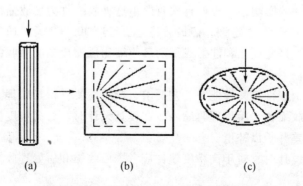

图 2-18　聚合物成型时的流动取向

（四）热塑性塑料的工艺性能

塑料的工艺性能是塑料在成型加工过程中表现出来的特有性质，其表现在许多方面，有些性能直接影响成型方法和塑件质量，同时也影响着模具的设计。下面就热塑性塑料和热固性塑料的工艺性能分别进行讨论。

1. 收缩性

塑件自模中取出冷却到室温后，各部分尺寸都比原来在模具中的尺寸有所缩小，这种性能称为收缩性。由于这种收缩不仅是树脂本身的热胀冷缩造成的，而且还与各种成型因素有关，因此成型后塑件的收缩称为成型收缩。

（1）成型收缩的形成

①塑件的尺寸收缩

由于热胀冷缩和塑件脱模时弹性恢复、塑性变形等原因，导致塑件脱模冷却到室温后其尺寸缩小，为此在模具的型腔设计时必须考虑予以补偿。

②收缩的方向性

塑料在成型时由于分子的取向作用使塑件呈现各向异性，沿料流方向（即平行方向）收缩大，强度高，与料流垂直方向则收缩小，强度低，如图2-19所示。另外，塑件在成型时由于各部位密度、填料分布不均匀及填充的先后顺序不同，使收缩也不均匀，从而产生收缩差，使塑件易产生翘曲、变形和裂纹。因此，在设计模具时应考虑收缩的方向性，按塑件形状和料流方向选取收缩率。

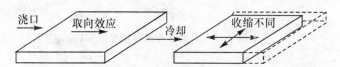

沿流动方向的收缩（顺流收缩）比垂直流动方向（横流收缩）大

图 2-19 收缩性与流动方向有关

③后收缩

塑件成型时，由于受成型压力、切应力、各向异性、密度不均、填料分布不均、模温不一致、硬化不均和塑性变形等因素的影响，塑件内存在残余应力。当脱模后，由于应力趋向平衡及储存条件的影响，使塑件再次收缩，这种收缩称为后收缩。一般塑件在脱模后10h内变化最大，24h后基本定型，但最后稳定要经过30~60天。通常热塑性塑料的后收缩比热固性塑料大，挤塑成型和注射成型的后收缩比压缩成型的后收缩大。

④后处理收缩

在某些情况下，塑件按其性能和工艺要求，成型后要进行热处理，处理后也会导致塑件尺寸收缩，这种收缩称为后处理收缩。故在模具设计时，对高精度塑件则应考虑后收缩及后处理收缩的偏差并予以补偿。

因此，在模具设计时，对于高精度塑件应考虑后收缩和后处理收缩引起的误差并予以补偿。

（2）收缩率计算

塑件成型收缩值可以用收缩率来表示，其计算公式如下

$$S' = \frac{L_c - L_s}{L_s} \times 100\% \qquad (2\text{-}12)$$

$$S = \frac{L_m - L_s}{L_s} \times 100\% \qquad (2\text{-}13)$$

式中：S'——实际收缩率；

S——计算收缩率；

L_c——塑件在成型温度时的单向尺寸；

L_s——塑件在室温时的单向尺寸；

L_m——模具在室温时的单向尺寸。

因实际收缩率与计算收缩率数值相差很小，所以模具设计时常以计算收缩率为设计参数，来计算型腔及型芯等的尺寸。

（3）影响收缩率变化的因素

在实际成型时，不仅塑料品种不同其收缩率不同，而且同一品种塑料的不同批号，或同一塑件的不同部位的收缩值也常常不同。影响收缩率的主要因素包括

①塑料品种　各种塑料都有其各自的收缩率范围，同一种塑料由于相对分子质量、填料及配比等不同，则其收缩率及各向异性也不同。

②塑件结构　塑件的形状、尺寸、壁厚、有无嵌件、嵌件数量及布局等，对收缩率值有很大影响，如塑件壁厚收缩率大，有嵌件则收缩率小。

③模具结构　模具的分型面、加压方向、浇注系统形式、布局及尺寸等对收缩率及方向性影响也很大，尤其是挤出成型和注射成型更为明显。

④成型工艺　挤出成型和注射成型一般收缩率较大，方向性也很明显。塑料的装料形式、预热情况、成型温度、成型压力、保压时间等对收缩率及方向性都有较大影响。例如采用压锭加料，进行预热，采用较低的成型温度、较高的成型压力，延长保压时间等均是减小收缩率及方向性的有效措施。

由上述分析可知，影响收缩率大小的因素很多，收缩率不是一个固定值，而是在一定范围内变化，收缩率的波动将引起塑件尺寸波动，因此模具设计时应根据以上因素综合考虑选择塑料的收缩率，对精度高的塑件应选取收缩率波动范围小的塑料，并留有试模后修正的余地。

2. 流动性

在成型过程中，塑料熔体在一定的温度与压力下充填模腔的能力，称为塑料的流动性。热塑性塑料常用熔融指数（MI：g/10min）表示其流动性的好坏，MI越大流动性越好，熔融指数测定仪结构如图2-20所示。塑料流动性差，就不容易充满型腔，易产生缺料或熔接痕等缺陷，因此需要较大的成型压力才能成型。相反，塑料的流动性好，可以用较小的成型压力充满型腔。但流动性太好，会在成型时产生严重的溢边。

（1）流动性的大小与塑料的分子结构有关

具有线型分子而没有或很少有交联结构的树脂流动性大。塑料中加入填料，会降低树脂的流动性，而加入增塑剂或润滑剂，则可增加塑料的流动性。

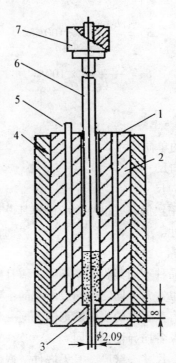

1—热电偶测温管；2—料筒；3—出料孔；4—保温层；5—加热棒；
6—柱塞；7—重锤（重锤加柱塞共重 3160g）

图 2-20　熔融指数测定仪结构示意图

塑件合理的结构设计也可以改善流动性，例如在流道和塑件的拐角处采用圆角结构可改善了熔体的流动性，如图 2-21 所示。

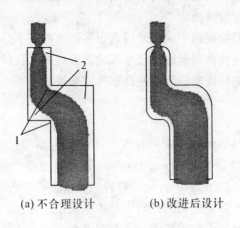

(a) 不合理设计　　(b) 改进后设计

1—尖锐过渡　2—死点

图 2-21　流道和塑件的拐角处采用圆角结构

（2）热塑性塑料流动性指标

热塑性塑料流动性可以用相对分子质量大小、熔体指数、螺旋线长度、表观粘度及流动比（流程长/塑件壁厚）等一系列指数进行分析，相对分子质量小、熔体指数高、螺旋线长度长、表观粘度小、流动比大的则流动性好。

（3）热塑性塑料的流动性分为三类

① 流动性好的，如聚乙烯、聚丙烯、聚苯乙烯、醋酸纤维素等。

② 流动性中等的，如改性聚苯乙烯、ABS、AS、聚甲基丙烯酸甲酯、聚甲醛、氯化聚醚等。

③ 流动性差的，如聚碳酸酯、硬聚氯乙烯、聚苯醚、聚砜、氟塑料等。

（4）影响流动性的主要因素

① 温度：料温高，则流动性大，但不同塑料各有差异。聚苯乙烯、聚丙烯、聚酰胺、聚甲基丙烯酸甲酯、ABS、AS、聚碳酸酯、醋酸纤维素等塑料流动性随温度变化的影响较大；而聚乙烯、聚甲醛的流动性受温度变化的影响较小。

② 压力：注射压力增大，则熔料受剪切作用大，流动性也增大，尤其是聚乙烯、聚甲醛较为敏感。

③ 模具结构：浇注系统的形式、尺寸、布置（如型腔表面粗糙度、浇道截面厚度、型腔形式、排气系统）、冷却系统设计、熔料流动阻力等因素都直接影响熔料的流动性。

凡促使熔料温度降低，流动阻力增大的因素（如塑件壁厚太薄，转角处采用尖角等），流动性就会降低。

3. 相容性

相容性是指两种或两种以上不同品种的塑料，在熔融状态下不产生相分离现象的能力。如果两种塑料不相容，则混熔时制件会出现分层、脱皮等表面缺陷。不同塑料的相容性与其分子结构有一定关系，分子结构相似者较易相容，例如高压聚乙烯、低压聚乙烯、聚丙烯彼此之间的混熔等；分子结构不同时较难相容，例如聚乙烯和聚苯乙烯之间的混熔。塑料的相容性又称为共混性。

通过塑料的这一性质，可以得到类似共聚物的综合性能，是改进塑料性能的重要途径之一，例如聚碳酸酯和 ABS 塑料相容，就能改善聚碳酸酯的工艺性。

4. 吸湿性

吸湿性是指塑料对水分的亲疏程度。据此塑料大致可以分为两类：一类是具有吸湿或粘附水分倾向的塑料，如聚酰胺、聚碳酸酯、聚砜、ABS 等；另一类是既不吸湿也不易粘附水分的塑料，如聚乙烯、聚丙烯、聚甲醛等。

凡是具有吸湿或粘附水分倾向的塑料，如成型前水分未去除，则在成型过程中由于水分在成型设备的高温料筒中变为气体并促使塑料发生水解，成型后塑料出现气泡、银丝等缺陷。这样，不仅增加了成型难度，而且降低了塑件表面质量和力学性能。因此，为保证成型的顺利进行和塑件质量，对吸湿性和粘附水分倾向大的塑料，在成型之前应进行干燥处理，使水分控制在 0.2% ~ 0.5% 以下，ABS 的含水量应控制在 0.2% 以下。

5. 水敏性

所谓水敏性是指有的塑料（如聚碳酸酯）即使含有少量水分但在高温、高压下也会发生分解，这种性能称为水敏性，对此可以采取预先干燥处理等措施。

6. 热敏性

热敏性是指某些热稳定性差的塑料，在料温高和受热时间长的情况下就会产生降解、分解、变色的特性,热敏性很强的塑料称为热敏性塑料,如硬聚氯乙烯、聚三氟氯乙烯、聚甲醛等。

热敏性塑料产生分解、变色实际上是高分子材料的变质、破坏,不但影响塑料的性能,而且分解出气体或固体,尤其是有的气体对人体、设备和模具都有损害,有的分解产物往往又是该塑料分解的催化剂,如聚氯乙烯分解产物氯化氢,能促使高分子分解作用进一步加剧。

因此在模具设计、选择注射机及成型时都应注意。可选用螺杆式注射机,增大浇注系统截面尺寸,模具和料筒镀铬,不允许有死角滞料,严格控制成型温度、模温、加热时间、螺杆转速及背压等措施。还可在热敏性塑料中加入稳定剂,以减弱热敏性能。

7. 结晶性

在塑料成型过程中,根据塑料冷却时是否具有结晶特性,可将塑料分为结晶型塑料和非结晶型塑料(或称无定形塑料)两种。

属于结晶型的塑料有聚乙烯、聚丙烯、聚四氟乙烯、聚甲醛、聚酰胺、氯化聚醚等;属于非结晶型的塑料有聚苯乙烯、聚甲基丙烯酸甲酯、聚碳酸酯、ABS、聚砜等。

一般来讲,结晶型塑料是不透明或半透明的;非结晶型塑料是透明的。但也有例外的情况,如聚4-甲基戊烯-1 为结晶型塑料却有高度透明性,ABS 属于非结晶型塑料却不透明。

(1) 结晶型塑料的使用性能

结晶型塑料一般使用性能较好。但由于加热熔化需要热量多,冷却凝固放出热量也多,因而必须注意成型设备选用和冷却装置的设计;结晶型塑料收缩大,容易产生缩孔或气泡;结晶型塑料各向异性显著,内应力也大,脱模后塑件容易产生变形、翘曲;结晶型塑料熔化温度范围窄,易发生未熔塑料注入模具或堵塞浇口。

(2) 结晶型塑料的结晶度

结晶型塑料的结晶度随着成型条件的变化而变化。如果熔体温度和模具温度高,熔体冷却速度慢,塑件的结晶度大;相反,则塑件的结晶度小。

(3) 结晶型塑料的物理性能

结晶度大的塑料密度大,强度、硬度高,刚度、耐磨性好,耐化学性和电性能好;结晶度小的塑料,柔软性、透明性较好,伸长率和冲击韧度较大。

(4) 结晶型和非结晶型塑料总特征的对比

可以通过控制成型条件来控制塑件的结晶度,从而控制其性能,使之满足使用要求。结晶型和非结晶塑料总特征的对比见表 2-2。

表 2-2　　　　　　　　　　结晶型和非结晶型塑料总特征的对比

结晶型	非结晶型	结晶型	非结晶型
高强度	高韧性	不透明	透明
高刚性	高延展性	耐疲劳	残余压力较低
高密度	低密度	使用温度高	成型公差小
成型收缩率较高	成型收缩率较低	控制挤出较难	较难以成型复杂部件

8. 应力开裂与熔体破裂

（1）应力开裂

有些塑料对应力比较敏感，成型时容易产生内应力，质脆易裂，当塑件在外力或溶剂作用下容易产生开裂的现象，被称为应力开裂。为防止这一缺陷的产生，一方面可以在塑料中加入增强材料加以改性，另一方面应注意合理设计成型工艺过程和模具，如物料成型前的预热干燥，正确规定成型工艺条件，尽量不设置嵌件，对塑件进行后处理，合理设计浇注系统和推出装置等。还应注意提高塑件的结构工艺性。

（2）熔体破裂

当一定熔体指数的塑料熔体在恒温下通过喷嘴孔时，其流速超过一定值后，挤出的熔体表面发生明显的横向凹凸不平甚至裂纹，这种现象称为熔体破裂。发生熔体破裂会影响塑件的外观和使用性能，所以对于熔体指数高的塑料，应增大喷嘴、流道和浇口截面，减小注射速度，提高料温，从而防止熔体破裂的产生。

（五）热固性塑料的工艺性能

热固性塑料的工艺性能明显不同于热塑性塑料的工艺性能。

1. 收缩率　热固性塑料因成型加工引起的尺寸减小。计算方法与热塑性塑料相同。

产生收缩的主要原因有：

（1）热收缩　这是因热胀冷缩而引起的尺寸变化。

（2）结构变化引起的收缩　热固性塑料由线型结构变为交联结构，分子链间距离缩小，结构紧密，引起体积收缩。

（3）弹性恢复　塑件脱模时，成型压力降低，降低了收缩率。

（4）塑性变形　塑件脱模时，成型压力迅速降低，但模壁紧压塑件周围，产生塑性变形。

2. 流动性　流动性的意义与热塑性塑料流动性类同。

3. 比体积与压缩率（压缩比）　比体积是单位质（重）量塑料所占的体积。压缩率是塑料与塑件体积之比，其值恒大于1。比体积和压缩率都表示了塑料的松散程度，都可以作为确定加料腔大小的依据。

4. 水分及挥发物含量　热固性塑料中的水分和挥发物来自两方面：一是塑料生产过程遗留下来及运输、保管期间吸收的；二是成型过程中化学反应的副产物。

如果塑料中的水分和挥发物过多又处理不及时，会产生质量问题。不仅如此，有的气体对模具有腐蚀作用，对人体有刺激作用。对于水分和挥发物的第一种来源，必要时可以在成型前进行预热和干燥处理；而对后者，包括预热干燥时未除去的部分在成型过程中设法去除。

5. 固化特性　在热固性塑料的成型过程中，树脂发生交联反应，分子结构由线型变为体型，塑料由既可熔又可溶变为既不熔又不溶，这一过程称为固化。

任务三　常用塑料简介

【知识点】
常用塑料的种类、名称、代号
常用塑料的性能、用途

一、任务目标

掌握常用塑料的名称、代号、性能、用途；可以根据所设计的塑件选用合理的塑料材料名称。

二、知识平台

常用塑料及树脂缩写代号，如表2-3所示。

（一）常用热塑性塑料

1. 聚乙烯：PE

基本特性　无毒、无味、呈乳白色。为结晶型塑料。$S=1.5\% \sim 3.5\%$，密度为$0.91 \sim 0.98 g/cm^3$，耐低温$-60℃$，成型性能好，可以采用注射、挤出、吹塑等加工方法，在流动方向与垂直方向上的收缩差异较大，注射方向的收缩率大于垂直方向的收缩率。

主要用途　低压聚乙烯可以用于制造塑料管、塑料板、塑料绳以及承载不高的零件，如齿轮、轴承等；高压聚乙烯常用于制作塑料薄膜（保鲜膜）、软管、塑料瓶以及电气工业的绝缘零件和包覆电缆等。

2. 聚丙烯：PP

基本特性：无味、无色、无毒。比聚乙烯更透明。$S=1.0\% \sim 3.0\%$。密度为$0.90 \sim 0.91 g/cm^3$，耐热性好、熔点为$164 \sim 170℃$，耐高温$120℃$下使用，耐磨、耐疲劳。

成型特点　成型收缩范围大，易发生缩孔、凹痕及变形；聚丙烯热容量大，注射成型模具必须设计能充分进行冷却的冷却回路；成型性能好，可以采用注射、挤出、吹塑、真空成型等加工方法。

主要用途　各种机械零部件如法兰、接头、泵叶轮、汽车零件和自行车零件，输送管道，化工容器和其他设备的衬里、表面涂层，盖和本体合一的箱壳，板、片、薄膜、绳、日用品（饭盒）等；各种绝缘零件，并用于医药工业中。

3. 聚氯乙烯：PVC

基本特性　产量最大的塑料品种之一。白色或浅黄色粉末。纯聚氯乙烯的密度为
$$1.16 \sim 1.45 g/cm^3、S=0.6\% \sim 2.5\%$$

成型特点　聚氯乙烯在成型温度下容易分解放出氯化氢。所以必须加入稳定剂和润滑剂，并严格控制温度及熔料的滞留时间，加工温度范围窄，性能取决于配方，可以采用注射、挤出、吹塑、压延等加工方法。

主要用途　防腐管道、管件、输油管、离心泵、鼓风机等。板材广泛用于化学工业上制作各种贮槽的衬里，建筑物的瓦楞板，门窗结构，墙壁装饰物等建筑用材。插座、插头、开关、电缆、雨衣、玩具、人造革等。价廉、很广泛、可以用于制作薄膜、管、板、

容器、电缆、鞋类、日用品等。

4. 聚苯乙烯：PS

基本特性 聚苯乙烯是仅次于聚氯乙烯和聚乙烯的第三大塑料品种。无色透明、无毒、无味，落地时发出清脆类似金属的声音，密度为 $1.054\ g/cm^3$。热变形温度为 $70\sim98℃$，只能在不高的温度下使用。$S=0.3\%\sim0.8\%$，质地硬而脆，有较高的热膨胀系数，因此，限制了聚苯乙烯在工程上的应用。

成型特点 流动性和成型性优良，成品率高，但易出现裂纹。成型性能好，可以采用注射、挤出、真空成型、模压成型等加工方法。

主要用途 仪表外壳、灯罩、化学仪器零件、透明模型等。绝缘材料、接线盒、电池盒等。包装材料、各种容器、玩具、装饰制品、容器、泡沫塑料、日用品等。

5. 丙稀腈-苯乙烯：AS

丙烯腈-苯乙烯共聚物（acrylonitrile-styrene copolymer）．由丙烯腈与苯乙烯共聚而成的高分子化合物。一般含苯乙烯 $15\%\sim50\%$。透明而带黄色至琥珀针色的固体。密度为 $1.06\ g/cm^3$。有热塑性。不易变色。不受稀酸、稀碱、稀醇和汽油的影响。但溶于丙酮、乙酸乙酯、二氯乙烯等中。可以用做工程塑料。具有优良的耐热性和耐溶剂性。用于制耐油机械零件、仪表壳、仪表盘、电池盒、拖拉机油箱、蓄电池外壳、包装容器、日用品等，但主要用作生产 ABS 树脂的掺混料。

6. 丙稀腈-丁二烯-苯乙烯：ABS

基本特性：具有三种成分良好的坚韧、质硬、刚性综合力学性能，丙烯腈使 ABS 有良好的耐化学腐蚀及表面硬度，丁二烯使 ABS 坚韧，苯乙烯使它有良好的加工性和染色性能。ABS 无毒、无味、呈微黄色，塑件光泽好。密度为 $1.02\sim1.05g/cm^3$，$S=0.4\%\sim0.7\%$，不透明，

可以采用注射、挤出、压延、真空成型、吹塑、电镀、焊接、表面涂饰等成型加工方法，**成型特点** ABS 在升温时粘度增高，所以成型压力较高。

主要用途：应用广泛，齿轮、泵叶轮、轴承、电器外壳、仪表壳、等。汽车工业上制造汽车挡泥板、热空气调节导管、加热器、小轿车车身等。ABS 还可以用来制作水表壳、电器零件、玩具、电子琴及收录机壳体日用品等。

7. 聚酰胺（尼龙）：PA

基本特性 由二元胺和二元酸或内酰胺通过自聚而成。命名由其中的碳原子数来决定，如己二胺和癸二酸反应所得的聚缩物称尼龙610，常见的品种有尼龙1010、尼龙610、尼龙66、尼龙6、尼龙9、尼龙11等。$S=0.3\%\sim2.2\%$，抗拉、抗压、耐磨。具有良好的消音效果和自润滑性能。耐碱、弱酸，但强酸和氧化剂能侵蚀尼龙。无毒、无味、不霉烂。其吸水性强、收缩率大，常常因吸水而引起尺寸变化。其稳定性较差，一般只能在 $80\sim100℃$ 以下使用。

可以采用注射、挤出、模压、烧结等多种成型加工方法。**成型特点** 熔融粘度低、流动性良好，容易产生飞边。成型加工前必须进行干燥处理；易吸潮，塑件尺寸变化较大。

广泛用于制作耐磨零件及传动机，如齿轮、凸轮、滑轮等；电气零件中的骨架外壳、阀门零件、电动工具外壳、纺织器材、电器壳体、微型电机齿轮。单丝、薄膜、日用品等；玻纤增强了尼龙6的强度、刚性、耐蠕变性、缺口冲击强度、热变形温度、尺寸稳

定,同时吸水率较低,若加入矿物填充物可以改善制品翘性。

8. 聚甲醛:POM

基本特性 表面硬而滑,呈淡黄或白色。有较高的机械强度及抗拉、抗压性能和突出的耐疲劳强度。尺寸稳定、吸水率小、耐磨性能好。能耐扭变,有突出的回弹能力,可以用于制造塑料弹簧。成型收缩率大,$S=1.5\%\sim3.0\%$,在成型温度下的热稳定性较差。具有良好的力学性能,比强度比刚度与金属接近(超过 PA),但高温放出甲醛。

成型特点 聚甲醛成型收缩率大,在熔点上下聚甲醛的熔融或凝固十分迅速,所以,注射速度要快,可以采用注射、挤出、吹塑等成型加工方法。

主要用途 可以代替钢、铜、铝、铸铁等制造多种结构零件及电子产品中的多种结构零件;轴承、凸轮、滚轮、辊子、齿轮等耐磨、传动零件。汽车仪表板、汽化器、各种仪器外壳、罩盖、箱体、化工容器、泵叶轮、鼓风机叶片、配电盘、线圈座、各种输油管、塑料弹簧等。

9. 聚碳酸酯:PC

基本特性 密度为 1.20g/cm3,本色微黄,加点淡蓝色后,得到无色透明塑料。可见光的透光率接近 90%。韧而刚,抗冲击性好。零件尺寸精度高。在很宽的温度变化范围内能保持其尺寸的稳定性。$S=0.5\%\sim0.8\%$ 透光率较高,但耐磨性较差。

成型特点 高温时对水分比较敏感,所以加工前必须干燥处理,流动性差,成型时要求有较高的温度和压力。可以采用注射、挤出、真空成型、吹塑等成型加工方法。

主要用途 齿轮、蜗轮、蜗杆、芯轴、轴承、滑轮、铰链、螺母、垫圈、泵叶轮、灯罩、节流阀、润滑油输油管、各种外壳、盖板、容器、冷冻和冷却装置零件等。电机零件、风扇部件、拨号盘、仪表壳、接线板等。照明灯、高温透镜、防护玻璃、镜片、光盘、光学零件上,在机械上用作齿轮、凸轮、涡轮。滑轮等,电机电子产品零件等。

10. 聚甲基丙烯酸甲酯(有机玻璃):PMMA

基本特性 是一种透光性塑料,苯乙烯改性,透光率高达 92%,优于普通硅玻璃。密度为 1.18g/cm³, $S=0.2\%\sim0.9\%$,比普通硅玻璃轻一半。机械强度为普通硅玻璃的 10 倍以上。在一般条件下尺寸较稳定。最大缺点是表面硬度低,耐磨性较差容易被硬物擦伤拉毛。

成型特点 原料在成型前要很好地干燥,以防止塑件产生气泡、浑浊、银丝和发黄等缺陷,影响塑件质量;熔体粘度高,流动性差,可以采用挤出、浇铸、热成型等成型加工方法。

主要用途 飞机和汽车的窗玻璃、飞机罩盖、油杯、光学镜片、透明模型、透明管道、车灯灯罩、游标及各种仪器零件,绝缘材料、广告铭牌等。

用做透明制品,如窗玻璃、光学镜片、灯罩、尺、笔、纽扣等;

11. 氟塑料

是各种含氟塑料的总称,主要包括聚四氟乙烯、聚三氟氯乙烯、聚全氟乙丙烯、聚偏氟乙烯等。聚四氟乙烯(F4):PTFE

基本特性 白色粉末,外观蜡状、光滑不粘。平均密度为 2.2g/cm³。化学稳定性极好,可耐一切酸、碱、盐及有机溶剂,有"塑料王"之称。有优良的耐热耐寒性能,可在 -195~250℃ 范围内长期使用而不发生性能变化。电气绝缘性能良好,且不受环境湿度、温度和电频率的影响。其摩擦系数是塑料中最低的。缺点是热膨胀大，而耐磨、机械强度差、刚性不足，且成型困难。$S=1.0\%\sim5.0\%$用作防腐化工领域的产品、电绝缘产品、耐热耐寒产品、自润滑制品。

成型特点：成型困难流动性差，一般将粉料冷压成坯件，然后再烧结成型。

主要用途　在防腐化工机械上用于制造管子、阀门、泵、涂层衬里等；在电绝缘方面广泛应用在要求良好高频性能并能高度耐热、耐寒、耐腐蚀的场合如喷气式飞机、雷达等方面。也可以用于制造自润滑减摩轴承、活塞环等零件。由于氟塑料具有不粘性，在塑料加工及食品工业中被广泛地作为脱模剂用。在医学上还可以用做代用血管、人工心肺装置等。

12. 热塑性聚酯（PBT 和 PET）

聚对苯二甲酸丁二酯：PBT

阻燃性好、变形小、耐磨，用于电器、汽车、电子、机械及仪器仪表等行业的结构件。

聚对苯二甲酸乙二酯：PET

耐磨、耐疲劳、耐温可以在 $-120\ ℃\sim120\ ℃$ 使用，耐化学性好，主要用于合成纤维（俗称"的确良"或"涤纶"），也用于薄膜和工程塑料，如：包装件、电影胶片基、X 光和录音录像带基、电器、汽车、电子、机械及仪器仪表等行业的精密构件。

（二）热固性塑料

1. 酚醛塑料（电木粉、胶木粉）：PF

基本特性　以酚醛树脂为基础而制得。通常由酚类化合物和醛类化合物缩聚而成。本身很脆，呈琥珀玻璃态。加入各种纤维或粉末状填料后才能获得具有一定性能要求的酚醛塑料。刚性好，变形小，耐热耐磨，能在 $150\sim200℃$ 的温度范围内长期使用。在水润滑条件下，有极低的摩擦系数。其电绝缘性能优良。缺点是质脆，冲击强度差。

成型特点　成型性能好，特别适用于压缩成型。

主要用途　制造齿轮、轴瓦、导向轮、无声齿轮、轴承及电工结构材料和电气绝缘材料。木质层压塑料适用于作水润滑冷却下的轴承及齿轮等。石棉布层压塑料主要用于高温下工作的零件。各种线圈架、接线板、电动工具外壳、风扇叶子、耐酸泵叶轮、齿轮、凸轮等。

2. 氨基塑料：

品种较多，根据配方的不同可制成各种塑料制品。氨基塑料是由氨基化合物与醛类（主要是甲醛）经缩聚反应而制得的塑料，主要包括脲-甲醛（UF）、三聚氰胺-甲醛（MF）等。

氨基塑料的成型特点　常用于压缩、压注成型。压注成型收缩率大；含水分及挥发物多，使用前需预热干燥，且成型时有弱酸性分解及水分析出，模具应镀铬防腐，并注意排气；流动性好，硬化速度快，因此，预热及成型温度要适当，装料、合模及加工速度要快；带嵌件的塑件易产生应力集中，尺寸稳定性差。

主要用做餐具、航空茶杯及电器开关、灭弧罩及防爆电器的配件。用于压制日用品及电气照明用设备的零件、电话机、收录机、钟表外壳、开关插座及电气绝缘零件。

3. 环氧树脂 EP：

基本特性 未固化之前，是线型的热塑性树脂。只有在加入固化剂（如胺类和酸酐等）之后，才交联成不熔的体型结构的高聚物，才有作为塑料的实用价值。突出的特点是粘结能力强，是人们熟悉的"万能胶"的主要成分。此外，还耐化学药品、耐热、电气绝缘性能良好，收缩率小。比酚醛树脂有较好的力学性能。其缺点是耐气候性差、耐冲击性低，质地脆。

成型特点 流动性好，硬化速度快；用于浇注时，浇注前不加脱模剂，难以脱模。

主要用途 可用作金属和非金属材料粘合剂，用于封装各种电子元件。用环氧树脂配以石英粉等来浇铸各种模具。用于电器、汽车、电子、机械及仪器仪表、化工、管道、飞机等行业。

4. 不饱和聚酯 UP：

种类繁多，其性能和用途也不同，主要有用于制作玻璃纤维增强塑料俗称"玻璃钢"，用于飞机、汽车、船舶、石油、化工及日用品等，如外壳、容器、高尔夫球、人造大理石等。

三、知识应用

根据所给案例进行材料名称的选用。

遥控器后盖零件图，见图 2-22 根据该塑件的使用要求选用 ABS 热塑性塑料。

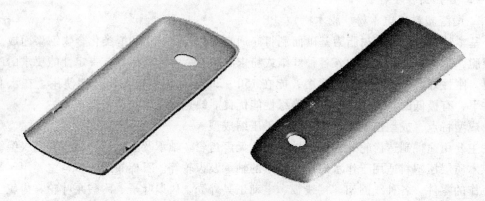

图 2-22 遥控器后盖

习题与思考题

1. 塑料与树脂的关系？
2. 塑料的成分有哪些，各自作用如何？
3. 合成树脂与天然树脂的区别？
4. 塑料是如何进行分类的？各自的特性？
5. 塑料物料形态有哪些？
6. 塑料的工艺性能有哪些？
7. 热塑性塑料受热时的物理状态是如何变化的？

8. 热塑性塑料在玻璃态、高弹态和粘流态各适宜于哪些加工？
9. 什么是塑料的收缩率？塑件产生收缩的原因是什么？影响收缩率的因素有哪些？
10. 在热塑性塑料中改善流动性的办法有哪些？
11. 简述常用塑料材料的名称及对应缩写、特性。

表 2-3　　　　　　　　塑料及树脂缩写代号（GB/T1844—1995）

缩写代号	英文名称	中文名称
ABS	Acrylonitrile-butadiene-styrene	丙烯腈-丁二烯-苯乙烯共聚物
A/S	Acrylonitrile-styrene copolymer	丙烯腈-苯乙烯共聚物
A/MMA	Acrylonitrile-methyl methacrylate copolymer	丙烯腈-甲基丙烯酸甲酯共聚物
A/S/A	Acrylonitrile-styrene-acrylate copolymer	丙烯腈-苯乙烯-丙烯酸酯共聚物
CA	Cellulose acetate	醋酸纤维素
CAB	Cellulose acetate butyrate	醋酸-丁酸纤维素
CAP	Cellubose acetate propionate	醋酸-丙酸纤维素
CF	Cresol-formaldehyde resin	甲酚-甲醛树脂
CMC	Carboxymethyl cellulose	羧甲基纤维素
CN	Cellulose nitrate	硝酸纤维素
CP	Cellulose propionate	丙酸纤维素
CS	Casein plastics	酪素塑料
CTA	Cellulose triacetate	三醋酸纤维素
EC	Ethyl cellulose	乙基纤维素
EP	Epoxide resin	环氧树脂
E/P	Ethylene-propylene copolymer	乙烯-丙烯共聚物
E/P/D	Ethylene-propylene-diene terpolymer	乙烯-丙烯-二烯三元共聚物
E/TFE	Ethylene-tetrafluoroethylene copolymer	乙烯-四氟乙烯共聚物
E/VAC	Ethylene-vinylacetate copolymer	乙烯-醋酸乙烯酯共聚物
E/VAL	Ethylene-vinylalcohol copolymer	乙烯-乙烯醇共聚物
FEP	Perfluorinated ethylene-propylene copolymer	全氟（乙烯-丙烯）共聚物
GPS	General polystyrene	通用聚苯乙烯
GRP	Glass fibre reinforced plastics	玻璃纤维增强塑料
HDPE	High density polyethylene	高密度聚乙烯
HIPS	High impact polystyrene	高冲击强度聚苯乙烯
LDPE	Low density polyethylene	低密度聚乙烯
MC	Methyl cellulose	甲基纤维素

续表

缩写代号	英文名称	中文名称
MDPE	Middle density polyethylene	中密度聚乙烯
MF	Melamine-formaldehyde resin	三聚氰胺-甲醛树脂
MPF	Melamine-phenol-formaldehyde	三聚氰胺-酚甲醛树脂
PA	Polyamide	聚酰胺
PAA	Poly（acrylic acid）	聚丙烯酸
PAN	Polyacrylonitrile	聚丙烯腈
PB	Polybutene-1	聚丁烯-1
PBTP	Poly（butylene terephthalate）	聚对苯二甲酸丁二（醇）酯
PC	Polycarbonate	聚碳酸酯
PCTFE	Polychlorotrifluoroethylene	聚三氟氯乙烯
PDAP	Poly（diallyl phthalate）	聚邻苯二甲酸二烯丙酯
PDAIP	Poly（diallyl isophthalate）	聚间苯二甲酸二烯丙酯
PE	polyethylene	聚乙烯
PEC	Chlorinated polyethylene	氯化聚乙烯
PETP	Poly（ethylene tetephthalate）	聚对苯二甲酸乙二（醇）酯
PEOX	Poly（ethylene oxide）	聚环氧乙烷，聚氧化乙烯
PF	Phenol-formaldehyde resin	酚醛树脂
PI	Polyimide	聚酰亚胺
PMCA	Poly（methyl-α-chloroacrylate）	聚-α-氯代丙烯酸甲酯
PMI	Polymethacrylimide	聚甲基丙烯酰亚胺
PMMA	Poly（Methyl methacrylate）	聚甲基丙烯酸甲酯
POM	Polyoxymethylene（polyformaldehyde）	聚甲醛
PP	Polypropylene	聚丙烯
PPC	Chlorinated polypropylene	氯化聚丙烯
PPO	Poly（phenglene oxide）	聚苯醚（聚2,6-二甲基苯醚），聚苯撑氧
PPOX	Poly（propylene oxide）	聚环氧丙烷，聚氧化丙烯
PPS	Poly（phenylene sulfide）	聚苯硫醚
PPSU	Poly（phenylene sulfon）	聚苯砜
PS	Polystyrene	聚苯乙烯
PSF	Polysulfone	聚砜

续表

缩写代号	英文名称	中文名称
PTFE	Polytetrafluoroethylene	聚四氟乙烯
PUR	Polyurethane	聚氨脂
PVAC	Poly（vinyl acetate）	聚醋酸乙烯酯
PVAL	Poly（vinyl alcohol）	聚乙烯醇
PVB	Poly（vinyl butyral）	聚乙烯醇缩丁醛
PVC	Poly（vinyl chloride）	聚氯乙烯
PVCA	Poly（vinyl chloride-acetate）	氯乙烯-醋酸乙烯酯共聚物
PVCC	Chlorinated poly（vinyl chloride）	氯化聚氯乙烯
PVDC	Poly（vinylidene chloride）	聚偏二氯乙烯
PVDF	Poly（vinylidene fluoride）	聚偏二氟乙烯
PVF	Poly（vinyl fluoride）	聚氟乙烯
PVFM	Poly（vinyl formal）	聚乙烯醇缩甲醛
PVK	Poly（vinyl carbazole）	聚乙烯基咔唑
PVP	Poly（vinyl pyrrolidone）	聚乙烯基吡咯烷酮
RP	Reinforced plastics	增强塑料
RF	Resorcinol-formaldehyde resin	间苯二酚-甲醛树脂
S/AN	Styrene-acrylonitrile copolymer	苯乙烯-丙烯腈共聚物
SI	Silicone	聚硅氧烷
S/MS	Styrene-α-methylstyrene-copolymer	苯乙烯-α-甲基苯乙烯共聚物
UF	Urea-formaldehyde resin	脲甲醛树脂
UHMWPE	Ultra-high molecular weight polyethylene	超高分子量聚乙烯
UP	Unsaturated polyester	不饱和聚酯
VC/E	Vinylchloride-ethylene-copolymer	氯乙烯-乙烯共聚物
VC/E/MA	Vinylchloride-ethylene-methylacrylate copolymer	氯乙烯-乙烯-丙烯酸甲酯共聚物
VC/E/VAC	Vinyl chloride-ethylene-vinyl acetate copolymer	氯乙烯-乙烯-醋酸乙烯酯共聚物
VC/MA	Vinyl chloride-methylacrylate copolymer	氯乙烯-丙烯酸甲酯共聚物
VC/MMA	Vinyl chloride-methyl methacrylate copolymer	氯乙烯-甲基丙烯酸甲酯共聚物
VC/OA	Vinyl chloide-octylacrylate Copolyme	氯乙烯-丙烯酸辛酯共聚物
VC/VAC	Vinyl chloride-vinylacetate copolymer	氯乙烯-醋酸乙烯酯共聚物
VC/VDC	Vinyl chloride-vinylidene chloride copolymer	氯乙烯-偏二氯乙烯共聚物

模块三　塑料制品的结构工艺性

任务一　塑料制品的设计

【知识点】
结构设计内容
结构设计特点

一、任务目标

掌握塑料制品设计的主要内容，理解合理地设计塑件结构是保证塑件符合使用要求和满足成型条件的一个关键性问题。善于对塑件的结构进行分析，并能提出符合模具设计及制造要求的工艺结构，以便设计出合理的模具结构。

二、知识平台

制品的工艺性：指制品本身的材料，尺寸及精度以及形状结构等，对成型和模具加工工艺的可能性和方便性。塑件工艺性的好坏主要取决于塑料制品的设计。良好的塑料制品的工艺性是获得合格塑件的前提，也是塑料成型工艺得以顺利进行和塑料模具达到经济合理要求的基本条件。因此设计塑料制品不仅要满足使用要求，而且要符合成型工艺特点，并且尽可能使模具结构简化。

（一）塑料制品设计的一般程序
1. 详细了解塑料制品的功能、环境条件和载荷条件。
2. 选定塑料品种。
3. 制定初步设计方案，绘制制品草图（形状、尺寸、壁厚、加强筋、孔的位置等）。
4. 样品制造、进行模拟试验或实际使用条件的试验。
5. 制品设计、绘制正规制品图纸。
6. 编制文件，包括塑料制品设计说明书和技术条件等。

（二）塑料制品的设计原则
1. 在成本方面：要考虑注射制品的利润率、年产量、原料价格、使用寿命和更换期限，在保证使用要求的前提下尽量选用价格低廉和成型性能较好的塑料，尽可能降低成本。
2. 在制品形状方面：力求结构简单、壁厚均匀、成型方便，利于模具分型、排气、补缩和适应高效冷却硬化（热塑性塑料制品）或快速受热固化（热固性塑料制品）等。
3. 在模具方面：塑件结构应能使其模具的总体结构尽可能简化，避免模具侧抽芯和简化脱模机构，同时应充分考虑模具零件的形状及其制造工艺，以便使制品具有较好的经济性。

4. 在选料方面需考虑：

（1）塑料的物理机械性能，如强度、刚性、韧性、弹性、吸水性以及对应力的敏感性等；

（2）塑料的成型工艺性，如流动性、结晶速率，对成型温度、压力的敏感性等。

（3）塑料制品在成型后的收缩情况，及各向收缩率的差异。

（三）塑料制品的设计的主要内容

1. 塑料制件的选材

（1）应考虑以下几个方面，以判断其是否能满足使用要求。

① 塑料的力学性能，如强度、刚性、韧性、弹性、弯曲性能、冲击性能以及对应力的敏感性。

② 塑料的物理性能，如对使用环境温度变化的适应性、光学特性、绝热或电气绝缘的程度、精加工和外观的完美程度等。

③ 塑料的化学性能，如对接触物（水、溶剂、油、药品）的耐性、卫生程度以及使用上的安全性等。

④ 必要的精度，如收缩率的大小及各向收缩率的差异。

⑤ 成型工艺性，如塑料的流动性、结晶性、热敏性等。

（2）具体做法举例：

通过对塑料的特性分析进行选择和比较。（参考第一章常用塑料的特性内容）。选出要求的材料后，再判断所选的材料是否满足制品的使用条件，最好是通过试样做试验。应指出的是，采用标准试样所得到的数据（如力学性能）并不能代替或预测制品在具体使用条件下的实际物理力学性能，只有当使用条件与测试条件相同时，试验才可靠。因此，最好是按照试验所形成的设想来制作原型模具，再通过原型模具生产的试验制品来确认目标值，这样会使塑料材料的选择更为准确。

现比较聚丙烯（PP）和高密度聚乙烯（HDPE）的使用特性和选择原则。

PP 比 HDPE 优越的方面：

① PP 光泽性好，外观漂亮，收缩率比 HDPE 小，制件细小部位的清晰度好，表面可制成皮革图案；而 HDPE 收缩率较大，制品表面的细微处难以模塑成型。

② PP 的透明性比 HDPE 好，要求透明的制品，如注射器和其他医疗器具、吹塑容器等均可选用 PP。

③ PP 的尺寸稳定性优于 HDPE，可以采用 PP 制造较大平面的薄壁制品。

④ PP 的热变形温度高于 HDPE，可以采用 PP 制造耐热性餐具。

HDPE 比 PP 优越的方面：

① HDPE 的耐冲击性能比 PP 强，即使在低温下韧性也好，因此 HDPE 适合制造寒冷地区使用的货箱及冷藏室中使用的制品。

② HDPE 适应气候的能力优于 PP，像啤酒瓶周转箱，室外垃圾箱等塑料制品均宜采用 HDPE。

2. 塑料制件的尺寸和精度

(1) 塑件的尺寸

塑件尺寸是指塑件的总体外形尺寸，而不是壁厚、孔径等结构尺寸。塑件可成型的总体尺寸主要取决于塑料品种的流动性。在一定的设备和工艺条件下，流动性好的塑料可以成型较大尺寸的塑件；反之，成型出的塑件尺寸较小。塑件外形尺寸还受成型设备的限制。从能源、模具制造成本和成型工艺条件出发，只要能满足塑件的使用要求，应将塑件设计得尽量紧凑、尺寸小巧一些。

(2) 塑件的尺寸精度

塑件尺寸精度指所获得的塑件尺寸与产品图中尺寸的符合程度，即所获得塑件尺寸的准确度。

①影响塑件尺寸精度的因素：

(a) 材料因素：塑料的某些性能，如刚性、收缩性等会对塑件尺寸公差造成重要影响。收缩率是影响塑件尺寸精度的最基本、最重要的因素。各种塑料因其本身的性质不同，其成型收缩率各不相同，即便是同种塑料，也存在批量间的收缩差别。一般来说，收缩率小、收缩率波动范围窄的塑料，如聚碳酸酯、聚苯乙烯、ABS 等，因成型工艺条件的变化引起的尺寸误差较小，能得到较高尺寸精度的制品；而收缩率大、收缩率波动范围宽的塑料，如低密度聚乙烯、软质聚氯乙烯等，一般只能得到尺寸精度较低的制品；收缩波动居中的聚丙烯、聚酰胺等，能获得中等尺寸精度的制品。

(b) 模具因素。制造精度：在与模具有关的因素中，首要的是模具的制造精度。模具的制造公差主要包括成型零件的制造公差、可动成型零件配合公差、固定成型零件的安装公差等。其中成型零件的制造公差直接影响制品的尺寸精度。有关资料表明，模具制造公差约占塑料制品总公差的 $\frac{1}{3}$ 左右。但实际上不同尺寸的制品也不相同，如对小尺寸制品来说，模具制造上的公差对制品尺寸精度影响要大得多；而对大尺寸制品，收缩率波动则是影响其尺寸精度的主要因素。磨损：在模具的使用过程中，成型零件的不断磨损也会影响制品的尺寸精度。塑料熔体在模具型腔中流动或塑件脱模时与型腔壁摩擦，都会造成成型零件的磨损，尤其与脱模方向平行的壁面磨损更大。因此在模具设计中，凡与脱模方向平行的壁面都要考虑磨损。磨损量应根据模具的使用寿命选定，磨损量随模具的成型次数增加而增大。对成型次数在万件以内的模具，其磨损量应取小值，甚至不予考虑。磨损量的取值还要考虑塑件的尺寸，对小型制品来说，成型零件的磨损对其总公差影响较大；而对大型制品则影响较小。因此，中小型制品的模具，最大磨损量可取制品总公差的 $\frac{1}{6}$（常取 0.02~0.05ram）；大型制品应取 $\frac{1}{6}$ 以下。模具结构：模具的结构形式也会影响制品的尺寸精度。如单型腔模具成型的制品尺寸精度，一般高于多型腔模具；分型面的位置决定了制品溢料边产生的位置，溢料边使垂直于分型面的制品尺寸精度降低。

(c) 工艺因素：塑件成型操作条件，如温度、压力、时间以及在成型期间塑件中产生的分子取向等，均会对塑件尺寸精度产生影响。成型条件变化表现为塑件收缩波动，是产生塑件尺寸误差的直接原因，仅次于模具加工精度的重要因素。通常塑料熔体温度高、模腔内压力传递快、塑件收缩小，其尺寸精度高。模内压力高、保压时间长，塑件尺寸精度高。但模温高、温差大、浇口冻结快,塑件尺寸精度低。

(d)设计因素:制品的形状、尺寸和壁厚影响塑料的成型收缩,脱模斜度的大小直接影响制品的尺寸精度。如薄壁制品比厚壁制品的收缩率要小;制品上带有嵌件的比不带嵌件的收缩率要小;形状复杂比形状简单的制品的收缩率要小。

(e)使用因素:塑件由于存放、使用条件的变化,会导致其性能变化。如聚酰胺、醋酸纤维等吸湿性强的塑件,环境温度与湿度均对其尺寸精度有重要影响。此外,热塑性塑件即使是在常温条件下使用,也会因外力作用而产生蠕变,造成其尺寸变化。

②尺寸精度选用原则:为了降低模具的加工难度和模具制造成本,在满足塑件使用要求的前提下应尽量把塑件尺寸精度设计得低一些。

③制品尺寸公差的确定

由以上分析可知,影响塑料制品尺寸精度的因素很多,且十分复杂,这就给正确确定制品尺寸公差带来困难,通常借助于塑料制品尺寸公差标准,将其作为确定制品尺寸精度等级的依据。

(a)部颁标准:部颁的标准主要有两个,一是原国家第四机械工业部部颁的塑料制品尺寸公差标准(SJ1372-78),见表3-1;二是原国家第一机械工业部制定的塑料制品尺寸公差标准,见表3-2。它们都是根据我国塑料制品成型水平制定出来的,可作为塑料制品设计时的主要参考资料,其中 SJ1372-78 标准使用较广。

表 3-1   原国家第四机械工业部推荐的塑料制品尺寸公差数值表(SJ1372-78)

公称尺寸 /mm	精度等级							
	1	2	3	4	5	6	7	8
	公差数值/mm							
~3	0.04	0.06	0.08	0.12	0.16	0.24	0.32	0.48
3~6	0.05	0.07	0.08	0.14	0.18	0.28	0.36	0.56
6~10	0.06	0.08	0.10	0.16	0.20	0.32	0.40	0.64
10~14	0.07	0.09	0.12	0.18	0.22	0.36	0.44	0.72
14~18	0.08	0.10	0.12	0.20	0.24	0.40	0.48	0.80
18~24	0.09	0.11	0.14	0.22	0.28	0.44	0.56	0.88
24~30	0.10	0.12	0.16	0.24	0.32	0.48	0.64	0.96
30~40	0.11	0.13	0.18	0.26	0.36	0.52	0.72	1.04
40~50	0.12	0.14	0.20	0.28	0.40	0.56	0.80	1.20
50~65	0.13	0.16	0.22	0.32	0.46	0.64	0.92	1.40
65~80	0.14	0.19	0.26	0.38	0.52	0.76	1.04	1.60
80~100	0.16	0.22	0.30	0.44	0.60	0.88	1.20	1.80
100~120	0.18	0.25	0.34	0.50	0.68	1.00	1.36	2.00

续表

公称尺寸/mm	精度等级							
	1	2	3	4	5	6	7	8
	公差数值/mm							
120~140		0.28	0.38	0.56	0.76	1.12	1.52	2.20
140~160		0.31	0.42	0.62	0.84	1.24	1.68	2.40
160~180		0.34	0.46	0.68	0.92	1.36	1.84	2.70
180~200		0.37	0.50	0.74	1.00	1.50	2.00	3.00
200~225		0.41	0.56	0.82	1.10	1.64	2.20	3.30
225~250		0.45	0.62	0.90	1.20	1.80	2.40	3.60
250~280		0.50	0.68	1.00	1.30	2.00	2.60	4.00
280~315		0.55	0.74	1.10	1.40	2.20	2.80	4.40
315~355		0.60	0.82	1.20	1.60	2.40	3.20	4.80
355~400		0.65	0.90	1.30	1.80	2.60	3.60	5.20
400~450		0.70	1.00	1.40	2.00	2.80	4.00	5.60
450~500		0.80	1.10	1.60	2.20	3.20	4.40	6.40

注：标准中规定的数值以塑件成型后或经必要的后处理后，在相对湿度为65%，温度为200℃，环境中放置24h后，以塑件和量具温度为200℃时进行测量为准。

SJ1372—78 标准中将塑料制品分成8个精度等级，每一种塑料可选其中三个等级，即高精度、一般精度和低精度（详见表3-3）。1、2级精度要求较高，目前一般不采用。

表 3-2　　　　　　　　原国家第一机械工业部推荐的塑料制品尺寸公差

公称尺寸/mm	热固性塑料及热塑性塑料中收缩范围小的塑件			热塑性塑料中收缩范围大的塑件		
适用范围 等级	精密度	中级	自由尺寸级	精密度	中级	自由尺寸级
<6						
6~10						
10~18	0.06	0.10	0.20	0.08	0.14	0.24
18~30	0.08	0.16	0.30	0.12	0.20	0.34
30~50	0.10	0.20	0.40	0.16	0.26	0.44
50~80	0.16	0.30	0.50	0.24	0.38	0.60
80~120	0.24	0.40	0.70	0.36	0.56	0.80
120~180	0.36	0.60	0.90	0.52	0.70	1.20

续表

公称尺寸/mm 适用范围等级	热固性塑料及热塑性塑料中收缩范围小的塑件			热塑性塑料中收缩范围大的塑件		
	精密度	中级	自由尺寸级	精密度	中级	自由尺寸级
180~260	0.50	0.80	1.20	0.70	1.00	1.60
260~360	0.64	1.00	1.60	0.90	1.30	2.00
360~500	0.84	1.30	2.10	1.20	1.80	2.60
>500	1.20	1.80	2.70	1.60	2.40	3.60
	1.60	2.40	3.40	2.20	3.20	4.80
	2.40	3.60	4.80	3.40	4.50	5.40

注：该标准的使用是根据公称尺寸、精度等级及 材料收缩率查表确定。

表 3-3　　　　　　　　　　精度等级的选用

类别	塑料品种	建议采用的精度等级		
		高精度	一般精度	低精度
1	聚苯乙烯 ABS 聚甲基丙烯酸甲酯 聚碳酸酯 聚砜 聚苯醚 酚醛塑料 氨基塑料 30%玻璃纤维增强塑料	3	4	5
2	聚酰胺6、66、610、9、1010 氯化聚醚 聚氯乙稀（硬）	4	5	6
3	聚甲醛 聚丙烯 聚乙烯（高密度）	5	6	7
4	聚氯乙稀（软） 聚乙烯（低密度）	6	7	8

注：① 其他材料可按加工尺寸稳定性，参照表3-3选择精度等级。

② 1、2级精度为精密技术级，只有在特殊条件下采用。

③ 选用精度等级时应考虑脱模斜度对尺寸公差的影响。

公差值只是一个范围，上下偏差如何分配，由配合性质决定。常见的分配可参考如下：

当为孔类尺寸时，视为基准孔，可分配成单向正偏差；

当为轴类尺寸时，视为基准轴，可分配成单向负偏差；

当为中心距尺寸或长度尺寸时，可分配成。双向等值偏差

(b) 国家标准: GB/T14486-93 是关于模塑件尺寸公差的国家标准,塑件尺寸公差的代号为 MT,公差等级分为 7 级。本标准划分公差等级的原则是根据塑料收缩特性值划分的。所谓收缩特性值,可以定义为料流方向收缩率的绝对值与料流方向和垂直于料流方向的收缩率之差的绝对值之和。即可以表示为:

$$S = |VSR| + |VSR - VST| \tag{3-1}$$

式中: S——塑料收缩特性值,%;

VSR——径向收缩率(平行于流动方向收缩),%;

VST——切向收缩率(垂直于流动方向收缩),%。

按此原则,如某种塑料的收缩特性值在 0~1% 之间(如 PMMA、PC 等),则归为第一类材料,公差等级就可选为 MT2,MT3,MT5,如果在 1%~2% 之间,则归为第二类材料,公差等级就可选择 MT3,MT4 或 MT6;依此类推。将常用材分成四大类,如表 3-4 所示。一般来讲,推荐使用"一般精度",而要求较高者可选用"高精度"。未注公差尺寸采用比它的"一般精度"低两个公差系列的尺寸公差。MTI 级一般不采用,仅供设计精密塑件时参考。

国家标准的公差值按公差等级、尺寸分段列成公差表,详见 GB/T14486-93,见表 3-5,表中 A 为不受模具活动部分影响的尺寸,B 为受模具活动部分影响的尺寸。该表将塑件尺寸 0~500mm 分为 25 个尺寸段,有利与模具设计和制造所使用的国家标准 GB1800—79 配合使用。该表所列公差值,根据塑件使用要求,可将公差分配成各种极限偏差。在一般情况下,孔采用单向正偏差,轴采用单向负偏差,对于中心距尺寸及其他位置尺寸公差采用双向等值偏差。

当塑件尺寸大于 500mm 时,其公差值可由表 3-6 中提供的相应计算公式求得,并将其计算的公差值按如下原则进行圆整:

公差计算值大于 2.00mm 时,均按 0.1mm 的整数倍进行圆整;

公差计算值小于 2.00mm 时,均按 0.02mm 的整数倍进行圆整。

表 3-4　　　　　　　　　　常用材料分类和公差等级选用

材料类别	材料名称		收缩特性值 /(%)	公差等级		未注公差尺寸
	代号	模塑件材料		注有公差		
				高精度	一般精度	
一	ABS	丙烯腈/丁二烯/苯乙烯				
	AS	丙烯腈/苯乙烯				
	EP	环氧树脂				
	UF/MF	脲醛/三聚氰胺/甲醛塑料				
	PC	(无机物填充)				
	PA	聚碳酸酯				
	PPO	玻纤填充尼龙				
	PPS	聚苯醚				

续表

材料类别	代号	材料名称 模塑件材料	收缩特性值 /（%）	公差等级 注有公差 高精度	公差等级 注有公差 一般精度	未注公差尺寸
	PS	聚苯硫醚	0~1	MT2	MT3	MT5
	PSU	聚苯乙烯				
	RPVC	聚砜				
	PMMA	硬聚氯乙烯				
	PDAP	聚甲基丙烯酸甲酯				
	PETP	聚邻苯二甲酸二烯丙酯				
	PBDP	玻纤填充 PETP				
	PF	玻纤填充 PBDP				
		无机物填充酚醛塑料				
二	CA	醋酸纤维素	1~2	MT3	MT4	MT6
	UF/MF	脲醛/三聚氰胺/甲醛塑料（有机物填充）				
	PA	聚酰胺（无填料）				
	PBTP	聚对苯二甲酸丁二醇酯				
	PETP	聚对苯二甲酸乙二醇酯				
	PF	酚醛塑料（有机物填充）				
	POM	聚甲醛（尺寸<150mm）				
	PP	聚丙烯（无机物填充）				
三	POM	聚甲醛（尺寸≥150mm）	2~3	MT4	MT5	MT7
	PP	聚丙烯				
四	PE	聚乙烯	3~4	MT5	MT6	MT7
	SPVC	软聚氯乙烯				

表 3-5 模塑件尺寸公差（GB/T14486-93）

公差等级	公差种类	大于0 到3	3 6	6 10	10 14	14 18	18 24	24 30	30 40	40 50	50 65	65 80	80 100	100 125
		标注公差的尺寸公差值												
MT1	A	0.07	0.08	0.09	0.1	0.11	0.12	0.14	0.16	0.18	0.20	0.23	0.26	0.29
MT1	B	0.14	0.16	0.18	0.2	0.21	0.22	0.24	0.26	0.28	0.30	0.33	0.36	0.39
MT2	A	0.10	0.12	0.14	0.16	0.18	0.20	0.22	0.24	0.26	0.30	0.34	0.38	0.42
MT2	B	0.20	0.22	0.24	0.26	0.28	0.30	0.32	0.34	0.36	0.40	0.44	0.48	0.52
MT3	A	0.12	0.14	0.16	0.18	0.20	0.24	0.28	0.32	0.36	0.4	0.46	0.52	0.58
MT3	B	0.32	0.34	0.36	0.38	0.4	0.44	0.48	0.52	0.56	0.60	0.66	0.72	0.78

续表

公差等级	公差种类	基本尺寸											
		大于0到3	3~6	6~10	10~14	14~18	18~24	24~30	30~40	40~50	50~65	65~80	80~100	100~125
		标注公差的尺寸公差值											
MT4	A	0.16	0.18	0.20	0.24	0.28	0.32	0.36	0.42	0.48	0.56	0.64	0.72	0.82
	B	0.36	0.38	0.40	0.44	0.48	0.52	0.56	0.62	0.68	0.76	0.84	0.92	1.02
MT5	A	0.2	0.24	0.28	0.32	0.38	0.44	0.50	0.56	0.64	0.74	0.86	1.00	1.14
	B	0.4	0.44	0.48	0.52	0.58	0.64	0.70	0.76	0.84	0.94	1.06	1.20	1.34
MT6	A	0.26	0.32	0.38	0.46	0.54	0.62	0.70	0.80	0.94	1.10	1.28	1.48	1.72
	B	0.46	0.52	0.58	0.68	0.74	0.82	0.90	1.00	1.14	1.30	1.48	1.68	1.92
MT7	A	0.38	0.48	0.58	0.68	0.78	0.88	1.00	1.14	1.32	1.54	1.80	2.10	2.40
	B	0.58	0.68	0.78	0.88	0.98	1.08	1.20	1.34	1.52	1.74	2.00	2.30	2.60
		未注公差的尺寸允许偏差											
MT5	A	±0.10	±0.12	±0.14	±0.16	±0.19	±0.22	±0.25	±0.28	±0.32	±0.37	±0.43	±0.50	±0.57
	B	±0.20	±0.22	±0.24	±0.26	±0.29	±0.32	±0.35	±0.38	±0.42	±0.47	±0.53	±0.60	±0.67
MT6	A	±0.13	±0.16	±0.19	±0.23	±0.27	±0.31	±0.35	±0.40	±0.47	±0.55	±0.64	±0.74	±0.86
	B	±0.23	±0.26	±0.29	±0.33	±0.37	±0.41	±0.45	±0.50	±0.57	±0.65	±0.74	±0.84	±0.96
MT7	A	±0.19	±0.24	±0.29	±0.34	±0.39	±0.44	±0.50	±0.57	±0.66	±0.77	±0.90	±1.05	±1.20
	B	±0.29	±0.34	±0.39	±0.44	±0.49	±0.54	±0.60	±0.67	±0.76	±0.87	±1.00	±1.15	±1.30

公差等级	公差种类	基本尺寸										
		100~120	140~160	160~180	180~200	200~225	225~250	250~280	280~315	315~355	355~400	400~450	450~500
		标注公差的尺寸公差值										
MT1	A	0.32	0.36	0.4	0.44	0.48	0.52	0.56	0.60	0.64	0.7	0.78	0.86
	B	0.42	0.46	0.50	0.54	0.58	0.62	0.66	0.7	0.74	0.80	0.88	0.96
MT2	A	0.46	0.50	0.54	0.60	0.66	0.72	0.76	0.84	0.92	1.00	1.10	1.20
	B	0.56	0.60	0.64	0.70	0.76	0.82	0.86	0.94	1.02	1.10	1.20	1.30
MT3	A	0.64	0.70	0.78	0.86	0.92	1.00	1.10	1.20	1.30	1.44	1.60	1.74
	B	0.84	0.90	0.98	1.06	1.12	1.20	1.30	1.40	1.50	1.64	1.80	1.94
MT4	A	0.92	1.02	1.12	1.24	1.36	1.48	1.62	1.80	2.00	2.20	2.40	2.60
	B	1.12	1.22	1.32	1.44	1.56	1.68	1.82	2.00	2.20	2.40	2.60	2.80

续表

公差等级	公差种类	基本尺寸											
		100 120	140 160	160 180	180 200	200 225	225 250	250 280	280 315	315 355	355 400	400 450	450 500
		标注公差的尺寸公差值											
MT5	A	1.28	1.44	1.60	1.76	1.92	2.10	2.30	2.50	2.80	3.10	3.50	3.90
	B	1.48	1.64	1.80	1.96	2.12	2.30	2.50	2.70	3.00	3.30	3.70	4.10
MT6	A	2.00	2.20	2.40	2.60	2.9	3.20	3.50	3.80	4.30	4.70	5.30	6.00
	B	2.20	2.40	2.60	2.80	3.10	3.40	3.70	4.00	4.50	4.90	5.50	6.20
MT7	A	2.70	3.00	3.30	3.70	4.10	4.50	5.00	5.40	6.00	6.70	7.40	8.20
	B	3.10	3.20	3.50	3.90	4.30	4.70	5.10	5.60	6.20	6.90	7.60	8.40
		未注公差的尺寸允许偏差											
MT5	A	±0.64	±0.72	±0.80	±0.88	±0.96	±1.05	±1.15	±1.25	±1.40	±1.55	±1.75	±1.95
	B	±0.74	±0.82	±0.90	±0.98	±1.06	±1.15	±1.25	±1.35	±1.50	±1.65	±1.85	±2.05
MT6	A	±1.00	±1.10	±1.20	±1.30	±1.45	±1.60	±1.75	±1.90	±2.15	±2.35	±2.65	±3.00
	B	±1.10	±1.20	±1.30	±1.40	±1.55	±1.70	±1.85	±2.00	±2.25	±2.45	±2.75	±3.10
MT7	A	±1.35	±1.50	±1.65	±1.85	±2.05	±2.25	±2.45	±2.70	±3.00	±3.35	±3.70	±4.10
	B	±1.45	±1.60	±1.75	±1.96	±2.25	±2.35	±2.55	±2.80	±3.10	±3.45	±3.80	±4.20

表 3-6 公差值 Δ 计算公式

公差等级	计算公式/mm
MT1	$0.0037 + 0.001325(L_s)$[①] $+ 0.0453(L_s)^{0.1} + 0.001125(L_s)^{1/3}$
MT2	$0.0053 + 0.001925(L_s) + 0.0641(L_s)^{0.1} + 0.00125(L_s)^{1/3}$
MT3	$0.0020 + 0.002940(L_s) + 0.0885(L_s)^{0.1} + 0.0180(L_s)^{1/3}$
MT4	$0.0246 + 0.00710(L_s) + 0.0726(L_s)^{0.1} + 0.0288(L_s)^{1/3}$
MT5	$0.0674 + 0.01066(L_s) + 0.0735(L_s)^{0.1} + 0.0450(L_s)^{1/3}$
MT6	$0.0039 + 0.001325(L_s) + 0.1197(L_s)^{0.1} + 0.0720(L_s)^{1/3}$
MT7	$0.0055 + 0.01496(L_s) + 0.1693(L_s)^{0.1} + 0.0720(L_s)^{1/3}$

注： ①LS——塑件公称尺寸

3. 塑料制件的表面质量

塑料制件的表面质量包括：表面粗糙度和表观质量。

（1）塑件表面粗糙度

塑件表面粗糙度的高低，主要与模具型腔表面的粗糙度有关。目前，注射成型塑件的表面粗糙度通常为 Ra0.02—1.25μm，模腔表壁的表面粗糙度应为塑件的 $\frac{1}{2}$，即 Ra0.01~0.63μm。塑件的表面粗糙度可参照表 3-7，一般取 Ra 值为 1.6~0.2μm。

表3-7 不同加工方法和不同材料所能达到的表面粗糙度（GB/T14234）

加工方法	材料		Ra值参数范围/μm										
			0.025	0.050	0.100	0.200	0.40	0.80	1.60	3.20	6.30	12.50	25
注射成型	热塑性塑料	PMMA	—	—	—	—	—	—	—				
		ABS		—	—	—	—	—	—	—			
		AS		—	—	—	—	—	—	—			
		PC			—	—	—	—	—	—			
		PS		—	—	—	—	—	—		—		
		PP				—	—	—	—	—			
		PA				—	—	—	—	—			
		PE				—	—	—	—	—	—		
		POM			—		—	—	—	—	—		
		聚砜				—	—	—	—	—			
		PVC				—	—	—	—	—			
		氯苯醚				—	—	—	—	—			
		氯化聚醚				—	—	—	—	—			
		PBT				—	—	—	—	—			
	热固性塑料	氨基塑料					—	—	—	—			
		酚醛塑料					—	—	—	—			
		嘧胺塑料					—	—	—	—			
压注和挤出成型		氨基塑料					—	—	—	—			
		酚醛塑料					—	—	—	—			
		嘧胺塑料			—		—	—	—	—			
		硅酮塑料					—	—	—	—			
		DAP						—	—	—			
		不饱和聚脂						—	—	—			
		环氧塑料						—	—	—			
机械加工		有机玻璃	—	—	—	—	—	—	—		—		
		PA						—	—	—	—		
		PTFE							—	—	—	—	
		PVC							—	—	—	—	
		增强塑料							—	—	—	—	—

（2）塑件的表观质量：指塑件成型后的表观缺陷状态，如缺料、溢料、飞边、凹陷、气孔、熔接痕、银纹、斑纹、翘曲与收缩、尺寸不稳定等，造成的因素可能有塑件成型工艺条件、塑件成型原材料的选择、模具总体设计等多种因素造成的。

4. 塑料制件的结构设计

（1）形状

塑件的内外表面形状应在满足使用要求的情况下尽可能易于成形。由于侧型芯和瓣合模不但使模具结构复杂，制造成本提高，而且还会在分芯面上流下飞边，增加塑件的修整量。因此设计时可适当改变塑件的结构，尽可能避免侧孔与侧凹，以简化模具的结构，表3-8 为改变塑件形状以利于成形的典型实例。

塑件内侧凹较浅并允许带有圆角时，则可以用整体凸模采取强制脱模的方法使塑件从凸模上脱下，如图 3-1（a）所示。塑件外侧凸凹也可以强制脱模，如图 3-1（b）所示。多数情况下塑件的侧向凸凹不可能强制脱模，此时应采用侧向分型抽芯结构的模具。

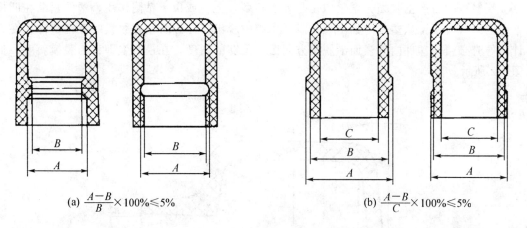

(a) $\dfrac{A-B}{B}\times 100\% \leqslant 5\%$ (b) $\dfrac{A-B}{C}\times 100\% \leqslant 5\%$

图 3-1　可强制脱模的侧向凹、凸结构

表 3-8　　　　　　　　改变塑件形状以利于塑件成形的典型实例

序号	不合理	合理	说明
1			将左图侧孔容器改为右图侧凹容器，则不需采用侧抽或瓣合分型的模具
2			应避免塑件表面横向凹台，以便于脱模
3			塑件外侧凹，必须采用合凹模，使塑料模具结构复杂，塑件表面有接缝

续表

序号	不合理	合理	说明
4			塑件内侧凹，抽芯困难
5			将横向侧孔改为垂直向孔，可免去侧抽芯机构

（2）脱模斜度

塑料冷却后产生收缩会紧紧包在凸模抽芯型芯上，或由于粘附作用，塑件紧贴在凹模型腔内。为了便于从塑件中抽出型芯或从型腔中脱出塑件，防止在脱模时擦伤塑件，在设计塑件时必须使塑件内外表面沿脱模方向留有足够的斜度，在模具上即称为脱模斜度，如图3-2所示。

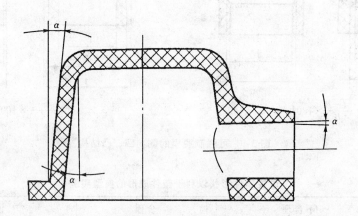

图3-2 塑件的脱模斜度

影响脱模斜度大小的因素：

塑件的性质、收缩率、摩擦因数、塑件壁厚和几何形状。硬质塑料比软质塑料脱模斜度大；形状较复杂或成型孔较多的取较大的脱模斜度；高度较大、孔较深，则取较小的脱模斜度；壁厚增加、内孔包紧型芯的力大，脱模斜度也应取大些。有时，为了在开模时让塑件留在凹模内或型芯上，有意将该边斜度减小。

说明：

①脱模斜度不包括在塑件公差范围内，否则在图样上应予说明。②在塑件图上标注时，内孔以小端为基准，斜度由放大的方向取得；外形以大端为基准，斜度由缩小的方向取得。表3-9列出了若干塑件的脱模斜度，可以供设计时参考。

表 3-9　　　　　　　　　　　　塑料常用的脱模斜度

塑料名称	脱模斜度	
	型腔	型芯
聚乙烯、聚丙烯、软聚氯乙烯、聚酰胺、氯化聚醚	25′~45′	20′~45′
硬聚氯乙烯、聚碳酸酯、聚砜	35′~40′	30′~50′
聚苯乙烯、有机玻璃、ABS、聚甲醛	35′~1°30′	30′~40′
热固性塑料	25′~40′	20′~50′

(3) 壁厚

塑件的壁厚对塑件质量有很大影响。壁厚过小成型时流动阻力大，大型复杂塑件就难以充满型腔。塑件壁厚的最小尺寸应满足以下方面要求：具有足够的强度和刚度；脱模时能经受推出机构的推出力而不变形；能承受装配时的紧固力。

壁厚过大，不但造成原料的浪费，而且对热固性塑料成形来说增加了模压成形时间，并易造成固化不完全；对热塑性塑料则增加了冷却时间，降低了生产率，影响了产品质量。

热塑性塑料易于成形薄壁塑件，其最小壁厚能达到 0.25mm，但一般不宜小于 0.6~0.9mm，常取 2~4mm。热固性塑料的小型塑件，壁厚取 0.6~2.5mm，大型塑件取 3.2~8mm。表 3-10 和表 3-11 分别为热固性塑件与热塑性塑件壁厚参考值。

同一塑件的壁厚应尽可能一致，否则会因冷却或固化速度不同而产生内应力，使塑件产生翘曲缩孔、裂纹甚至开裂。如果塑件在结构上要求具有不同的壁厚时，壁厚之比不应超过 3:1，且不同壁厚应采用适当的修饰半径使壁厚部分缓慢过渡。表 3-12 为改善壁厚的典型实例。

表 3-10　　　　　　　　　　　　热固性塑件壁厚　　　　　　　　　　（单位：mm）

塑件名称	塑件外形高度		
	~50	>50~100	>100
粉状填料的酚醛塑料	0.7~2.1	2.0~3.0	5.0~6.5
纤维状填料的酚醛塑料	1.5~2.0	2.5~3.5	6.0~8.0
氨基塑料	1.0	1.3~2.0	3.0~4.0
聚酯玻璃纤维填料的塑料	1.0~2.0	2.4~3.2	>4.8
聚酯无机物填料的塑料	1.0~2.0	3.2~4.8	>4.8

表 3-11　　　　　　　　　热塑性塑件最小壁厚及推荐壁厚　　　　　　　（单位：mm）

塑料种类	制件流程 50mm 的最小壁厚	一般制件壁厚	大型制件壁厚
聚酰胺（PA）	0.45	1.75~2.60	>2.4~3.2
聚苯乙烯（PS）	0.75	2.25~2.60	>3.2~5.4
改性聚苯乙烯	0.75	2.29~2.60	>3.2~5.4
有机玻璃（PMMA）	0.80	2.50~2.80	>4~6.5
聚甲醛（POM）	0.80	2.40~2.60	>3.2~5.4
软聚氯乙烯（LPVC）	0.85	2.25~2.50	>2.4~3.2
聚丙烯（PP）	0.85	2.45~2.27	>2.4~3.2
氯化聚醚（CPT）	0.85	2.35~80	>2.5~3.4
聚碳酸酯（PC）	0.95	2.60~2.80	>3~4.5
硬聚氯乙烯（HPVC）	1.15	2.60~2.80	>3.2~5.8
聚苯醚（PPO）	1.20	2.75~3.10	>3.5~6.4
聚乙烯（PE）	0.60	2.25~2.60	>2.4~3.2

表 3-12　　　　　　　　　　　改善塑件壁厚的典型实例

序号	不合理	合理	说明
1	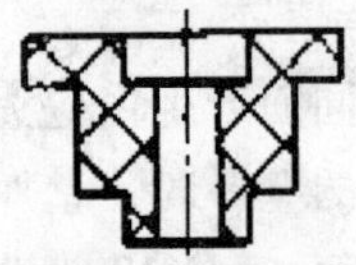	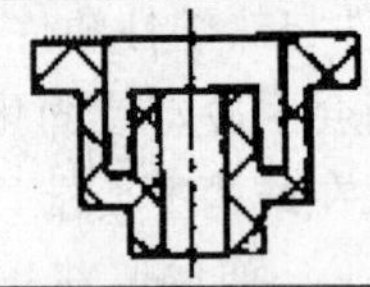	
2	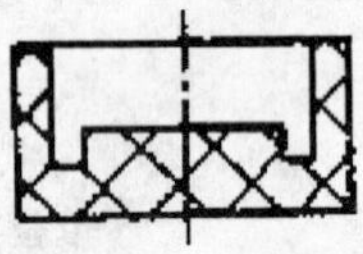	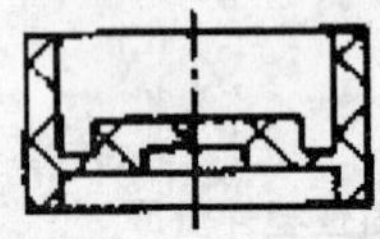	左图壁厚不均匀，易产生气泡及使塑件变形，右图壁厚均匀，改善了成型工艺条件，有利于保证质量。
3	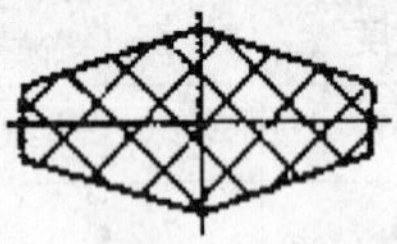	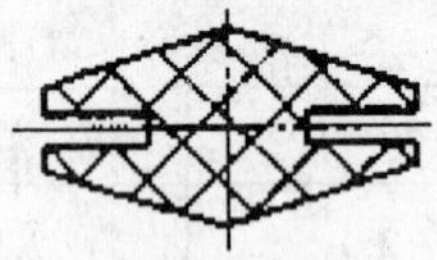	
4	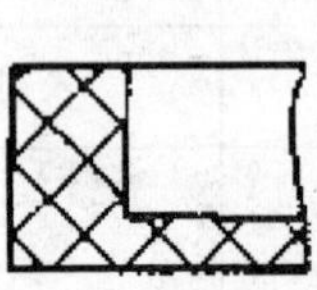	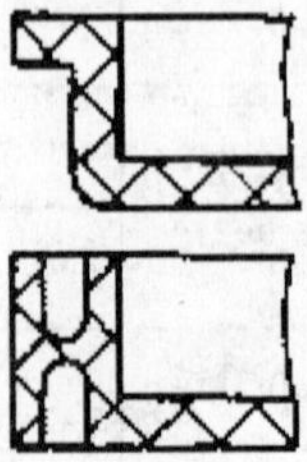	左图壁厚不均匀，易产生气泡及使塑件变形；右图壁厚均匀，改善了成型工艺条件，有利于保证质量。

续表

序号	不合理	合理	说明
5			平顶塑件，采用侧浇口进料时，为避免平面上留有熔接痕，必须保证平面进料通畅，故 $a>b$。
6			壁厚不均塑件，可在易产生凹痕表面采用波纹形式或在厚壁处开设工艺孔，以掩盖或消除凹痕。

（4）加强肋

加强肋的主要作用是在不增加壁厚的情况下，加强塑件的强度和刚度，避免塑件翘曲变形。

加强肋的形状尺寸如图 3-3 所示。若塑件壁厚为 δ，则加强肋高度 $L=(1\sim3)\delta$，肋条宽 $A=\left(\dfrac{1}{4}\sim1\right)\delta$，肋根过渡圆角 $R=\left(\dfrac{1}{8}\sim\dfrac{1}{4}\right)\delta$，收缩角 $\alpha=2°\sim5°$，肋端部圆角 $r=\dfrac{\delta}{8}$，当 $\delta\leqslant2\mathrm{mm}$ 时取 $A=\delta$。

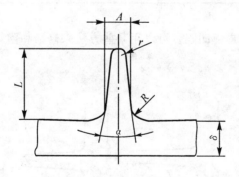

图 3-3 加强肋的形状尺寸

在塑件上设置加强肋有以下要求：

① 加强肋的厚度应小于塑件厚度，并与壁用圆弧过渡；
② 加强肋端面高度不应超过塑件高度，宜低于 0.5mm 以上；
③ 尽量采用数个高度较矮的肋代替孤立的高肋，肋与肋之间距离应大于肋宽的两倍；
④ 加强肋的设置方向除应与受力方向一致外，还应尽可能与熔体流动方向一致，以免料流受到搅乱，使塑件的韧性降低。

表 3-13 所示为加强肋设计的典型实例。

表 3-13　　　　　　　　　　加强肋设计的典型实例

序号	不合理	合 理	说 明
1			增设加强肋后，可提高塑件强度，改善料流状况。
2			采用加强肋，既不影响塑件强度，又可避免因壁厚不均匀而产生伸缩孔。
3			平板状塑件，加强肋应与料流方向平行，以免造成充模阻力无穷大和降低塑件韧性。
4			非平板状塑件，加强肋应交错排列，以免塑件产生翘曲变形。
5			加强肋应设计得矮一些，与支承面有应大于 0.5mm 的间隙。

加强肋常常引起塑件局部凹陷，可以用某些方法来修饰和隐藏这种凹陷，如图 3-4 所示。

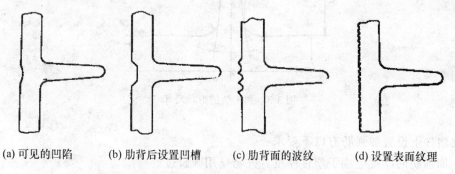

(a) 可见的凹陷　　(b) 肋背后设置凹槽　　(c) 肋背面的波纹　　(d) 设置表面纹理

图 3-4　采用各种方法来修饰和隐藏加强肋引起的凹陷

除了采用加强肋外，薄壳状的塑件可以制成球面或拱曲面，这样可以有效地增加刚性和减少变形，如图 3-5 所示。

对于薄壁容器的边缘，可以按图 3-6 所示设计来增加刚性和减少变形。

矩形薄壁容器采用软塑料时，侧壁易出现内凹变形，因此可将塑件各边均设计成向外凸的弧状，使变形不易看出，如图 3-7 所示。

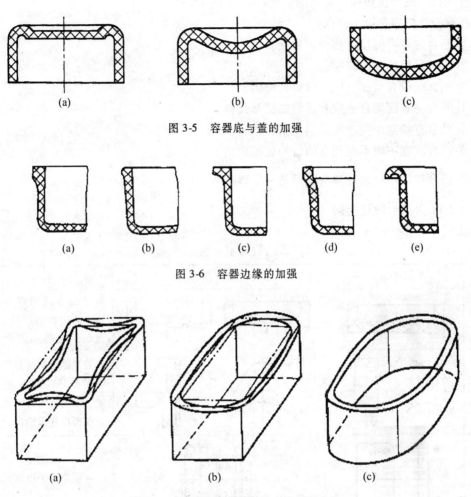

图 3-5 容器底与盖的加强

图 3-6 容器边缘的加强

图 3-7 防止矩形薄壁容器内凹侧壁变形

(5) 支承面与凸台

塑件的支承面应保证其稳定性,不宜以塑件的整个底面作为支承面,因为塑件翘曲或变形将会使底面不平。通常采用的是几个凸起的脚底或凸边支承。如图 3-8 所示。图 3-8 (a) 以整个底面做支承面是不合理的,图 3-8 (b) 和图 3-8 (c) 分别以边框凸起和脚底作为支承面,这样设计较合理。

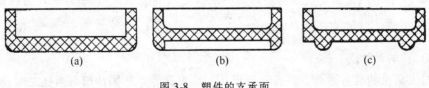

图 3-8 塑件的支承面

凸台是塑件上突出的锥台或支承块,为诸如自攻螺钉或螺杆拧入件之类的紧固件提供坐落部位，或加强塑件上的孔的强度。

凸台设计应遵循以下原则：

① 凸台应尽可能设在塑件转角处；

② 应有足够的脱模斜度；

③ 侧面应设有角撑，以分散负荷应力；

④ 凸台与基面接合处应有足量的圆弧过渡；

⑤ 凸台直径至少应为孔径的两倍；

⑥ 凸台高度一般不应超过凸台外径的两倍；

⑦ 凸台壁厚不应超过基面壁厚的 $\frac{3}{4}$，以 $\frac{1}{2}$ 为好。

表 3-14 为凸台设计实例。

表 3-14 凸台设计实例

序号	不合理	合理	说明
1	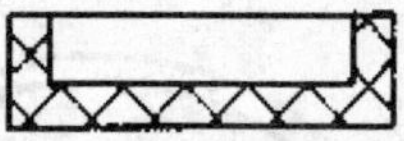	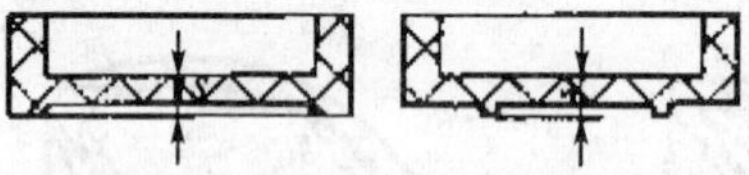	采用凸边或底脚作支承面，凸边或底脚的高度 s 取 0.3~0.5mm。
2	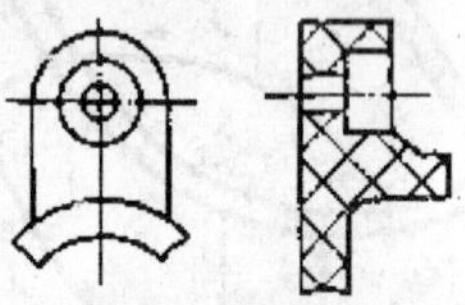	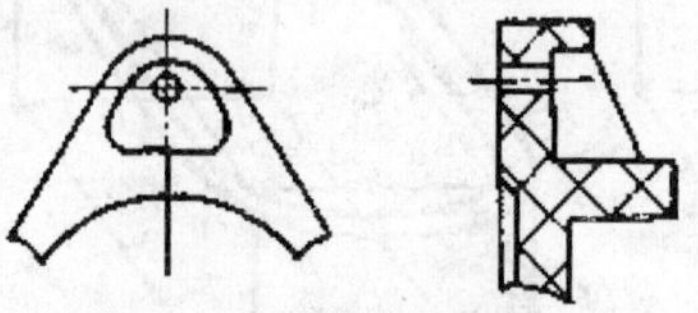	安装紧固用的螺钉用的凸台或凸耳应有足够的强度，避免突然过渡和用整个底面作支承面。
3	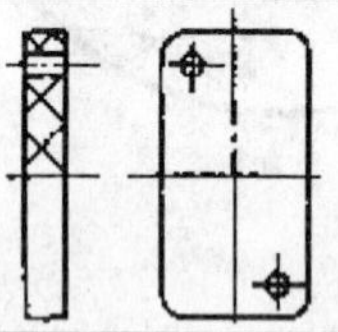	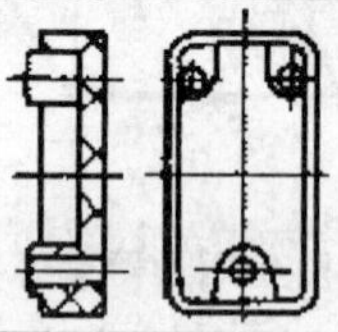	凸台就应位于边角部位

(6) 圆角

塑件除使用要求需要采用尖角之外，其余所有内外表面转弯处应尽可能用圆角过渡，以减少应力集中。图 3-9（a）是不合理的，图 3-9（b）改成了圆角过渡设计就比较合理。这样不但使塑件强度高，塑件在型腔中流动性好，而且美观，模具型腔不易产生内应力和变形。圆角半径的大小主要取决于塑件的壁厚，如图 3-10 所示，其尺寸可供设计时参考。

图 3-11 表示内圆角、壁厚与应力集中系数之间的关系，图 3-11 中 R 为内圆角半径，t 为壁厚。由图 3-11 可见，将 $\frac{R}{t}$ 控制在 $\frac{1}{4} \sim \frac{3}{4}$ 的范围内较为合理。

(7) 孔的设计

塑料上常见的孔有通孔、盲孔、异形孔和螺纹孔等。热固性塑料两孔之间及孔与壁之间的间距与孔径的关系见表 3-15。当两孔直径不一样时，按小的孔径取值。热塑性塑料两孔之间及孔与边壁之间的关系可以按表 3-15 中所列数值的 75% 确定。孔径与孔的深度也有一定的关系见表 3-16；塑件上固定用孔和其他受力孔的周围可以设计一凸台来加强，如

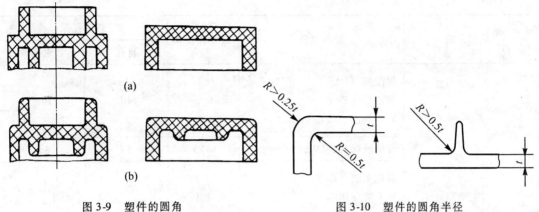

图 3-9 塑件的圆角　　　　图 3-10 塑件的圆角半径

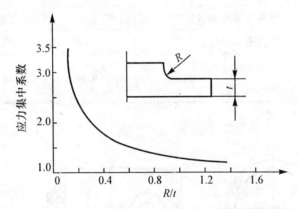

图 3-11 内圆角、壁厚比对应力集中的影响

图 3-12 所示。

各种孔的位置应尽可能开设在不减弱塑料制品的机械强度的部位,也应力求不增加模具制造工艺的复杂性,因此孔的形状应该尽可能地简单。

表 3-15		热固性塑件孔间距、孔边距与孔径关系表				（单位:mm）
孔 径	~1.5	>1.5~3	>3~6	>6~10	>10~18	>18~30
孔间距孔边距	1~1.5	>1.5~2	>2~3	>3~4	>4~5	>5~7

表 3-16		塑料最小孔径与最大孔深		（单位:mm）
成型方法	塑料名称	最小孔径 d	最大孔深	
			盲孔	通孔
压缩成型与压注成型	压缩粉	1.0	压缩:2d 压注:4d	压缩:4d 压注:8d
	纤维塑料	1.5		
	碎布塑料	1.5		

续表

成型方法	塑料名称	最小孔径 d	最小孔深	
			盲孔	通孔
注射成型	聚酰胺（PA） 聚乙烯（PE） 软聚氯乙烯（LPVC）	0.2	4d	10d
	有机玻璃（PMMA）	0.25	3d	8d
	氯化聚醚（CPT） 聚甲醛（POM） 聚苯醚（PPO）	0.3	3d	8d
	硬聚氯苯乙烯（HPVC）	0.25		
	改性聚苯乙烯	0.3		
	聚碳酸酯（PC） 聚砜（PS）	0.35	2d	6d

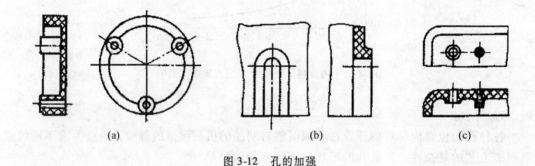

图 3-12 孔的加强

① 通孔

成形通孔用的型芯一般有以下几种安装方法，如图 3-13 所示。

图 3-13（a）中型芯一端固定，会出现不易修整的横向飞边，且当孔较深或孔径较小时易弯曲。

图 3-13（b）中用一端固定的两个型芯来成形，并使一个型芯径向尺寸比另一个大 0.5~1mm，这样即使稍有不同心，也不致引起安装和使用上的困难。型芯长度缩短一半可增加稳定性。这种成形方式适用于较深的孔，且孔径要求不很高的场合。

图 3-13（c）型芯一端固定，一端导向支承，使型芯有较好的强度和刚度，同心度好，较为常用。

② 盲孔

盲孔只能用一端固定的型芯来成形，其深度浅于通孔。

注射成形或压注成形时，孔深应不超过直径的 4 倍。对于与熔体流动方向垂直的孔，

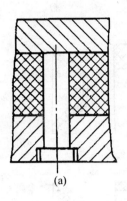 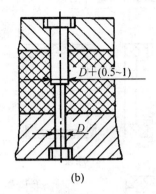 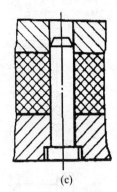

图 3-13 通孔的成形方法

且当孔径在 1.5mm 以下时，为了防止型芯弯曲，孔深不宜超过孔径的两倍。直径小于 1.5mm 的孔或深度太大的孔最好用成形后再机械加工的方法获得。

③ 异形孔

a) 对于斜孔或复杂形状的孔，可以参考图 3-14 所示的成型方法。

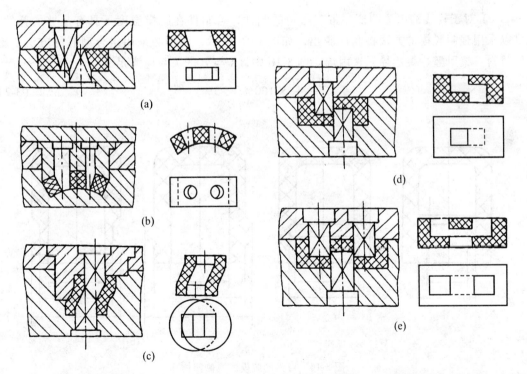

图 3-14 用拼合型芯成形异形孔

b) 当塑件带有侧孔或侧凹时，成型模具就必须采用瓣合式结构或设置侧向分型与抽芯机构，使模具结构复杂化，因此，在不影响使用要求的情况下，塑件应尽量避免侧孔或侧凹结构。图 3-15 为带有侧孔或侧凹塑件的改进设计示例。

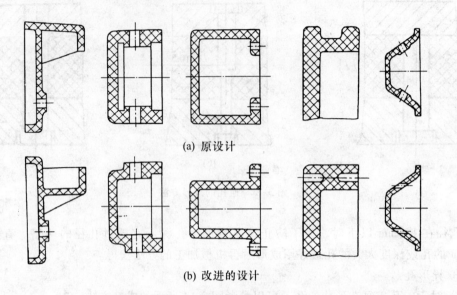

(a) 原设计

(b) 改进的设计

图 3-15　塑件有侧孔或侧凹的设计示例

c）对于较浅的内侧凹槽并带有圆角的制件，若制件在脱模温度下具有足够的弹性，可以采用强制脱模的方法将制件脱出，如图 3-16 所示，而不必采用组合型芯的方法。塑件材料：聚甲醛、聚乙烯、聚丙烯。图 3-16 中，A 与 B 的关系应满足

$$\frac{A-B}{B(C)} \times 100\% \leqslant 5\% \tag{3-2}$$

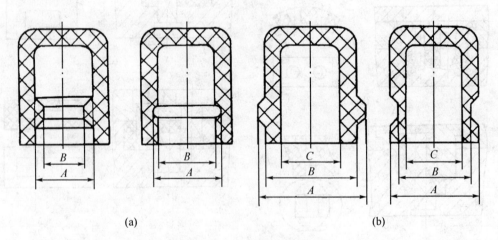

图 3-16　可强制脱模的浅侧凹槽

（8）螺纹设计

具体设计要点：

① 塑件上的螺纹既可以直接用模具成型，也可以在成型后用机械加工获得，对于需

要经常装拆和受力较大的螺纹，应采用金属螺纹嵌件。

② 塑件上的螺纹，一般直径要求不小于 2mm，精度不超过 IT7 级，螺距较大。细牙螺纹尽量不直接成型，而是采用金属螺纹嵌件。

③ 为了增加塑件螺纹的强度，防止最外圈螺纹崩裂或变形，其始端和末端均不应突然开始和结束，应有一过渡段。如图 3-17 所示，过渡段长度为 L，其数值按表 3-17 选取。

④ 塑料螺纹与金属螺纹的配合长度应不大于螺纹直径的 1.5 倍（一般配合长度为 8～10 牙）。

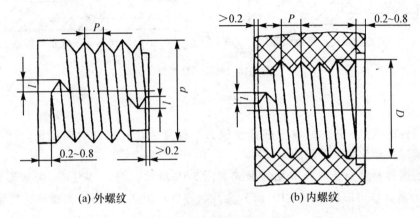

(a) 外螺纹　　　　　　　(b) 内螺纹

图 3-17　塑料螺纹的结构形状

⑤ 在同一螺纹型芯或螺纹型环上有前后两段螺纹时，应使两段螺纹的旋向和螺距相同，见图 3-18（a），否则无法使塑件从型芯或型环上拧下来。当螺距不等或旋向不同时，就要采用两段型芯或型环组合在一起的成型方法，成型后分别拧下来，见图 3-18（b）。

表 3-17　　　　　　　　塑件上螺纹始末过渡部分长度　　　　　　（单位：mm）

螺纹直径	螺距 P		
	<0.5	>0.5	>1
	始末过渡部分长度尺寸　l		
<=10	1	2	3
>10~20	2	3	4
>20~34	2	4	6
>34~52	3	6	8
>52	3	8	10

注：始末部分长度相当于车制金属螺纹型芯或型腔的退刀长度

(9) 嵌件设计

嵌件——塑件内部镶嵌有金属、玻璃、木材、纤维、纸张、橡胶或已成型的塑件等称为嵌件。

使用嵌件的目的：在于提高塑件的强度，满足塑件某些特殊要求，如导电、导磁、耐

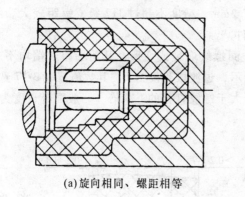
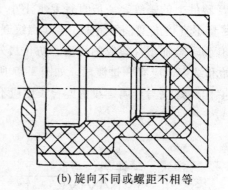

(a) 旋向相同、螺距相等　　　　　　(b) 旋向不同或螺距不相等

图 3-18　两段同轴螺纹

磨和装配连接等。

使用嵌件的缺点：嵌件的设置往往使模具结构复杂化，成型周期延长，制造成本增加，难以实现自动化生产等问题。

常用的嵌件材料为金属，常见的形式如图 3-19 所示：图 3-19（a）为圆形嵌件；图（b）为带台阶圆柱形嵌件；图 3-19（c）为片状嵌件；图 3-19（d）为细杆状贯穿嵌件。

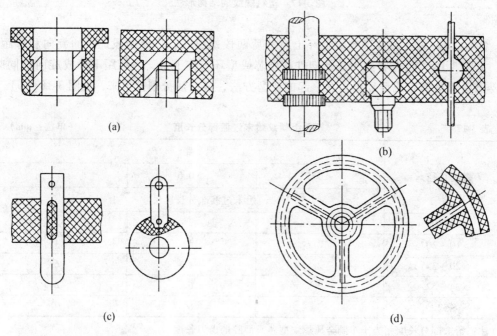

图 3-19　常见的几种金属嵌件

带有嵌件的塑件设计程序：先设计嵌件，后设计塑件。

注意：①金属嵌件与塑料冷却时的收缩值相差较大，塑料周围存在很大的内应力，如设计不当，会造成塑件的开裂，因此应选用与塑料收缩率相近的金属作嵌件，或使嵌件周围的塑料层厚度大于许用值。表 3-18 列出了嵌件周围塑料层的许用厚度。嵌件的顶部也应有足够的塑料层厚度，否则会出现鼓泡或裂纹。②同时嵌件不应带有尖角，以减少应力集中。③对于大嵌件进行预热，使其温度达到接近塑料温度。④嵌件上尽量不要有穿通的孔（如螺纹孔），以免塑料挤入孔内。

嵌件的形状：应尽量满足成型要求，保证嵌件与塑料之间具有牢固的连接以防受力脱出。图 3-20 为嵌件外形示例；图 3-21 为板片形嵌件与塑件的连接；图 3-22 为小型圆柱嵌件与塑件的连接，可供参考。

表 3-18　　　　　　　　　　　金属嵌件周围塑料层的许用厚度

金属嵌件直径 D	周围塑料层最小厚度 C	顶部塑料层最小厚度 H
~4	1.5	0.8
>4~8	2.0	1.5
>8~12	3.0	2.0
>12~16	4.0	2.5
>16~25	5.0	3.0

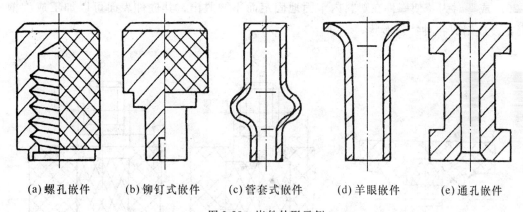

(a) 螺孔嵌件　(b) 铆钉式嵌件　(c) 管套式嵌件　(d) 羊眼嵌件　(e) 通孔嵌件

图 3-20　嵌件外形示例

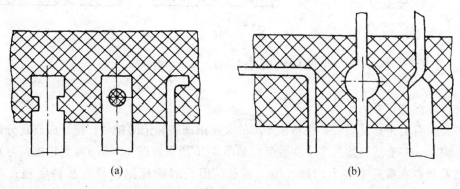

(a)　　　　　　　　　　(b)

图 3-21　板片形嵌件与塑件的连接

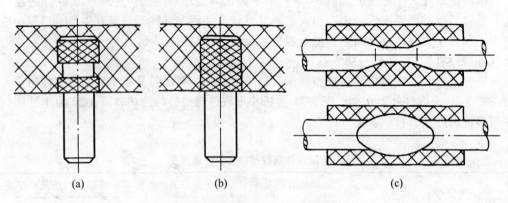

图 3-22　小型圆柱嵌件与塑件的连接

嵌件镶嵌在塑件中的方法：①将嵌件先放在模具中固定，然后注入塑料熔体加以成型；②把嵌件在塑料预压时先放在塑料中，然后模塑成型。③某些特制嵌件（如电气元件）可以在塑件成型以后再压入预制的孔槽中。

嵌件定位：①图 3-23 为外螺纹嵌件固定方法，②图 3-24 为内螺纹嵌件固定方法。③嵌件过长或细长杆状时，在模具内设支柱以免嵌件弯曲，但在塑件上留下工艺孔，见图 3-25。成型时为了使嵌件在塑料内牢固地固定而不被脱出，其嵌件表面可以加工成沟槽、滚花，或制成各种特殊形状。

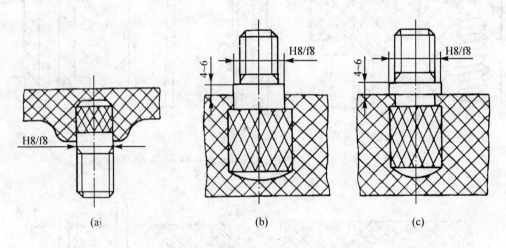

图 3-23　外螺纹嵌件在模内的固定

（10）标记符号

塑件上有时带有装潢或某些特殊要求的文字或图案标记的符号，符号应放在分型面的平行方向上，并有适当的斜度以便脱模，如图 3-26 所示：图 3-26（a）为标志符号在塑件上呈凸起状，在模具上即为凹形，加工容易，但凸起的标记符号容易被磨损；图 3-26（b）为标记符号在塑件中呈凹入状，在模具上即为凸起，用一般机械加工难以满足，需

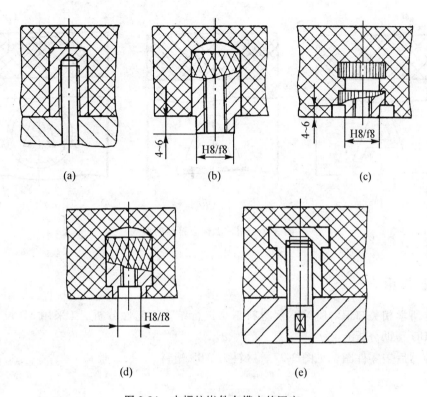

图 3-24 内螺纹嵌件在模内的固定

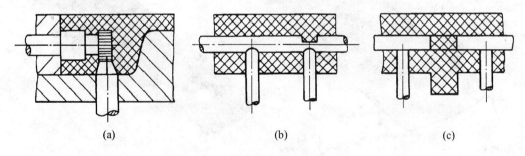

图 3-25 细长嵌件在模内支撑固定

要用特殊加工工艺，但凹入标记符号可涂印各种装饰颜色，增添美观性；图 3-26（c）为在凹框内设置凸起的标记符号，该方法可以把凹框制成镶块嵌入模具内，这样既易于加工，在使用时标记符号又不易被磨损破坏，常用。

（11）表面彩饰

作用：掩盖塑件表面在成型过程中产生的疵点、银纹等缺陷，增加产品外观的美感，如收音机外壳采用皮革纹装饰。常用：凹槽纹、皮革纹、菱形纹、芦饰纹、木纹、水果皮纹等彩饰，方法有：彩印、胶印、丝印、喷镀漆等。

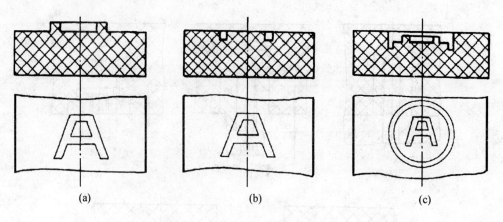

图 3-26 塑件上标志符号的形式

三、知识应用

根据所学相关知识对所给案例塑料制品进行结构工艺性分析。（采用 3D 设计软件如 PROE、UG 帮助分析）

遥控器后盖零件图，见图 3-27。材料为 ABS 塑料。

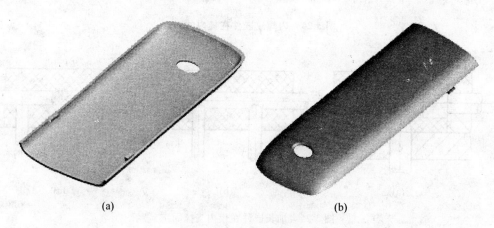

图 3-27 遥控器后盖

习题与思考题

1. 设计塑件时，为什么既要满足塑件的使用要求，又要满足塑件的结构工艺性？
2. 影响塑件尺寸精度的因素有哪些？在确定塑件尺寸精度时，为何要将其分为四个类别？（根据塑料收缩率变化范围，将塑件尺寸精度分为四个类别）
3. 试确定注塑件 PC 的孔类尺寸 85 mm、PA—1010 的轴类尺寸 50 mm 和 PP 的中心距尺寸 28 mm 公差。

4. 塑件的表面质量受哪些因素影响？
5. 塑件上为何要设计拔模斜度？拔模斜度值的大小与哪些因素有关？
6. 塑件的壁厚过薄过厚会使制件产生哪些缺陷？
7. 为何要采用加强筋？设计时遵守哪些原则？
8. 塑件转角处为何要圆弧过渡？哪些情况不宜设计为圆角？
9. 为什么要尽量避免塑件上具有侧孔或侧凹？可强制脱模的侧凹的条件是什么？
10. 塑件上带有的螺纹，可用哪些方法获得？每种方法的优缺点如何？
11. 为什么有的塑件要设置嵌件？设计塑件的嵌件时需要注意哪些问题？
12. 举出你所了解的 2~3 个塑料制件表面彩饰情况的例子。

模块四　注射模的基本结构及分类

任务一　注射模的基本结构

【知识点】
注射模的基本组成部分
注射模各部分的主要作用

一、任务目标

了解注射模的基本结构及各部分的主要作用。

二、知识平台

注射模是成型塑件的一种重要工艺装备，该设备主要用于成型热塑性塑件，近年来逐渐用于成型热固性塑料，图4-1为注射模结构示意图。注射模的组成：动模和定模，动模安装在注射成型机的移动模板上，定模安装注射机的固定模板上。注射成型时动模和定模闭合构成浇注系统和型腔。开模时动模与定模分离取出塑料制品。

根据模具中各个部件所起的作用，可以将注射模分为以下几个基本组成部分。

1. 成型部件

组成：型芯和凹模。作用：型芯形成制品的内表面形状，凹模形成制品的外表面形状。合模后型芯和凹模便构成了模具的型腔，该模具的型腔由件13和件14组成。结构：按制造工艺要求，有时型芯或凹模由若干拼块组成，有时做成整体，在易损坏、难加工的部位采用镶件。

2. 浇注系统

浇注系统又称为流道系统。作用：将塑料熔体由注射机喷嘴引向型腔的一组进料通道。组成：主流道、分流道、浇口和冷料穴。浇注系统的设计十分重要，浇注系统的设计直接关系到塑件的成型质量和生产效率。

3. 导向部件

作用：①确保动模与定模合模时能准确对中，其组成：常采用四组导柱与导套，有时还需在动模和定模上分别设置互相吻合的内、外锥面来辅助定位；②避免制品推出过程中推板发生歪斜现象，其组成：在模具的推出机构中设有使推板保持水平运动的导向部件，如导柱与导套。

4. 推出机构

作用：开模过程中，将塑件及其在流道内的凝料推出或拉出。组成：如图4-1所示，

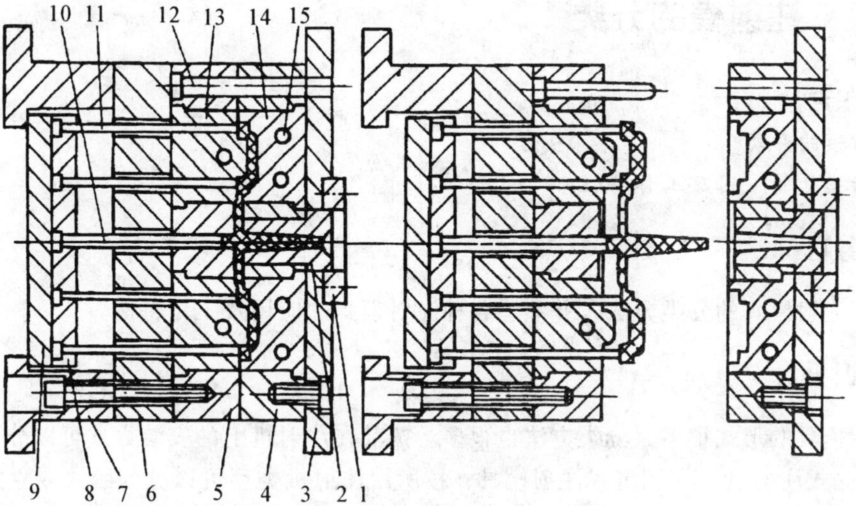

1—定位圈；2—主流道衬套；3—定模座板；4—定模板；5—动模板；6—动模垫板；7—动模底座；8—推出固定板；9—推板；10—拉料杆；11—推杆；12—导柱；13—型芯；14—凹模；15—冷却水通道

图 4-1 注射模结构示意图

推杆 11、推出固定板 8、推板 9 及主流道的拉料杆 10。推出固定板和推板的作用是夹持推杆。在推板中一般还固定有复位杆，复位杆的作用是在动模和定模合模时使推出机构复位。

5．调温系统

作用：满足注射工艺对模具温度的要求。常用办法：①热塑性塑料用注射模，主要是在模具内开设冷却水通道，利用循环流动的冷却水带走模具的热量；②模具的加热除可用冷却水通道通热水或蒸汽外，还可在模具内部和周围安装电加热元件。

6．排气槽

作用：将成型过程中的气体充分排除。常用办法：①在分型面处开设排气沟槽；②分型面之间存在有微小的间隙，对较小的塑件，因排气量不大，可以直接利用分型面排气，不必开设排气沟槽；③一些模具的推杆或型芯与模具的配合间隙均可以引起排气作用，有时不必另外开设排气沟槽。

7．侧抽芯机构

有些带有侧凹或侧孔的塑件，被推出前须先进行侧向分型，抽出侧向型芯后方能顺利脱模，此时需要在模具中设置侧抽芯机构。

8．标准模架

为了减少繁重的模具设计与制造工作量，注射模大多采用了标准模架结构，图 4-1 中的定位圈 1、定模座板 3、定模板 4、动模板 5、动模垫板 6、动模底座 7、推出固定板 8、推板 9、推杆 11、导柱 12 等都属于标准模架中的零部件，这些零部件都可以从有关厂家订购。

任务二 注射模的分类

【知识点】
注射模的分类
注射模具的应用及工作特性

一、任务目标

了解注射模具的分类方法,并熟悉各种注射模具的应用及工作特性。

二、知识平台

注射模具的形式很多,分类方法也很多。按其在注射机上的安装方式可以分为移动式(仅用于立式注射机)和固定式注射模具;按所用注射机类型可以分为卧式或立式注射机用注射模具和角式注射机用注射模具;按模具的成模腔数目可以分为单模腔和多模腔注射模具;按成型制品尺寸大小可分为大、中、小型注射模具。按注射模具的总体结构特征分为以下几种。

(一)单分型面注射模具

单分型面注射模具也称为两(双)板式注射模具,该模具是注射模具中最简单、最常用的一种标准结构形式的注射模具,图4-2为单分型面注射模具。构成型腔的一部分在动模上,另一部分在定模上。卧式或立式注射机用的单分型面注射模具,主流道设在定模一侧,分流道设在分型面上,开模后制品连同流道凝料一起留在动模一侧。动模上设有顶出装置,用以顶出制品和流道凝料。这种模具结构简单、工作可靠,尤其是大型的盒类、壳类制品常被采用。

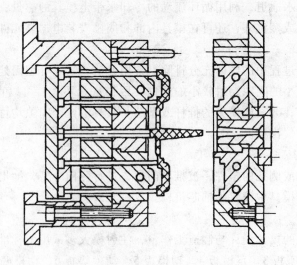

图4-2 典型的单分型面注射模具

(二) 双分型面注射模具

双分型面注射模具是指浇注系统和制品由不同的分型面取出的模具，也叫三板式注射模具，与单分型面模具相比，增加了一块可移动的中间板（又名浇口板）。图4-3为双分型面注射模具结构图。该模具由固定不动的流道板，可以活动并开有流道或型腔的中间板和设有顶出装置、芯型等部件的动模板组成。启模时，中间板与固定模板和移动模板分离、制品与浇注系统冷料分别从中间板两侧取出。由此，这种注射模具有两个平行的分型面，即图4-3中所示 A-A 面和 B-B 面。开模时由于弹簧2对中间板施压，迫使中间板13与定模底板14首先在 A-A 处开启，并随动模一起向后运动，以便从主流道中拉出料把（主流道凝料）。当中间板向后运动到一定位置时，安装在定模底板上的定距拉板1挡住中间板上的限位销3，中间板停止运动，推件板5与中间板13在 B-B 处开启，从而实现动、定模分型，最后通过推件板运动，把制品从凸模上推出。

这种类型的模具主要用于：①中心进料的多模腔模，便于开设流道和冷料穴；②中心进料的点浇口单模腔模或多模腔模，便于浇道料取出；③制品表面进料复式点浇口注射模；④边缘进料的不平衡多模腔模。由于这种模具结构复杂，制造成本高，周期长，很少用于大型塑料制品上。

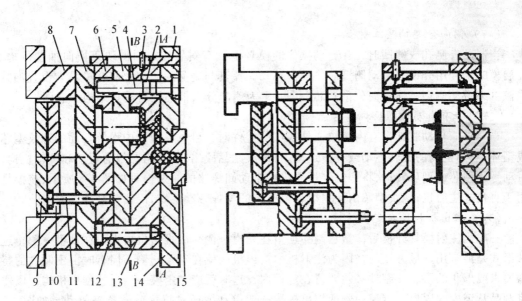

1—定距拉板；2—弹簧；3—限位销；4—导柱；5—推件板；6—动模板；7—动模垫板；8—动模底座；9—推板；10—推出固定板；11—推杆；12—导柱；13—中间板；14—定模板；15—主流道衬套

图4-3 双分型面注射模具

(三) 带有活动镶件的注射模具

由于制品的特殊要求，模具上设有活动的螺纹型芯或侧向型芯以及滑块，如图4-4所示。启模时，这些部分不能简单地沿着启模方向与制品分离，在脱模时必须连同制品一起移出模外，然后通过手工或简单工具使模具与制品分离。模具的这种活动镶件装入模时，应可靠地定位，以免造成制品报废或模具损坏的事故。

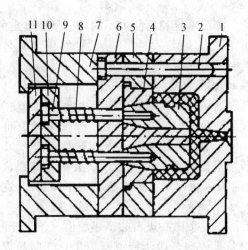

1—定模板；2—导柱；3—活动镶件；4—型芯；5—动模板；6—动模垫板；7—动模底座；8—弹簧；9—推杆；10—推出固定板；11—推板

图 4-4 带有活动镶件的注射模具

（四）侧向分型抽芯注射模具

当制品有侧孔或侧凹时，在自动操作的模具里设有斜导柱或斜滑块等横向抽芯机构。在启模时，利用开模力带动侧型芯作横向移动．使其与制品脱离。也有在模具上设置油缸或汽缸来带动侧型芯作横向分型抽芯。图 4-5 为侧向分型抽芯注射模具结构示意图。

（五）带有自动卸螺纹机构的注射模具

当要求能自动脱卸带有内螺纹或外螺纹的塑件时，可以在模具中设置转动的螺纹型芯或型环，利用机构的旋转运动或往复运动，将螺纹制品脱出，或者用专门的驱动和传动机构，带动螺纹型芯或型环转动，将螺纹制件脱出。自动卸螺纹的注射模具如图 4-6 所示，该模具用于直角式注射机，螺纹型芯由注射机合模机构的丝杠带动旋转，以便与制件相脱离。

（六）推出机构设在定模的注射模具

一般当注射模具开模后，塑料制品均留在动模一侧，故推出机构也设在动模一侧，这种形式是最常用、最方便的，因为注射机的推出机构就在动模一侧。但有时由于制件的特殊要求或形状的限制，制件必须要留在定模内，这时就应在定模一侧设置推出机构，以便将制品从定模内脱出。定模一侧的推出机构一般由动模通过拉板或链条来驱动。如图 4-7 为塑料衣刷注射模具，由于制品的特殊形状，为了便于成型采用了直接浇口，开模后制件滞留在定模上，故在定模一侧设有推件板 7，开模时由设在动模一侧的拉板 8 带动推件板 7，将制件从定模中的型芯 11 上强制脱出。

（七）无流道凝料注射模具

如图 4-8 为热流道模具。指在浇注系统中无流道凝料，常被简称为无流道注射模具。包括：热流道和绝热流道模具。原理：通过采用对流道加热或绝热的办法来保持从注射机喷嘴到浇口处之间的塑料保持熔融状态，每次注射成型后流道内均没有塑料凝料。

无流道注射模具的浇注系统在流道加热装置或绝热保温层的作用下，使流道内的物料始终保持在成型温度范围内。因此取出制品时不必将浇注系统料取出，这正是无流道模具名字的由来。

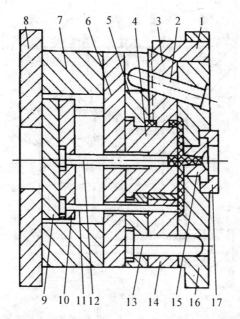

1—楔紧块；2—斜销；3—斜滑块；4—型芯；5—固定板；6—动模垫板；7—垫块；8—动模底座；9—推板；10—推出固定板；11—推杆；12—拉料杆；13—导柱；14—动模板；15—主流道衬套；16—定模板；17—定位圈

图4-5 侧向分型抽芯注射模具

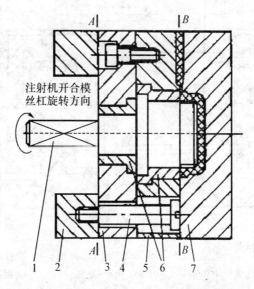

1—螺纹型芯；2—模座；3—动模垫板；4—定距螺钉；5—动模板；6—衬套；7—定模板

图4-6 自动卸螺纹的注射模具

76 塑料模具设计基础

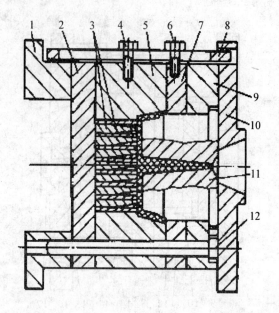

1—动模底座；2—动模垫板；3—成型镶片；4—螺钉；5—动模；6—螺钉；7—推件板；8—拉板；9—定模板；10—定模座板；11—型芯；12—导柱

图 4-7 推出机构设在定模的注射模具

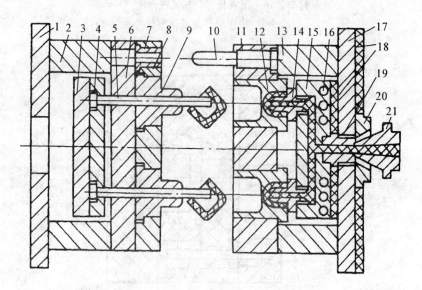

1—动模底座；2—支架；3—顶出底板；4—顶出板；5—顶杆；6—动模垫板；7—导套；8—动模板；9—凸模；10—导柱；11—定模板；12—凹模；13—支架；14—二级喷嘴；15—热流道板；16—加热器孔道；17—定模底板；18—绝热层；19—浇口套；20—定位圈；21—喷嘴

图 4-8 热流道模具

无流道注射模与普通注射模相比较有下列特点：节省冷料回收费用和人工；缩短注射成型周期，有利于快速注射成型工艺的发展；自动化程度高，生产效率高；注射时压力损失小，无冷料，有利于提高制品质量；模具结构复杂，制造成本高，周期长，不宜小批量生产；模具温度调节控制严格，对塑料有一定的要求，如塑料成型温度范围要宽，热分解温度要高等（参见表4-1）。

表4-1　　　　　　　　　各种塑料适应无流道注塑模具的情况

形式	PE PP	PF PS ABS AS	PVC PC
加热式	可	可	可
绝热式	可	困难	不可
半绝热式	可	困难	不可

无流道注射模具种类很多，根据流道温度控制形式的不同可以分为：加热式无流道模具，绝热式无流道模具，部分加热式（半绝热式）无流道模具。

1. 加热式无流道模具：图4-9为加热式无流道模具的结构简图。该模具在固定模板3和型腔定模板6之间设置了带加热装置的热流道板4。热流道板的形状根据塑料制品的形状、进料口的位置不同，可以采用各种形式。加热器的设置必须能够均匀加热和能达到要

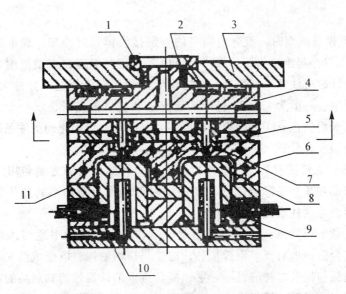

1—定位圈；2—加热器；3—固定模板；4—流道板；5—绝热垫；6—定模板；7—浇道喷嘴；8—型芯；9—型芯固定板；10—密封圈；11—脱件板

图4-9　加热式无流道模具

求的加热温度。浇道喷嘴 7 与热流道板 4 的连接应采用细牙螺纹，并用紫铜（或氟塑料）垫圈密封，防止塑料的泄漏。为防止热量的损失和保证制品的冷却效果，在热流道板 4 与型腔定模板 6 之间需用绝热垫 5 作为隔层。由于加热式无流道模具的加热温度可以根据需要调节，温度控制精度较高，因此，成型塑料范围较广，对一些高粘度、热敏性塑料也是适用的，如聚氯乙烯、聚碳酸酯等。

2. 绝热式无流道模具：这种模具是利用绝热层的保温作用，使流道内的熔料温度在成型范围之内。常用的绝热层有空气、绝热材料和绝热性能好的自身塑料，如聚乙烯、聚丙烯等。图 4-10 为利用自身熔料作为绝热层的绝热式无流道模具。

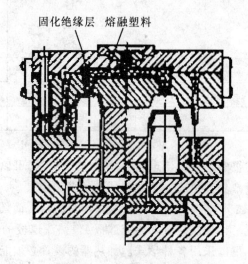

图 4-10　绝热式无流道模具

这类无流道模具成型时，流通内物料的外层接触模具被冷却，成半熔融状态的固化层，有 2~4 毫米厚，起绝热作用，保持流道内部的熔料温度在成型范围之内。这种形式比较简单，但设计时应注意下列事项：①适用于成型周期不超过 1 分钟大型多模腔模具；②流道直径要适宜，一般为 13~24 毫米；③流道和浇口要光滑，以利于熔料流动，防止塑料滞留时间过长而变色；④在停机后再操作时，必须取出固化的浇注系统料，因此，流道板应能简便地锁住和分开。

3. 部分加热式无流道模具：见图 4-11。这种结构的模具一方面利用绝热层对流道进行保温，另一方面在某些易降温之处（如浇口附近）设置小功率的加热器，确保成型过程中流道内的熔料温度在成型范围之内。

设计时应注意下列几点：①加热器形状、结构应合适，功率适当，并且能够调节温度；②加热位置合适，如对浇口附近加热，应使浇口内的熔料既能成型又不会产生流涎现象；③在热流道板与型腔之间应设隔热层，提高流道的保温性能和制品的冷却效果；④加热器处应注意密封，以防止熔料溢出；⑤流道板结构设置应便于流道冷料清理。

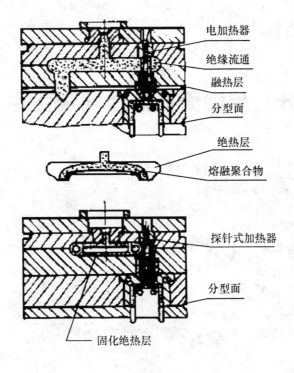

图 4-11 部分加热式无流道模具

三、知识应用

根据所给案例遥控器后盖零件进行模具结构设计,确定其模具类型:该模具可以设计为单模腔,也可以为多模腔,根据注塑机的实际状况进行设计。分析案例中所示模具,可以将其设计为单分型面注射模具,并选取标准模架,便于制造。

习题与思考题

1. 简述注射模的组成部分及各部分的功能。
2. 注射模如何分类?按总体结构特征可分为几种?
3. 简述单分型面及双分型面注射模具的工作过程。
4. 简述无流道凝料模具的原理及分类。
5. 无流道模具与普通模具相比有何优缺点?

模块五 分型面的选择和浇注系统设计

任务一 分型面的选择

【知识点】
分型面的概念和形式
分型面的设计原则

一、任务目标

理解分型面的概念及基本形式,掌握分型面的设计方法。

二、知识平台

(一)分型面及其基本形式

为了塑件及浇注系统凝料的脱模和安放嵌件的需要,将模具的型腔适当地分成两个或更多部分,这些可以分离部分的接触表面,通称为分型面。

在图纸上表示分型面的方法是在分型面的延长线上画出一小段直线表示分型面的位置,并用箭头表示开模方向或模板可以移动的方向。如果是多分型面,则用罗马数字(也可以用大写字母)表示开模的顺序。分型面的表示方向如图 5-1 所示。

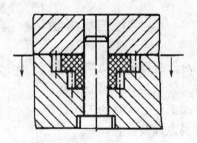

图 5-1 分型面的表示方法

注射模有的只有一个分型面,有的有多个分型面。分型面的形状有平面(图 5-2 (a))、斜面(图 5-2 (b))、阶梯面(图 5-2 (c))、曲面(图 5-2 (d))。

分型面应尽量选择平面的,但为了适应塑件成型的需要和便于塑件脱模,也可以采用曲面、阶梯面和斜面。后三种分型面虽然加工较困难,但型腔加工却比较容易。

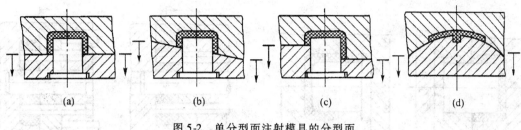

图 5-2　单分型面注射模具的分型面

(二) 分型面选择的一般原则

影响选取分型面的因素很多。在选取分型面时，应遵循以下的原则。

1. 分型面应便于塑件的脱模

为了便于塑件脱模，当已初步确定塑件脱模方向后，分型面应选在塑件外形最大轮廓处，即通过该方向上塑件的截面积最大，否则塑件无法从型腔脱出。如图 5-3 所示。

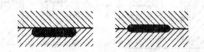

图 5-3　分型面应在塑件外形最大轮廓处

在考虑型腔总体结构时，必须注意到塑件在型腔中的方位，尽量只采用一个与开模方向垂直的分型面，设法避免侧向分型和侧向抽芯，以免模具结构复杂化。

2. 分型面的选取应有利于塑件的留模方式，便于塑件顺利脱模

为了便于塑件脱模，在一般情况下应使塑件在开模时尽可能留在下模或动模部分。这是因为推出机构通常都设在下模或动模部分。对于自动化生产所用模具，正确处理塑件在开模时的留模问题更显得重要。如何使塑件留在下模或动模中，必须具体分析塑件与下模和上模，或动模和定模的摩擦力关系，做到摩擦力大的朝向下模或动模的一方，但不宜过大，否则又会造成脱模困难。

图 5-4 表示在不同情况下处理塑件的留模问题。图 5-4 (a) 所示，型腔在动模，凸模在定模，开模后塑件收缩而必然包紧凸模，使塑件留在定模，而造成脱模困难。如改用图 5-4 (b) 的结构，塑件留在动模上，则脱模方便。

图 5-4 (c) 所示，当塑件外形简单，而内形有较多的孔或较复杂的内凹时，塑件成型收缩后必然留在型芯上，如型腔设在动模上，增加了塑件脱模阻力，因此脱模困难。如改用图 5-4 (d) 的结构，型腔设在定模上，开模即可用推件板推出塑件。

3. 分型面的选择应保证塑件的质量

为了保证塑件的质量，对有同轴度要求的塑件，应将有同轴度要求的部分设在同一模板内。

如图 5-5 所示，双联塑料齿轮有同轴度要求。图 5-5 (a) 结构中塑件的两个齿轮分别位于动模、定模两侧，不易满足同轴度要求。故应采用图 5-5 (b) 的结构。

4. 分型面的选取应满足塑件外观的要求。

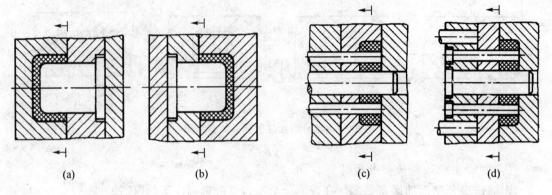

图 5-4 塑件的留模方式

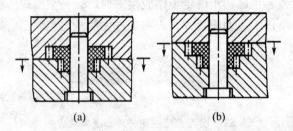

图 5-5 分型面选择应保证塑件的精度要求

分型面的选择应尽可能选在不影响塑件外观和产生飞边容易修整的部位，如图 5-6 (a) 的结构就有损塑件的表面质量，而图 5-6 (b) 的结构是合理的，所产生的飞边不会影响塑件的外观，而且易清除。

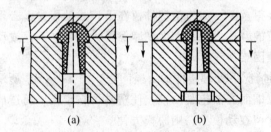

图 5-6 分型面的选择应满足塑件外观的要求

5. 分型面的选择应有利于防止溢料

造成溢料多、飞边过大的原因很多，其中一个原因就是分型面选择不当。当塑件在垂直于合模方向的分型面上的投影面积接近于注射机的最大注射面积时，就会产生溢料。如图 5-7 所示的弯板塑件采用图 5-7 (b) 的方位合理，塑件在合模分型面上的投影面积小，保证了塑模可靠。

对于流动性好的塑料（如尼龙），采用图 5-7 (d) 的结构合理。由于有 2°~3° 的锥面配合，不易产生飞边。而图5-7（c）的结构就不同，产生的飞边方向是水平的，且溢料多、飞边大。

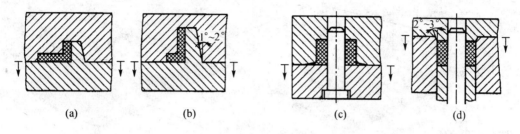

图5-7 分型面对溢料飞边大小的影响

6. 分型面的选择应尽量使成型零件便于加工。

图5-8（a）的推管生产较困难，使用稳定性较差。图5-8（b）相对易于加工。

图5-8（c）的型芯、型腔制造困难，图5-8（c）相对合理。

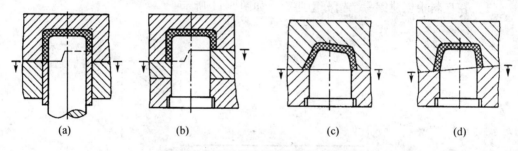

图5-8 分型面的选择应便于模具的制造

7. 分型面的选择应有利于排气

为了便于排气，一般分型面应尽可能与熔体流动的末端重合，如图5-9（b）所示合理。熔体料流末端在分型面上，有利于增强排气效果。

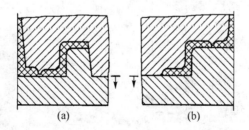

图5-9 分型面对排气的影响

三、知识应用

根据所给案例确定塑件的分型面，采用3D设计软件，如PROE、UG等软件。

1. 遥控器后盖零件，见图5-10。材料为ABS塑料。

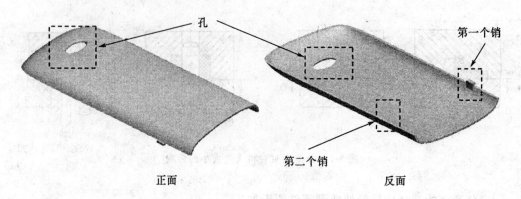

图 5-10　遥控器后盖

2. 创建分型面。

（1）在坯料中创建第一个销分型曲面，如图5-11所示。

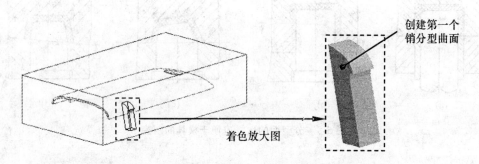

图 5-11　创建第一个销分型曲面

（2）在坯料中创建第二个销分型曲面，如图5-12所示。

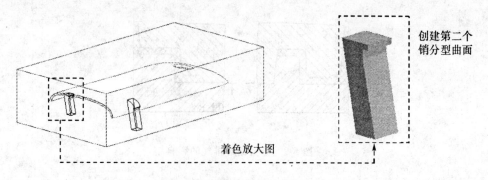

图 5-12　创建第二个销分型曲面

（3）在坯料中创建主分型面，如图5-13所示。

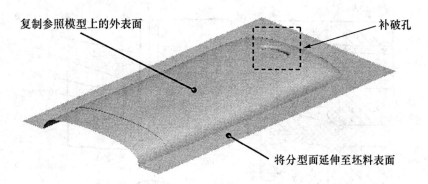

图 5-13 创建主分型面

任务二 普通浇注系统设计

【知识点】
普通浇注系统的组成及设计原则
主流道和分流道设计
浇口设计
浇注系统的平衡
冷料穴和拉料杆设计

一、任务目标

理解并掌握普通浇注系统的组成及设计原则,掌握主流道、分流道及浇口的设计方法,掌握浇注系统的平衡,掌握冷料穴和拉料杆的设计方法。

二、知识平台

(一)普通浇注系统的组成及设计原则

1. 普通浇注系统的组成

浇注系统是指模具中由注射机喷嘴到型腔之间的进料通道。普通浇注系统一般由主流道、分流道、浇口和冷料穴四部分组成。

图 5-14(a)为安装在卧式或立式注射机上的注射模具所用的浇注系统,亦称为直浇口式浇注系统,其主流道垂直于模具分型面;图 5-14(b)为安装在角式注射机上的注射模具所用浇注系统,主流道平行于分型面。

2. 浇注系统的设计原则

设计浇注系统应遵循如下基本原则:

(1)了解塑料的成形性能

掌握塑料的流动特性以及温度、剪切速率对黏度的影响,以设计出合适的浇注系统。

(2)尽量避免或减少产生熔接痕

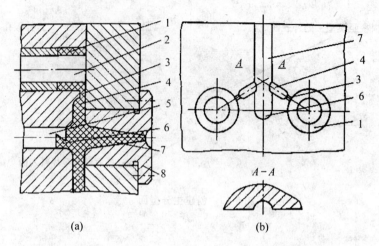

1—型腔；2—型芯；3—浇口；4—分流道；5—拉料杆；6—冷料穴；
7—主流道；8—浇口套

图 5-14 注射模具的普通浇注系统

熔体流动时应尽量减少分流的次数，有分流必然有汇合，熔体汇合之处必然会产生熔接痕，尤其在流程长、温度低时，这对塑件强度的影响较大。

（3）有利于型腔中气体的排出

浇注系统应能顺利地引导塑料熔体充满型腔的各个部分，使浇注系统及型腔中原有的气体能有序地排出，避免充填过程中产生紊流或涡流，也避免因气体积存而引起凹陷、气泡、烧焦等塑件的成形缺陷。

（4）防止型芯的变形和嵌件的位移

浇注系统设计时应尽量避免塑料熔体直接冲击细小型芯和嵌件，以防止熔体的冲击力使细小型芯变形或嵌件位移。

（5）尽量采用较短的流程充满型腔，这样可有效减少各种质量缺陷。

（6）流动距离比的校核

对于大型或薄壁塑料制件，塑料熔体有可能因其流动距离过长或流动阻力太大而无法充满整个型腔。

3. 流动比的校核

流动距离比简称为流动比，流动比是指塑料熔体在模具中进行最长距离的流动时，其截面厚度相同的各段料流通道及各段模腔的长度与其对应截面厚度之比值的总和，即

$$\phi = \sum_{i=1}^{n} \frac{L_i}{t_i} \leq [\phi] \tag{5-1}$$

式中：ϕ——流动距离比；

L_i——模具中各段料流通道及各段模腔的长度，mm；

t_i——模具中各段料流通道及各段模腔的截面厚度，mm；

$[\phi]$——塑料的许用流动距离比，见表 5-1。

表 5-1　　部分塑料的注射压力与流动距离比

塑料品种	注射压力/MPa	流动距离比	塑料品种	注射压力/MPa	流动距离比
聚乙烯（PE）	49 68.6 147	140~100 240~200 280~250	聚苯乙烯（PS）	88.2	300~260
			聚甲醛（POM）	98	210~110
聚丙烯（PP）	49 68.6 117.6	140~100 240~200 280~240	尼龙 6	88.2	320~200
聚碳酸酯（PC）	88.2 117.6 127.4	130~90 150~120 160~120	尼龙 66	88.2 127.4	130~90 160~130
软聚氯乙烯（SPVC）	88.2 68.6	280~200 240~160	硬聚氯乙烯（HPVC）	68.6 88.2 117.6 127.4	110~70 140~100 160~120 170~130

例 5.1 如图 5-15（a）所示为侧浇口进料的塑件，料流通道按截面的厚度可以分为 5 段，每段的长度和厚度见图 5-15（a），其流动距离比为

$$\phi = \frac{L_1}{t_1} + \frac{L_2}{t_2} + \frac{L_3}{t_3} + \frac{2L_4}{t_4} + \frac{L_5}{t_5}$$

如图 5-15b 所示为点浇口进料的塑件，料流通道按截面的厚度可以分为 6 段，每段的长度和厚度见图 5-15（b），其流动距离比为

$$\phi = \frac{L_1}{t_1} + \frac{L_2}{t_2} + \frac{L_3}{t_3} + \frac{L_4}{t_4} + \frac{L_5}{t_5} + \frac{L_6}{t_6}$$

（二）主流道和分流道设计

1. 主流道的设计

主流道是指浇注系统中从注射机喷嘴与模具接触处开始到分流道为止的塑料熔体的流动通道。主流道是熔体最先流经模具的部分，主流道的形状与尺寸对塑料熔体的流动速度和充模时间有较大的影响，因此，必须使熔体的温度降和压力损失最小。

（1）主流道尺寸

如图 5-16 所示，在卧式或立式注射机上使用的模具中，主流道垂直于分型面。由于主流道要与高温塑料熔体及注射机喷嘴反复接触，所以只有在小批量生产时，主流道才在注射模上直接加工，大部分注射模中，主流道通常设计成可拆卸、可更换的主流道浇口套。

为了让主流道凝料能从浇口套中顺利拔出，主流道设计成圆锥形，其锥角 α 为 $2° \sim 6°$，小端直径 d 比注射机喷嘴直径大 $0.5 \sim 1$ mm。由于小端的前面是球面，其深度为 $3 \sim 5$ mm，注射机喷嘴的球面在该位置与模具接触并且贴合，因此要求主流道球面半径比喷嘴球面半径大 $1 \sim 2$ mm。流道的表面粗糙度值 Ra 为 $0.08 \mu m$。

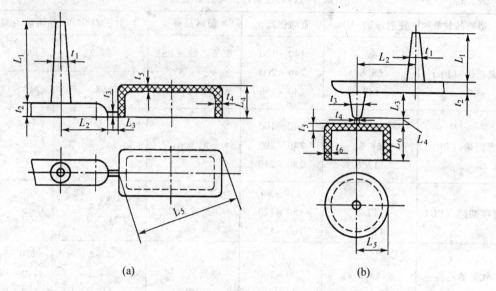

图 5-15 流动距离比计算实例

(2) 主流道浇口套

主流道浇口套一般采用碳素工具钢如 T8A、T10A 等材料制造,热处理淬火硬度 53～57HRC。主流道浇口套及其固定形式如图 5-16 所示。

图 5-16(a)所示为浇口套与定位圈设计成整体形式,用螺钉固定于定模座板上,一般只用于小型注射模;图 5-16(b)、(c)所示为浇口套与定位圈设计成两个零件的形式,以台阶的方式固定在定模座板上,其中图 5-16(c)所示为浇口套穿过定模座板与定模板的形式。浇口套与模板间的配合采用 H7/m6 的过渡配合,浇口套与定位圈采用 H9/f9 的配合。

定位圈在模具安装调试时应插入注射机定模板的定位孔内,用于模具与注射机的安装定位。定位圈外径比注射机定模板上的定位孔径小 0.2 mm 以下。

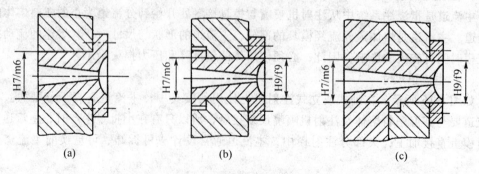

图 5-16 主流道浇口套及其固定形式

2. 分流道设计

分流道是指主流道末端与浇口之间的一段塑料熔体的流动通道。分流道作用是改变熔体流向，使其以平稳的流态均衡地分配到各个型腔。设计时应注意尽量减少流动过程中的热量损失与压力损失。

(1) 分流道的形状与尺寸

分流道开设在动、定模分型面的两侧或任意一侧，其截面形状应尽量使其比表面积（流道表面积与其体积之比）小。常用的分流道截面形式有圆形、梯形、U形、半圆形及矩形等，如图5-17所示。梯形及U形截面分流道加工较容易，且热量损失与压力损失均不大，是常用的形式。

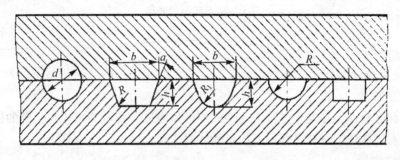

图5-17 分流道截面的形状

图5-17的梯形截面分流道的尺寸可按下面经验公式确定

$$b = 0.2654\sqrt{m}\sqrt[4]{L} \tag{5-2}$$

$$h = \frac{2}{3}b \tag{5-3}$$

式中：b——梯形大底边宽度，mm；
m——塑件的质量，g；
L——分流道的长度，mm；
h——梯形的高度，mm。

梯形的侧面斜角 α 常取 5°~10°，底部以圆角相连。式（5-2）的适用范围为塑件壁厚在3.2 mm以下，塑件质量小于200g，且计算结果梯形小边长 b 应在3.2~9.5 mm 范围内才合理。按照经验，根据成形条件不同，b 也可以在 5~10 mm 内选取。

(2) 分流道的长度

根据型腔在分型面上的排布情况，分流道可以分为一次分流道、两次分流道甚至三次分流道。分流道的长度要尽可能短，且弯折少，以便减少压力损失和热量损失，节约塑料的原材料和能耗。图5-18所示为分流道长度的设计参数尺寸，其中 $L_1 = 6 \sim 10$ mm，$L_2 = 3 \sim 6$ mm，$L_3 = 6 \sim 10$ mm。L 的尺寸根据型腔的多少和型腔的大小而定。

(3) 分流道的表面粗糙度

由于分流道中与模具接触的外层塑料迅速冷却，只有内部的熔体流动状态比较理想，因此分流道表面粗糙度数值不能太小，一般 Ra 值在 0.16μm 左右，这可以增加对外层塑料熔体的流动阻力，使外层塑料冷却皮层固定，形成绝热层。

(4) 分流道的布置

分流道常用的布置形式有平衡式和非平衡式两种，这与多型腔的平衡式与非平衡式的

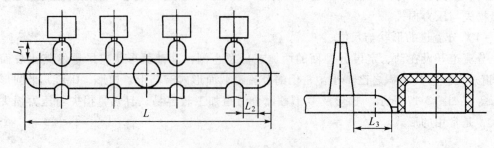

图 5-18 分流道的长度

布置是一致的。

(三) 浇口设计

1. 浇口的概念

浇口亦称进料口,是连接分流道与型腔的熔体通道。浇口的设计与位置的选择恰当与否,直接关系到塑件能否被完好、高质量地注射成形,浇口的结构见图 5-14。

2. 浇口的作用

浇口可分成限制性浇口和非限制性浇口两类。

限制性浇口是整个浇注系统中截面尺寸最小的部位,其作用如下:

(1) 浇口通过截面积的突然变化,使分流道送来的塑料熔体提高注射压力,使塑料熔体通过浇口的流速有一突变性增加,提高塑料熔体的剪切速率,降低黏度,使其成为理想的流动状态,从而迅速均衡地充满型腔。对于多型腔模具,调节浇口的尺寸,还可以使非平衡布置的型腔达到同时进料的目的。

(2) 浇口还起着较早固化、防止型腔中熔体倒流的作用。

(3) 浇口通常是浇注系统最小截面部分,这有利于在塑件的后加工中塑件与浇口凝料的分离。

非限制性浇口是整个浇注系统中截面尺寸最大的部位,非限制性浇口主要是对中大型筒类、壳类塑件型腔起引料和进料后的施压作用。

3. 单分型面注射模浇口的类型

单分型面注射模的浇口可以采用直接浇口、中心浇口、侧浇口、环形浇口、轮辐式浇口和爪形浇口。

(1) 直接浇口

直接浇口又称为主流道型浇口,直接浇口属于非限制性浇口。这种形式的浇口只适于单型腔模具,直接浇口的形式见图 5-19。其特点是:①流动阻力小,流动路程短及补缩时间长等;②有利于消除深型腔处气体不易排出的缺点;③塑件和浇注系统在分型面上的投影面积最小,模具结构紧凑,注射机受力均匀;④塑件翘曲变形、浇口截面大,去除浇口困难,去除后会留有较大的浇口痕迹,影响塑件的美观。

直接浇口大多用于注射成形大、中型长流程深型腔筒形或壳形塑件,尤其适用于如聚碳酸酯、聚砜等高黏度塑料。

选用较小的主流道锥角 α ($\alpha = 2° \sim 4°$),且尽量减少定模板和定模座板的厚度。

（2）中心浇口

当筒类或壳类塑件的底部中心或接近于中心部位有通孔时，内浇口就开设在该孔处，同时中心设置分流锥，这种类型的浇口称中心浇口，是直接浇口的一种特殊形式，见图 5-20。

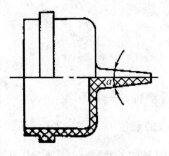

图 5-19　直接浇口的形式

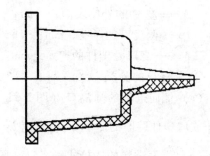

图 5-20　中心浇口的形式

它具有直接浇口的一系列优点，而克服了直接浇口易产生的缩孔、变形等缺陷。在设计时，环形的厚度一般不小于 0.5 mm。

（3）侧浇口

① 侧浇口的形式

侧浇口一般开设在分型面上，塑料熔体从内侧或外侧充填模具型腔，其截面形状多为矩形（扁槽），是限制性浇口。侧浇口广泛使用在多型腔单分型面注射模上，侧浇口的形式如图 5-21 所示。

② 侧浇口的特点

由于浇口截面小，减少了浇注系统塑料的消耗量，同时去除浇口容易，不留明显痕迹。但这种浇口成形的塑件往往有熔接痕存在，且注射压力损失较大，对深型腔塑件排气不利。

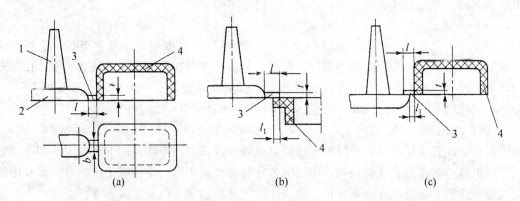

1—主流道；2—分流道；3—侧浇口；4—塑件

图 5-21　侧浇口的形式

③ 侧浇口的尺寸

侧浇口尺寸计算的公式如下

$$b = \frac{0.6 \sim 0.9}{30}\sqrt{A} \tag{5-4}$$

$$t = (0.6 \sim 0.9)\delta \tag{5-5}$$

式中：b——侧浇口的宽度，mm；
　　　A——塑件的外侧表面积，mm^2；
　　　t——侧浇口的厚度，mm；
　　　δ——浇口处塑件的壁厚，mm。

④ 侧浇口的分类

(a) 侧向进料的侧浇口（图5-21（a）），对于中小型塑件，一般深度 $t = 0.5 \sim 2.0$ mm（或取塑件壁厚的 $\frac{1}{3} \sim \frac{2}{3}$），宽度 $b = 1.5 \sim 5.0$ mm，浇口的长度 $l = 0.7 \sim 2.0$ mm；

(b) 端面进料的搭接式侧浇口（图5-21（b）），搭接部分的长度 $l = (0.6 \sim 0.9) + \frac{b}{2}$，浇口长度 l 可适当加长，取 $l = 2.0 \sim 3.0$ mm；

(c) 侧面进料的搭接式浇口（图5-21（c）），其浇口长度选择参考端面进料的搭接式侧浇口。

⑤ 侧浇口有两种变异的形式

侧浇口的两种变异形式为扇形浇口和平缝浇口。

(a) 扇形浇口

扇形浇口是一种沿浇口方向宽度逐渐增加、厚度逐渐减少的呈扇形的侧浇口，如图5-22所示，常用于扁平而较薄的塑件，如盖板和托盘类等。通常在与型腔结合处形成长 $l = 1 \sim 1.3$ mm，厚 $t = 0.25 \sim 1.0$ mm 的进料口，进料口的宽度 b 视塑件大小而定，一般取6 mm到浇口处型腔宽度的 $\frac{1}{4}$，整个扇形的长度 L 可取6 mm左右，塑料熔体通过它进入型腔。采用扇形浇口，使塑料熔体在宽度方向上的流动得到更均匀的分配，使塑件的内应力减小，减少带入空气的可能性，但浇口痕迹较明显。

(b) 平缝浇口

平缝浇口又称薄片浇口，如图5-23所示。这类浇口宽度很大，厚度很小，主要用来成形面积较小、尺寸较大的扁平塑件，可减小平板塑件的翘曲变形，但浇口的去除比扇形浇口更困难，浇口在塑件上痕迹也更明显。平缝浇口的宽度 b 一般取塑件长度的25%～100%，厚度 $t = 0.2 \sim 1.5$ mm，长度 $l = 1.2 \sim 1.5$ mm。

(4) 环形浇口

对型腔填充采用圆环形进料形式的浇口称环形浇口。环形浇口的形式如图5-24所示。环形浇口的特点是进料均匀，圆周上各处流速大致相等，熔体流动状态好，型腔中的空气容易排出，熔接痕可基本避免，但浇注系统耗料较多，浇口去除较难。

图5-24（a）所示为内侧进料的环形浇口，浇口设计在型芯上，浇口的厚度 $t = 0.25 \sim 1.6$ mm，长度 $l = 0.8 \sim 1.8$ mm；图5-24（b）为端面进料的搭接式环形浇口，搭接长度 $l_1 = 0.8 \sim 1.2$ mm，总长 l 可取 $2 \sim 3$ mm。

(5) 轮辐式浇口

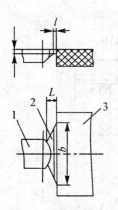

1—分流道；2—扇形浇口；3—塑件

图 5-22 扇形浇口的形式

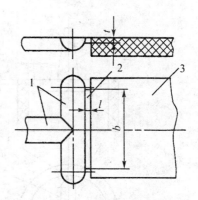

1—分流道；2—平缝浇口；3—塑件

图 5-23 平缝浇口的形式

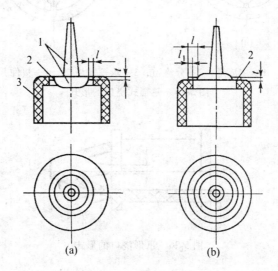

1—流道；2—环形浇口；3—塑件

图 5-24 环形浇口的形式

轮辐式浇口是在环形浇口基础上改进而成，由原来的圆周进料改为数小段圆弧进料，轮辐式浇口的形式见图 5-25。

这种形式的浇口耗料比环形浇口少得多，且去除浇口容易。这类浇口在生产中比环形浇口应用广泛，多用于底部有大孔的圆筒形或壳形塑件。轮辐浇口的缺点是增加了熔接痕，这会影响塑件的强度。

轮辐式浇口尺寸可参考侧浇口尺寸取值。

(6) 爪形浇口

爪形浇口如图 5-26 所示，爪形浇口加工较困难，通常用电火花成形。型芯可用做分流锥，其头部与主流道有自动定心的作用（型芯头部有一端与主流道下端大小一致），从而避免了塑件弯曲变形或同轴度差等成形缺陷。爪形浇口的缺点与轮辐式浇口类似，主要适用于成形内孔较小且同轴度要求较高的细长管状塑件。

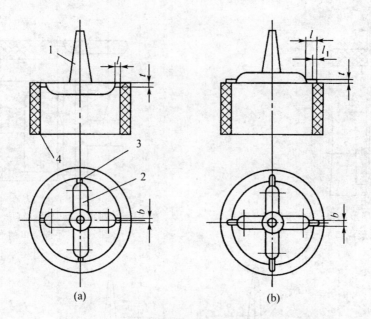

1—主流道；2—分流道；3—轮辐式浇口；4—塑件

图 5-25　轮辐式浇口的形式

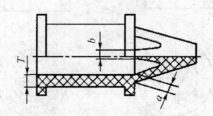

图 5-26　爪形浇口的形式

4. 浇口位置的选择原则

（1）尽量缩短流动距离

浇口位置的选择应保证迅速和均匀地充填模具型腔，尽量缩短熔体的流动距离，这对大型塑件更为重要。

（2）避免熔体破裂现象引起塑件的缺陷

小的浇口如果正对着一个宽度和厚度较大的型腔，则熔体经过浇口时，由于受到很高的剪切应力，将产生喷射和蠕动等现象。这些喷出的高度定向的细丝或断裂物会很快冷却变硬，与后进入型腔的熔体不能很好熔合而使塑件出现明显的熔接痕。要克服这种现象，可适当地加大浇口的截面尺寸，或采用冲击型浇口（浇口对着大型芯等），避免熔体破裂现象的产生。

（3）浇口应开设在塑件厚壁处

当塑件的壁厚相差较大时，若将浇口开设在薄壁处，这时塑料熔体进入型腔后，不但流动阻力大，而且还易冷却，影响熔体的流动距离，难以保证充填满整个型腔。从收缩角度考虑，塑件厚壁处往往是熔体最晚固化的地方，如果浇口开设在薄壁处，那厚壁的地方因熔体收缩得不到补缩就会形成表面凹陷或缩孔。为了保证塑料熔体顺利充填型腔，使注射压力得到有效传递，而在熔体液态收缩时又能得到充分补缩，一般浇口的位置应开设在塑件的厚壁处。

（4）考虑分子定向的影响

由于垂直于流向和平行于流向之处的强度和应力开裂倾向是有差别的，往往垂直于流向的方位强度低，容易产生应力开裂，所以在选择浇口位置时，应充分注意这一点。

图5-27所示塑件，由于其底部圆周带有一金属环嵌件，如果浇口开设在 A 处（直接浇口或点浇口），则此塑件使用不久就会断裂，因为塑料与金属环形嵌件的线收缩系数不同，嵌件周围的塑料层有很大的周向应力。若浇口开设在 B 处（侧浇口），由于聚合物分子沿塑件圆周方向定向，应力开裂的机会就会大为减少。

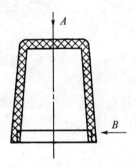

图5-27 浇口的位置对定向的影响

（5）减少熔接痕，提高熔接强度

由于浇口位置的原因，塑料熔体充填型腔时会造成两股或两股以上的熔体料流的汇合。在汇合之处，料流前端是气体且温度最低，所以在塑件上就会形成熔接痕。

熔接痕部位塑件的熔接强度会降低，也会影响塑件外观，在成形玻璃纤维增强塑料制件时这种现象尤其严重。如无特殊需要最好不要开设一个以上的浇口，图5-28（a）所示的浇口会形成两个熔接痕，而图5-28（b）所示的浇口仅形成一个熔接痕。

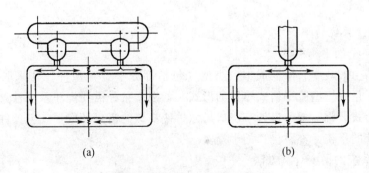

图5-28 减少熔接痕的数量

圆环形浇口流动状态好，无熔接痕，而轮辐式浇口有熔接痕，而且轮辐越多，熔接痕越多，如图 5-29 所示。

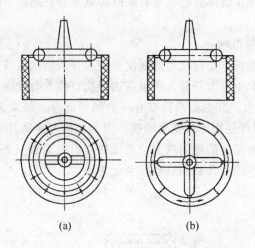

图 5-29　环行浇口与轮辐浇口熔接痕的比较

为了提高熔接的强度，可以在料流汇合之处的外侧或内侧设置一冷料穴（溢流槽），将料流前端的冷料引入其中，如图 5-30 所示。

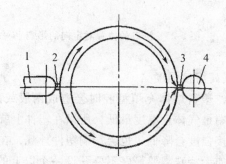

1—分流道；2—浇口；3—溢流口；4—溢流槽

图 5-30　开设冷料穴提高熔接强度

（四）浇注系统的平衡

1. 浇注系统的平衡概念

为了提高生产效率，降低成本，小型（包括部分中型）塑件往往采取一模多腔的结构形式。应尽量采用型腔平衡式布置的形式。若根据某种需要浇注系统被设计成型腔非平衡式布置的形式，则需要通过调节浇口尺寸，使浇口的流量及成形工艺条件达到一致，这就是浇注系统的平衡，亦称浇口的平衡。

2. 浇注系统的平衡计算方法

浇注平衡计算的思路是通过计算多型腔模具各个浇口的 BGV（Balanced Gate Value）值来判断或计算。浇口平衡时，BGV 值应符合下述要求：相同塑件的多型腔，各浇口计算出的 BGV 值必须相等；不同塑件的多型腔，各浇口计算出的 BGV 值必须与其塑件型腔的充填量成正比。

相同塑件多型腔的 BGV 值可以用下式表示

$$\mathrm{BGV} = \frac{A_g}{\sqrt{L_r L_g}} \tag{5-6}$$

式中：A_g——浇口的截面积；

L_r——从主流道中心至浇口的流动通道的长度；

L_g——浇口的长度。

不同塑件多型腔成形的 BGV 值可以用下式表示

$$\frac{W_a}{W_b} = \frac{\mathrm{BGV}_a}{\mathrm{BGV}_b} = \frac{A_{ga}\sqrt{L_{rb}L_{gb}}}{A_{gb}\sqrt{L_{ra}L_{ga}}} \tag{5-7}$$

式中：W_a、W_b——分别为型腔 a、b 的充填量（熔体质量或体积）；

A_{ga}、A_{gb}——分别为型腔 a、b 的浇口截面积，mm^2；

L_{ra}、L_{rb}——分别为从主流道中心到型腔 a、b 的流动通道的长度，mm；

L_{ga}、L_{gb}——分别为型腔 a、b 的浇口长度，mm。

在一般多型腔注射模浇注系统设计中，浇口截面通常采用矩形或圆形点浇口，浇口截面积 A_g 与分流道截面积 A_r 的比值应取

$$A_g : A_r = 0.07 \sim 0.09 \tag{5-8}$$

矩形浇口的截面宽度 b 为其厚度 t 的 3 倍，即 $b = 3t$，各浇口的长度相等。在上述前提下，进行浇口的平衡计算。

例 5.2 如图 5-31 所示为相同塑件 10 个型腔的模具流道分布图，各浇口为矩形窄浇口，各段分流道直径相等，分流道 $d_r = 6$ mm，各浇口的长度 $L_g = 1.25$ mm，为保证浇口平衡进料，确定浇口截面的尺寸。

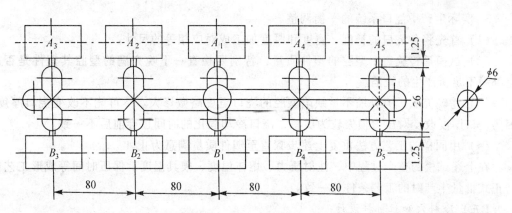

图 5-31 浇口平衡计算实例

解： 从图 5-31 中的型腔排布可看出，A_2、B_2、A_4、B_4 型腔对称布置，流道的长度相同；A_3、B_3、A_5、B_5 对称相同；A_1、B_1 对称相同。为了避免两浇口和中间浇口的截面相差过大，可以 A_2、B_2、A_4、B_4 为基准，先求这两组浇口的截面尺寸，再求另外三组浇口

的截面尺寸。

1) 分流道截面积 A_r

$$A_r = \frac{d_r^2}{4}\pi \text{mm}^2 = 28.27 \text{mm}^2$$

2) 基准浇口 A_2、B_2、A_4、B_4 这两组浇口截面尺寸（取 $A_g = 0.07A_r$）

由 $A_{g2,4} = 0.07A_r = 3t_{2,4}^2 = 0.07 \times 28.27 \text{mm}^2 = 1.98 \text{mm}^2$

求得 $t_{2,4} = 0.81 \text{mm}$，$b_{2,4} = 3t_{2,4} = 2.43 \text{mm}$

3) 其他三组浇口的截面尺寸

根据 BGV 值相等原则

$$\text{BGV} = \frac{A_{g1}}{\sqrt{\frac{26}{2} \times 1.25}} = \frac{A_{g3,5}}{\sqrt{80 \times 2 + \frac{26}{2} \times 1.25}} = \frac{1.98}{\sqrt{80 + \frac{26}{2} \times 1.25}} = 0.16$$

$A_{g1} = 3t_1^2 = 0.72 \text{ mm}^2$，$t_1 = 0.49 \text{ mm}$，$b_1 = 3t_1 = 1.47 \text{ mm}$

$A_{g,35} = 3t_{3,5}^2 = 2.63 \text{ mm}^2$，$t_{3,5} = 0.94 \text{ mm}$，$b_{3,5} = 3t_{3,5} = 2.82 \text{ mm}$

把上述计算结果列于表 5-2 中，用以比较。

表 5-2　　　　　　　　　　　平衡后的各浇口尺寸

型腔 浇口尺寸	A_1、B_1	A_2、B_2	A_3、B_3	A_4、B_4	A_5、B_5
长度 L_g	1.25	1.25	1.25	1.25	1.25
宽度 b	1.47	2.43	2.82	2.43	2.82
厚度 t	0.49	0.81	0.94	0.81	0.94

3. 实际生产中浇口系统的平衡调整

（1）首先将各浇口的长度、宽度和厚度加工成对应相等的尺寸。

（2）试模后检验每个型腔的塑件质量，特别要检查一下晚充满的型腔其塑件是否产生补缩不足所产生的缺陷。

（3）将晚充满、有补缩不足缺陷型腔的浇口宽度略微修大。尽可能不改变浇口厚度，因为浇口厚度改变对压力损失较为敏感，浇口冷却固化的时间也会前后不一致。

（4）用同样的工艺方法重复上述步骤直至塑件质量满意为止。

在上述试模的整个过程中，注射压力、熔体温度、模具温度、保压时间等成形工艺应与正式批量生产时的工艺条件相一致。

（五）冷料穴和拉料杆设计

冷料穴是浇注系统的结构组成之一。冷料穴的作用是容纳浇注系统流道中料流的前锋冷料，以免这些冷料注入型腔，主流道冷料穴结构如图 5-14 所示，多型腔模具分型面上的分流道冷料穴如图 5-32 所示。

主流道末端的冷料穴还有便于在该处设置主流道拉料杆的功能。在模具分型时，注射凝料从定模浇口套中被拉出，最后推出机构开始工作，将塑件和浇注系统凝料一起推出

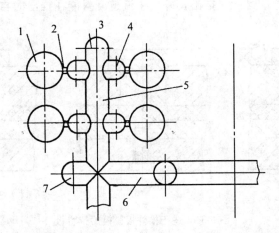

1—型腔；2—浇口；3、7—冷料穴；4—三次分流道；5—二次分流道；6——次分流道

图 5-32 多型腔模具分型面上的分流道冷料穴

模外。

主流道拉料杆有两种基本形式。

一种是适于推杆起模的拉料杆，其固定在推杆固定板上。

图 5-33（a）的 Z 字形拉料杆是最常用的一种形式。工作时依靠 Z 字形钩将主流道凝料拉出浇口套，如选择好 Z 形的方向，凝料会由于自重而自动脱落，不需要人工取出。

对于图 5-33（b）和（c）的形式，在分型时靠动模板上的反锥度穴和浅圆环槽的作用将主流道凝料拉出浇口套，然后靠后面的推杆强制将其推出。

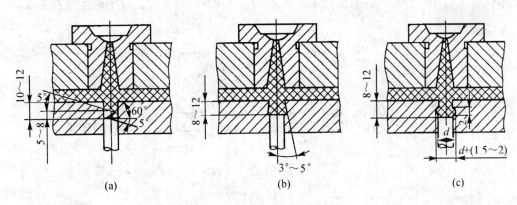

图 5-33 适于推杆脱模的拉料杆

另一种拉料杆是仅适于推件板脱模的拉料杆，其典型的形式是球形头拉料杆，固定在动模板上，如图 5-34（a）所示；图 5-34（b）所示为菌形头拉料杆，该拉料杆是头部凹下去的部分将主流道从浇口套中拉出来，然后在推件板推出时，将主流道凝料从拉料杆的头部强制推出；图 5-34（c）是靠塑料的收缩包紧力使主流道凝料包紧在中间拉料杆（带有分流锥的型芯）上以及靠环行浇口与塑件的连接将主流道凝料拉出浇口套，然后靠

推件板将塑件和主流道凝料一起推出模外,主流道凝料能在推出时自动脱落。

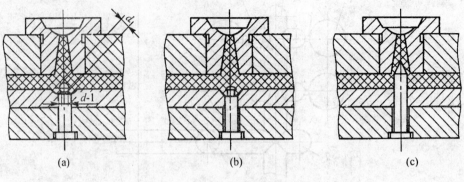

图 5-34 适于推件板脱模的拉料板

(六) 排气与引气系统的设计

1. 排气系统

排气系统的作用是将型腔和浇注系统中原有的空气和成型过程中固化反应产生的气体顺利地排出模具之外,以保证注射过程的顺利进行。尤其是高速注射和热固性塑料注射成型,排气是很有必要的,否则,被压缩的气体所产生的高温将引起制品局部烧焦碳化或产生气泡,还可能产生熔接痕等。

排气方式有开设排气槽和利用模具零件的配合间隙自然排气。排气槽通常设在充型料流末端处,而熔体在型腔内充填情况与浇口的开设有关,因此,确定浇口位置时,同时要考虑排气槽的开设位置是否方便。在大多数情况下可利用模具分型面或模具零件间的配合间隙自然地排气,这时可不另开排气槽。图 5-35 所示结构就是利用成型零件分型面及配合间隙排气的几种形式,其间隙值通常在 0.03~0.05mm 范围内,以不产生溢料为限。

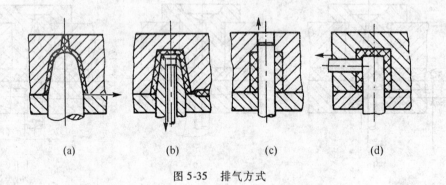

图 5-35 排气方式

排气槽最好开设在分型面上,因为在分型面上如果因设排气槽而产生飞边,也很容易随制品脱出。通常在分型面凹模一侧开设排气槽,其槽深为 0.025~0.1mm,槽宽 1.5~6mm,以不产生飞边为限。排气槽需与大气相通。若型腔最后充满部分不在分型面上,且附近又无配合间隙可排气时,可在型腔相应部位镶嵌多孔粉末冶金件,或改变浇口位置以改变料流末端的位置。另外,排气槽最好开设在靠近嵌件或制品壁最薄处,这是因为这些部位容易形成熔接痕,应排尽气体并排出部分冷料。

2. 引气系统的设计

排气是制品成型的需要,而引气则是制品脱模的需要。

对于一些大型深壳形制品,注射成型后,型腔内气体被排除,在推出制品的初始状态,型芯外表面与制品内表面之间基本上形成真空,造成制品脱模困难,如果采取强行脱模,制品势必变形或损坏,因此必须设置引气装置。对于热固性塑料等收缩微小的塑料注射成型,制品粘附型腔的情况较严重,开模时也应设置引气装置(尤其整体结构的深型腔)。

常见的引气形式有:

(1) 镶拼式侧隙引气 在利用成型零件分型面配合间隙排气的场合,其排气间隙即为引入气体的间隙,但在镶块或型芯与其他成型零件为过盈配合的情况下。空气是无法被引入型腔的,如将配合间隙放大,则镶块的位置精度将受到影响,所以只能在镶块侧面的局部位置开设引气槽,如图5-36 (a) 所示。引气槽的深度应不大于0.05mm,以免溢料堵塞而起不到应有的作用。引气槽必须延续到模外,其深度为0.2~0.8mm。这种引气方

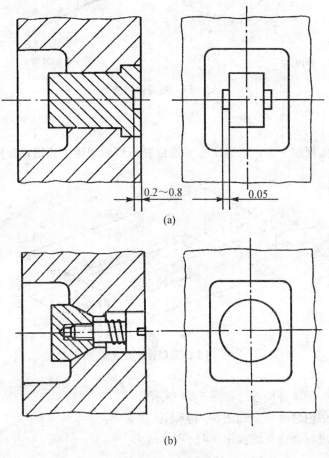

图5-36 引气装置

式结构简单,但引气槽容易堵塞,应该严格控制其深度。

(2) 气阀式引气 这种引气方式主要依靠阀门的开启与关闭,如图 5-36(b)所示。开模时制品与型腔内表面之间的真空度使阀门开启,空气便能引入,而当熔体注射充模时,由于熔体的压力作用将阀门紧紧压住,处于关闭状态。由于接触面为锥形,所以不产生缝隙。这种引气方式比较理想,但阀门的锥面加工要求较高。显然,型芯与制品内表面之间必要时也可以采用图 5-36(b)所示的引气方式。应该指出,在有诸多推杆推出的情况下,可由推杆的配合间隙引气。

三、知识应用

根据所给案例设计塑件的浇注系统,采用 3D 设计软件,如 PROE、UG 等软件。

1. 遥控器后盖零件,如图 5-37 所示。材料为 ABS 塑料。

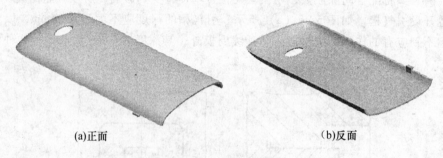

(a)正面　　　　　　　　(b)反面

图 5-37　遥控器后盖

2. 塑件浇注系统设计。

(1) 在坯料中创建平面,以确定主流道位置,然后创建主流道,如图 5-38 所示。

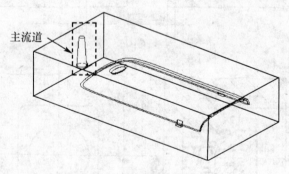

图 5-38　创建主流道

(2) 在坯料中创建分流道,如图 5-39 所示。

(3) 在坯料中创建浇口,如图 5-40 所示。

(4) 设计完成后浇注系统如图 5-41 所示。

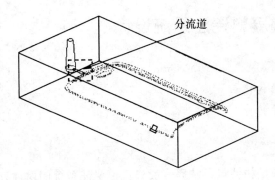

图 5-39　创建分流道

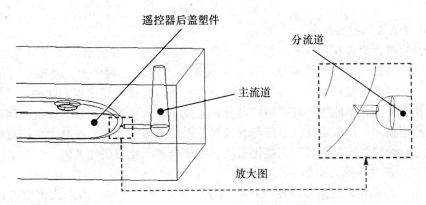

图 5-40　创建浇口

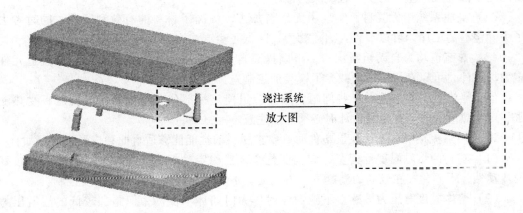

图 5-41　完成后的浇注系统

任务三 热流道凝料浇注系统设计

【知识点】
绝热流道注射模结构特点
加热流道注射模结构特点

一、任务目标

了解热流道注射模结构特点,掌握一般热流道浇注系统的设计方法。

二、知识平台

（一）热流道注射模简介

一般的塑料注射模具都具有主流道、分流道,这是为了得到制品而必须增加的部分。由主流道、分流道构成的浇注系统,在注射成形时会消耗注射压力,使型腔内的压力较低。而且,浇注系统凝料,在一次注射成形的熔料中占有很大的比例,这些凝料再回收利用时,其性能下降,不能生产高品质的制品,造成了很大浪费。为了解决这一问题,人们创造了热流道技术。热流道浇注系统与普通浇注系统的区别在于：在整个生产过程中浇注系统内的塑料始终处于熔融状态。热流道浇注系统也称无流道浇注系统。

1. 热流道浇注系统具有如下优点：

（1）由于热流道内的熔体温度与注射机喷嘴温度基本相同,因而流道内的压力损耗小。在使用相同的注射压力下,型腔内的压力较一般注射为高,熔体的流动性好,密度容易均匀,因此成形塑件的变形程度大为减小。

（2）浇注系统中无凝料,实现了无废料加工,提高了材料的有效利用率。同时省去了去除浇口的工序,可以节省人力、物力,降低了生产成本。

（3）热流道均为自动切断浇口,可以提高自动化程度,提高生产效率。热流道元件多为标准件,可以直接选用,减少了模具加工制造周期。

但是热流道系统也存在一些问题,如热流道使定模部分温度偏高；热流道板受热膨胀,产生热应力等,在模具设计时必须加以注意。

2. 采用热流道浇注系统成形塑件时,要求塑料的性能能够适合此种成形方法,如：

（1）塑料的熔融温度范围宽,黏度变化小,热稳定性好。即在较低的温度下有较好的流动性,不固化；在较高的温度下,不流涎,不分解。能较容易进行温度控制。

（2）熔体黏度对压力敏感,不施加注射压力时熔体不流动,但施加较低的注射压力熔体就会流动。在低温、低压下也能有效地控制流动。

（3）固化温度和热变形温度较高,塑件在比较高的温度下即可固化,缩短了成形周期。

（4）比热容小,导热性能好,既能快速冷凝,又能快速熔融。熔体的热量能快速传给模具而冷却固化,提高生产效率。

目前在热流道注射模中应用最多的塑料有：聚乙烯、聚丙烯、聚苯乙烯、聚丙烯腈、聚氯乙烯、ABS等。

（二）热流道注射模的结构特点

热流道注射模可以分为绝热流道注射模和加热流道注射模。

1. 绝热流道注射模

绝热流道注射模的流道截面相当粗大，这样，就可以利用塑料比金属导热性差的特性，让靠近流道内壁的塑料冷凝成一个完全或半熔化的固化层，起到绝热作用，而流道中心部位的塑料在连续注射时仍然保持熔融状态，熔融的塑料通过流道的中心部分顺利充填型腔。由于不对流道进行辅助加热，其中的融料容易固化，要求注射成形周期短。

（1）井坑式喷嘴

井坑式喷嘴又称绝热主流道，井坑式喷嘴是一种结构最简单的适用于单型腔的绝热流道。图5-42（a）所示为井坑式喷嘴，井坑式喷嘴在注射机喷嘴与模具入口之间装有一个主流道杯，杯外采用空气隙绝热，杯内有截面较大的储料井，其容积约取塑件体积的 $\frac{1}{3}\sim\frac{1}{2}$。在注射过程中，与井壁接触的熔体很快固化而形成一个绝热层，使位于中心部位的熔体保持良好的流动状态，在注射压力的作用下，熔体通过点浇口充填型腔。采用井坑式喷嘴注射成形时，一般注射成形周期不大于20s。主流道杯的主要尺寸如图5-42（b）所示，其具体尺寸可以查表5-3。

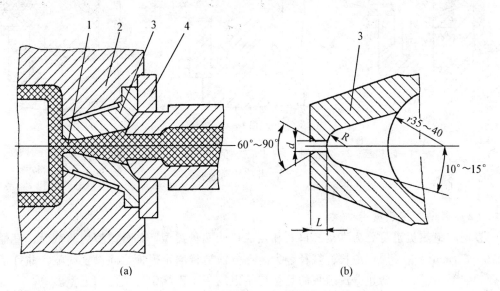

1—点浇口；2—定模板；3—主流道杯；4—定位圈

图5-42 井坑式喷嘴

表5-3　　　　　　　　　　　　主流杯的推荐尺寸

塑件质量/g	成形周期/s	d/mm	R/mm	L/mm
3~6	6~7.5	0.8~1.0	3.5	0.5
6~15	9~10	1.0~1.2	4.0	0.6
15~40	12~15	1.2~1.6	4.5	0.7
40~150	20~30	1.5~2.5	5.5	0.8

注射机在喷嘴工作时伸进主流道杯中，其长度由杯口的凹球坑半径 r 决定，二者应很好贴合。储料井直径不能太大，要防止熔体反压使喷嘴后退产生漏料。图 5-43（a）所示是一种浮动式主流道杯，弹簧 4 使主流道杯 3 压在注射机喷嘴 5 上，主流道杯又可随之后退，保证储料井中的塑料得到喷嘴的供热，也使主流道杯 3 与定模板 1 间产生空气间隙，防止主流道杯 3 中的热量外流。图 5-43（b）所示是一种注射机喷嘴伸入主流道杯的形式，增加了对主流道杯传导热量。注射机喷嘴伸入主流道部分可以做成倒锥的形式，如图 5-43（c）所示。这样在注射结束后，可以使主流道杯中的凝料随注射机喷嘴一起拉出模外，便于清理流道。

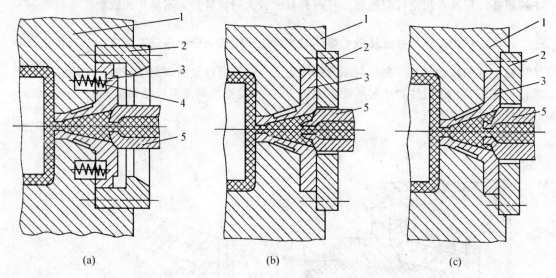

(a)　　　　　　　　　(b)　　　　　　　　　(c)

1—定模板；2—定位圈；3—主流道杯；4—弹簧；5—注射机喷嘴

图 5-43　井坑式喷嘴形式

（2）多型腔绝热流道

多型腔绝热流道可分为直接浇口式和点浇口式两种类型。其分流道为圆截面，直径常取 16～32 mm，成形周期愈长，直径愈大。在分流道板与定模板之间设置气隙，并且减小二者的接触面积，以防止分流道板的热量传给定模板，影响塑件的冷却定型。

图 5-44（a）所示为直接浇口式绝热流道，浇口的始端突入分流道中，使部分直浇口处于分流道绝热层的保温之下。图 5-44（b）所示的直接浇口衬套四周增设了加热圈，作为辅助加热，以防止浇口冷凝。浇口衬套与动模之间设有气隙绝热。采用直接浇口式绝热流道的塑件脱模后，塑件上带有一小段浇口凝料，必须用后加工的方法去除。图 5-44（c）所示为点浇口式绝热流道。点浇口成形的制品不带浇口凝料，但浇口容易冻结，仅适用于成形周期短的制品。

多型腔绝热流道在停止生产后，其内的塑料会全部冻结，所以应在分流道中心线上设置能启闭的分型面，以便下次注射时彻底清理流道凝料。流道的转弯和交会处都应该是圆滑过渡，可减少流动阻力。

2. 加热流道注射模

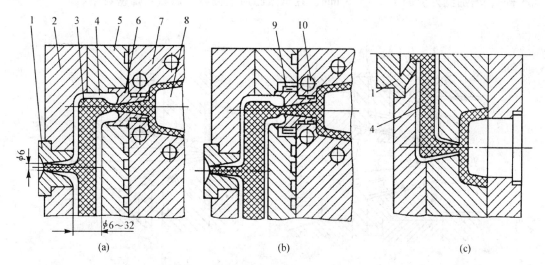

1—浇口套；2—热流道板；3—分流道；4—固化绝热层；5—分流道板；6—直接浇口衬套；7—定模板；8—型芯；9—加热圈；10—冷却水管

图 5-44 多型腔绝热流道

加热流道注射模又称为热流道注射模。加热流道是指设置加热器使浇注系统内塑料保持熔融状态，以保证注射成形正常进行。由于能有效地维持流道温度恒定，使流道中的压力能良好传递，压力损失小，这样可以适当降低注射温度和压力，减少了塑料制品内残余应力，与绝热流道相比，加热流道的适用性更广。同时，加热流道不像绝热流道使用前、后必须清理流道凝料。加热流道模具在生产前只要把浇注系统加热到规定的温度，分流道中的凝料就会熔融。但是，由于加热流道模具同时具有加热、测温、绝热和冷却等装置，模具结构更复杂，模具厚度增加，并且成本高。加热流道模具对加热温度控制精度要求高。

(1) 单型腔加热流道

单型腔加热流道采用延伸式喷嘴结构，单型腔加热流道是将普通注射机喷嘴加长后与模具上浇口部位直接接触的一种喷嘴，喷嘴自身装有加热器，型腔采用点浇口进料。喷嘴与模具间要采取有效的绝热措施，防止将喷嘴的热量传给模具。

图 5-45 所示为各种延伸式喷嘴。喷嘴上带有电加热圈和温度测量、控制装置，一般喷嘴温度要高于料筒温度 5~20℃。应尽量减少喷嘴与模具的接触时间和接触面积，通常注射保压后喷嘴应脱离模具。也可以采用气隙或塑料层减小接触面积。一般喷嘴应为 $\phi 0.8 \sim 1.2 \mathrm{mm}$ 直径的点浇口。图 5-45（a）所示为球头喷嘴伸入模具浇口套内的结构形式，喷嘴采用凸肩定位并承受大部分压力。为增大绝热效果，在喷嘴与浇口套之间增设气隙。图 5-45（b）所示为锥形喷嘴，喷嘴前端具有较大锥度，并带有气隙槽和承压台肩。其浇口套上开设气隙绝热，还可以在浇口套外侧引入冷却水加强绝热效果。图 5-45（c）所示是一种成形喷嘴，其喷嘴的前端是型腔的一部分，此部分应尽可能小，以加快塑件冷却，防止在塑件留下较大的痕迹。另外喷嘴要准确定位，以控制塑件成形部分的厚度尺寸。同时喷嘴前端与模具孔的配合必须考虑热膨胀，以防止出现飞边。图 5-45（d）所示为绝热喷嘴，它以球形的喷嘴头配以碗形的塑料绝热层，绝热层的厚度从中心的 0.4 ~

0.5mm，增加到外侧的 1.2~1.5mm，在承压凸肩上嵌以聚四氟乙烯密封垫。

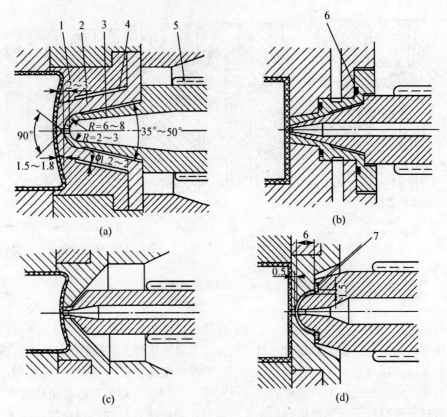

1—衬套；2—浇口套；3—喷嘴；4—空气隙；5—电加热圈；6—密封圈；7—聚四氟乙烯密封垫

图 5-45　延伸式喷嘴

（2）多腔加热流道

多型腔加热流道系统由主流道、热流道板和喷嘴三部分组成，如图 5-46 所示。

（3）热流道板

热流道板是多腔加热流道的核心部分，热流道板上设有分流道和喷嘴，热流道板上接主流道，下接型腔浇口，本身带有加热器。

① 热流道板结构

常用的热流道板为一平板，其外形轮廓有一字形、H形、十字形等，如图 5-47 所示。热流道板分为内加热式和外加热式。内加热式其加热器在分流道之内；外加热式其加热器在分流道之外，图 5-47 所示的热流道板均采用外加热。

热流道板上的分流道截面多为圆形，其直径约为 $\phi 5 \sim 15$mm，分流道内壁应光滑，转角处应圆滑过渡防止塑料熔体滞留。分流道端孔需采用孔径较大的细牙管螺纹管塞和密封垫圈堵住，以免塑料熔体泄漏。热流道板采用管式加热器加热。

热流道板安装在定模座板与定模板之间，为防止热量散失，应采用隔热方式使热流道板与模具的基体部分绝热，目前常采用空气间隙或隔热石棉垫板绝热，空气间隙通常取为 3~8mm。

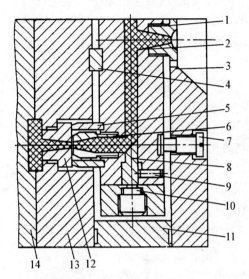

1—浇口套；2—热流道板；3—定模座板；4—垫块；5—滑动压环；
6—喷嘴套；7—支撑螺钉；8—堵头；9—止转销；10—加热器；
11—侧板；12—浇口杯；13—定模板；14—动模板

图 5-46 多腔加热流道

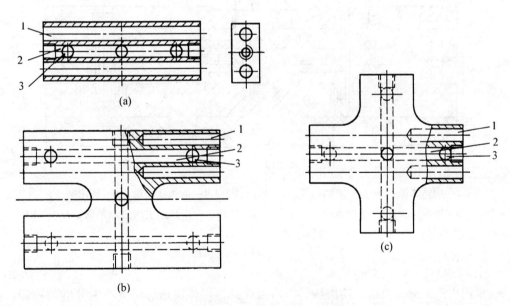

1—加热器孔；2—分流道；3—喷嘴孔

图 5-47 热流道板

热流道板悬架在定模部分中，主流道和多个浇口中高压熔体的作用力和板的热变形，要求热流道板有足够的强度和刚度，因此热流道板应选用中碳钢或中碳合金钢制造，也可以采用高强度铜合金。热流道板应有足够的厚度和强固的支撑，支撑螺钉或垫块也应有足够的刚度,为有利于绝热,其支承作用面应尽量小。

② 热流道板加热功率计算

将热流道板加热至设定温度所需电功率可按如下公式计算

$$P = \frac{mc(\theta - \theta_0)}{36 \times 10^5 t\eta} \tag{5-9}$$

式中:P——加热器功率,kW;

m——热流道板质量,kg;

c——热流道板材料的比热,钢材约为485 J/(kg·℃);

θ——热流道板的设定温度,℃;

θ_0——室温,℃;

η——加热器加热效率,常取0.5~0.7;

t——热流道板升至设定温度所需时间,h。

③ 内热式热流道板

热流道板上的流道均采用内加热方式,称为内热式热流道板,如图5-48所示。加热管设置于流道中心,流道中塑料熔体包围着加热管,这样熔体本身起到了绝热作用,提高了加热效率,降低了热流道板的温度,减少了热流道板的膨胀。

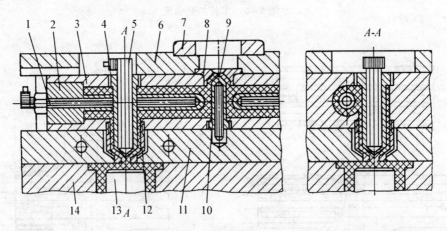

1—加热芯棒;2—分流道加热管;3—热流道板;4—内热式喷嘴;5—加热芯棒;
6—定模座板;7—定位圈;8—浇口套;9—加热芯棒;10—主流道加热管;11—
定模板;12—喷嘴套;13—型芯;14—型腔板

图5-48 内热式热流道板

采用内热式热流道板,其加热管四周温度高,熔体流速快时有产生分解的可能,因此要严格控制加热管的温度。另外沿流道径向越向外,熔体温度和流速越低,甚至形成固化层,所以加热管与流道壁之间的距离应为3~5 mm,不能过大。采用内热式热流道板时,一般让加热管温度控制得较低,用高压注射成形。

④ 热流道喷嘴

热流道喷嘴是连接高温热流道板和冷却固化塑件型腔的节流通道。为保持喷嘴内塑料的熔融状态,喷嘴可采用外部或内部加热。同时还要采取有效的绝热措施,防止热量外流。要避免喷嘴内温度过低产生冷料堵塞喷嘴，也要防止塑料过热而流涎、拉丝，甚至热分解。在喷嘴设计时，要考虑温差产生的热膨胀，特别是大型模具，要保证喷嘴口与喷嘴套以及定模型腔上浇口孔的对准。

常见的喷嘴形式有：

(a) 直接接触式喷嘴

图 5-49 所示为直接接触式喷嘴，喷嘴采用外加热，其内部通道粗大，适合于用热敏性塑料成形的小型薄壁精密制品。

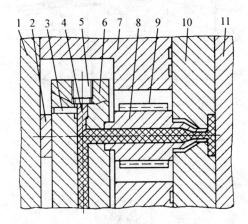

1—定模座板；2—垫块；3—止转销；4—堵头；5—螺塞；6—热流道板；7—侧支板；8—直接接触式喷嘴；9—加热圈；10—定模板；11—动模板

图 5-49　直接接触式喷嘴

(b) 绝热式喷嘴

绝热式喷嘴如图 5-50 所示，绝热式喷嘴的热量来源于热流道板中被加热的熔体和流道板的传热。喷嘴采用塑料隔热层与模具型腔板绝热，喷嘴常用导热性好的铍铜合金制造。

(c) 内热式喷嘴

内热式喷嘴是在喷嘴的内部设置加热棒，对喷嘴内的塑料进行加热，如图 5-51 所示。加热棒安装于分流梭中央，其加热功率可由电压调节。分流梭四周的熔体通道间隙一般为 3~5mm。间隙过小，使流动阻力大，散热快；间隙过大，则熔体径向温差大，并且结构尺寸也大。

(d) 阀式热流道喷嘴

用一根可控制启闭的阀芯置于喷嘴中，使浇口成为阀门，在注射保压时打开，在冷却阶段关闭。这种喷嘴可防止熔体拉丝和流涎，特别适用于低黏度塑料。阀式热流道喷嘴按阀启闭的驱动方式分为两类：一类是靠熔体压力驱动；另一类是靠油缸液压力驱动。图 5-52 所示是一种靠熔体压力驱动的弹簧针阀式热流道喷嘴。在注射和保压阶段，注射压力传递至喷嘴浇口处，浇口处的针阀芯 9 克服了弹簧 4 的压力而打开浇口，塑料熔体进入型腔。保压结束后熔体的压力下降，这时弹簧 4 推动针阀芯 9 使浇口闭合，型腔内的塑料

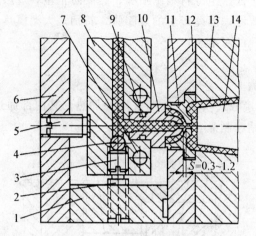

1—侧支板；2—定距螺钉；3—螺塞；4—密封钢球；5—支承螺钉；
6—定模座板；7—加热器孔；8—热流道板；9—弹簧圈；10—喷嘴；
11—喷嘴套；12—定模板；13—定模型腔板；14—型芯

图 5-50　绝热式喷嘴

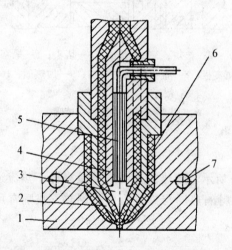

1—定模板；2—喷嘴；3—锥形尖；4—分流梭；5—加热棒；
6—绝缘层；7—冷却水孔

图 5-51　内热式喷嘴

不能倒流，喷嘴内的熔料也不会流涎。

　　弹簧针阀式喷嘴结构紧凑，使用方便，其弹簧力应可以调节，针阀芯导向部分的间隙非常重要，要使其在高温下滑动而不咬合，又不能间隙过大使熔体泄漏。目前该类喷嘴已有系列化产品。

　　(e) 热管式热流道

　　热管是一种超级导热元件，该元件是综合液体蒸发与冷凝原理和毛细管现象设计的，通常直径由 $\phi 2\sim 8mm$，长 $40\sim 200mm$，其导热能力是同样直径铜棒的几百倍至上千倍，

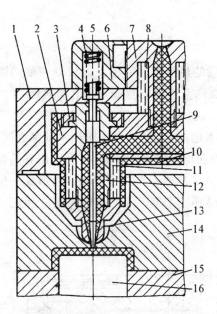

1—定模座板；2—热流道板；3—压环；4—弹簧；5—活塞杆；6—定位圈；7—浇口套；8—加热圈；9—针阀芯；10—隔热层；11—加热圈；12—喷嘴体；13—喷嘴头；14—定模板；15—推件板；16—型芯

图 5-52 弹簧针阀式喷嘴

如图 5-53 所示。它是铜管制成的密封件，在真空状态下加入传热介质，热端蒸发段的传热介质在较高温度下沸腾、蒸发，经绝热段向冷的凝聚段流动，放出热量后又凝结成液态。管中细金属丝结构的芯套，起着毛细管的抽吸作用，将传热介质送回蒸发段重新循环，这一过程继续进行到热管两端温度平衡。常用热管的有效工作温度范围为 $-10\text{℃} \sim 250\text{℃}$。

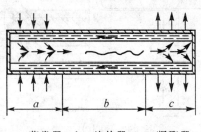

a—蒸发段；b—绝热段；c—凝聚段

图 5-53 热管的工作原理

热管用于热流道模具的喷嘴和流道板加热，可以将电加热圈或电热棒加热处的热量迅速导向冷端使温度均化。若喷嘴的一端由于结构原因无法加热，利用热管可以使喷嘴的轴向温差控制在 2℃ 之内。

三、知识应用

1. 套管热流道注射模

图 5-54 所示为塑料套管的热流道注射模,该模具一模四腔,采用外加热式热流道板和绝热式喷嘴。其热流道浇注系统由隔热板 9、电加热圈 11、热流道板 12、浇口套 13、喷嘴 16、密封圈 17 组成。注射时,熔融塑料流经浇口套 13、热流道板 12 和喷嘴 16 进入模具型腔,热流道板 12 设有电加热圈 11 为其加热,以保证熔融塑料的温度。喷嘴 16 无加热装置,其温度靠热传导获得,因此,喷嘴 16 应选用导热性好的铍铜合金材料。在注射时,有一部分熔融塑料流入定模板 6 与喷嘴 16 之间,形成一层隔热层,以保证喷嘴 16 处有足够的温度。热流道板 12 由定心套 7 及定位销 8 定位,用压紧螺钉 15 压紧,并可以做适

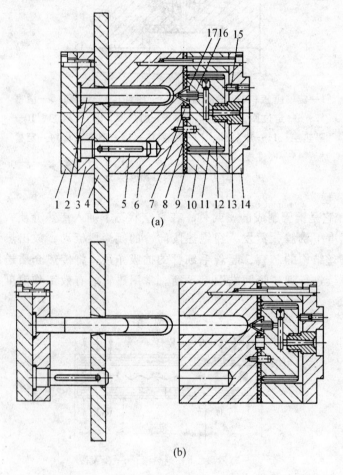

1—动模座板;2—型芯;3—型芯固定板;4—推件板;5—导柱;6—定模板;7—定心套;8—定位销;9—隔热板;10—垫板;11—电加热圈;12—热流道板;13—浇口套;14—定模座板;15—压紧螺钉;16—喷嘴;17—密封圈

图 5-54 套管热流道注射模

当的调节。隔热板 9 用于定模板 6 与热流道板 12 之间的隔热,以保证各自的适当温度。

2. 塑料杯热流道注射模

一次性塑料杯生产批量大,要求有高的生产率,所以采用热流道注射模。图 5-55 为采用延伸式喷嘴的热流道注射模,延伸喷嘴 4 的外侧有电加热圈 3 为其提供热量,喷嘴与浇口套 6 接触的肩部用聚四氟乙烯的隔热密封圈 5 进行隔热。首次注射时,熔融塑料进入延伸喷嘴 4 与浇口套 6 之间的间隙,起到隔热保温作用。浇口套 6 的外侧为一冷却套 2,冷却套 2 上可由冷却水孔 8 通入冷却水进行冷却,密封圈 7 为冷却水套 2 的密封。

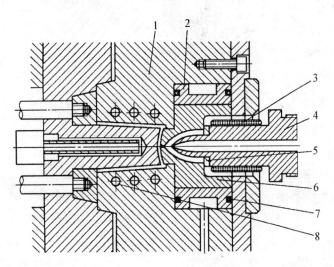

1—定模板;2—冷却套;3—电加热圈;4—延伸喷嘴;
5—隔热密封圈;6—浇口套;7—密封圈;8—冷却水孔 L
图 5-55 塑料杯热流道注射模

3. 端盖热流道注射模

图 5-56 所示是生产塑料端盖的注射模,为保持端盖的外表美观,不允许有明显的浇口痕。图 5-56 中的模具采用弹簧针阀式热流道系统。主流道浇口套 11 采用电加热圈 12 加热,热流道板 7 采用外加热,喷嘴套 6 利用电加热圈 4 加热。整个热流道系统采用隔热外壳 3 和 14、隔热垫圈 1、隔热套 13 与模具的其他部分隔离,防止热量流失。注射时,施加于熔融塑料上的注射压力压迫针阀 5,针阀 5 推动针阀顶杆 10 使弹簧 9 压缩,喷嘴打开,熔料进入模具型腔。保压结束后,施加于熔融塑料上的注射压力消失,弹簧 9 推动针阀顶杆 10 使针阀 5 将喷嘴封闭,防止了熔料的流涎、拉丝现象。

4. 电池壳热流道注射模

电池壳热流道注射模一模两腔,如图 5-57 所示,其热流道板 2 利用电加热棒进行外加热,喷嘴 5 采用铍铜合金材料,无外加热装置,利用喷嘴 5 与浇口套 7 之间的间隙中的塑料层绝热。热流道板上的热电耦孔 9 为安装热电耦测头之用,用以控制热流道板的温度。

5. 洗衣机盖板热流道注射模

洗衣机盖板要求外表面光滑美观,无浇口和推杆痕迹,因此塑件在模具中要倒置,如

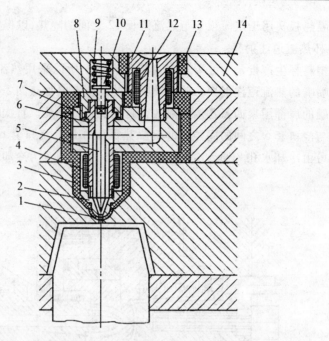

1—隔热圈；2—喷嘴头；3—隔热外壳；4—电加热圈；5—针阀；6—喷嘴套；7—热流道板；8—盖；9—弹簧；10—针阀顶杆；11—浇口套；12—电加热圈；13—隔热外壳；14—定模座板

图 5-56　端盖热流道注射模

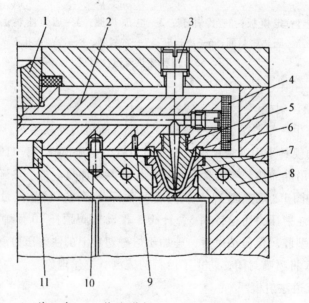

1—浇口套；2—热流道板；3—固定螺钉；4—隔热套；5—喷嘴；6—密封圈；7—浇口套；8—定模板；9—热电耦孔；10—支撑柱；11—定位圈

图 5-57　电池壳热流道注射模

图 5-58 所示。其塑件的推出要在定模一侧。因此，定模一侧尺寸较大。如采用普通的直浇口，浇注系统凝料很多，而且取出不方便，因此采用热流道，浇口套 8 的外侧带有多组电加热圈对浇口套进行加热，浇口套与模具模板间采用空气间隙绝热。由于浇口套过于细长，中间位置增加卡环 9，用以给浇口套定位。模具注射时，熔料经浇口套 8 进入模腔。注射结束后模具打开，当打开到一定距离后拉板 13 动推件板 12 推出制件，同时通过推件板上用螺钉连接的复位杆 3 拉动推杆固定板 5 运动，使推杆 6 推出制件。

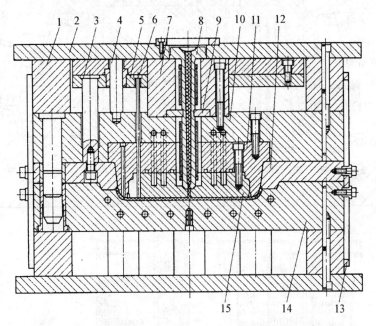

1—垫块；2—定模座板；3—复位杆；4—导柱；5—推杆固定板；6—推杆；7—支座；8—浇口套；9—卡环；10—定模板；11—型芯；12—推件板；13—拉板；14—动模板；15—型芯镶件

图 5-58 洗衣机盖板热流道注射模

6. 周转箱热流道注射模

图 5-59 所示的周转箱热流道注射，其周转箱的尺寸较大，采用 6 个浇口进料。浇口喷嘴 6 采用电加热圈 7 进行加热，热流道板 3 采用电加热棒进行外加热。模具四侧滑块由 8 根斜导柱和两组斜置油缸驱动，用来实现侧抽动作。滑块由定模板和动模板的双重斜楔锁紧。

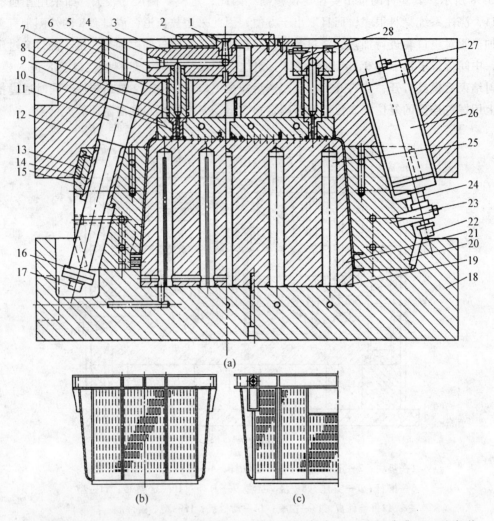

1—主浇口套；2—定位圈；3—热流道板；4—堵头；5—螺塞；6—浇口喷嘴；7—电加热圈；8—热电耦；9—型腔镶件；10—浇口套；11—斜导柱；12—定模板；13—斜楔热块；14—导柱；15—长滑块；16—热圈；17—螺钉；18—动模板；19—密封圈；20—短滑块；21—型芯；22—螺钉；23—连接板；24—油缸轴；25—隔水片；26—油缸；27—油管接头；28—加热板

图 5-59 周转箱热流道注射模

模块六 成型零部件设计

任务一 成型零部件结构设计

【知识点】
型腔的结构设计
型芯的结构设计

一、任务目标

理解型腔及型芯的结构形式,掌握型腔及型芯的设计方法。

二、知识平台

(一) 型腔的结构设计

型腔零件是成形塑料件外表面的主要零件。按其结构的不同可以分述如下。

1. 整体式型腔结构

整体式型腔结构如图 6-1 所示。整体式型腔是由整块金属加工而成的,其特点是牢固、不易变形、不会使塑件产生拼接线痕迹。但是由于整体式型腔加工困难,热处理不方便,所以常用于形状简单的中、小型模具上。

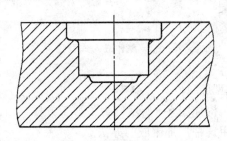

图 6-1 整体式型腔

2. 组合式型腔结构

组合式型腔结构是指型腔由两个以上的零部件组合而成的。按组合方式不同,组合式型腔结构可以分为整体嵌入式、局部镶嵌式、侧壁镶嵌式和四壁拼合式等形式。

采用组合式凹模,可以简化复杂凹模的加工工艺,减少热处理变形,拼合处有间隙,利于排气,便于模具的维修,节省贵重的模具钢。为了保证组合后型腔尺寸的精度和装配的牢固,减少塑件上的镶拼痕迹,要求镶块的尺寸、形位公差等级较高,组合结构必须牢固,镶块的机械加工、工艺性要好。因此,选择较好的镶拼结构是非常重要的。

(1) 整体嵌入式型腔

整体嵌入式型腔结构如图 6-2 所示。这种型腔结构主要用于成形小型塑件,而且是多型腔的模具,各单个型腔采用机加工、冷挤压、电加工等方法加工制成,然后压入模板中。这种结构加工效率高,拆装方便,可以保证各个型腔的形状尺寸一致。

图 6-2 (a)、(b)、(c) 称为通孔台肩式,即型腔带有台肩,从下面嵌入模板,再用垫板与螺钉紧固。如果型腔嵌件是回转体,而型腔是非回转体,则需要用销钉或键止转定位。图 6-2 (b) 采用销钉定位,结构简单,装拆方便;图 6-2 (c) 是键定位,接触面积大,止转可靠;图 6-2 (d) 是通孔无台肩式,型腔嵌入模板内,用螺钉与垫板固定;图 6-2 (e) 是盲孔式型腔嵌入固定板,直接用螺钉固定,在固定板下部设计有装拆型腔用的工艺通孔,这种结构可省去垫板。

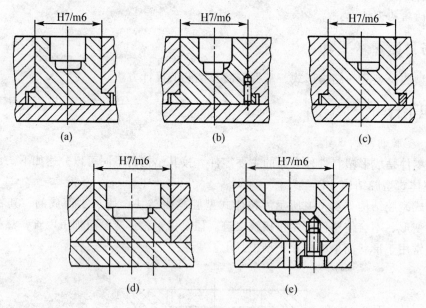

图 6-2 整体嵌入式型腔

(2) 局部镶嵌组合式型腔

局部镶嵌组合式型腔结构如图 6-3 所示。为了加工方便或由于型腔的某一部分容易损坏,需要经常更换,应采用这种局部镶嵌的办法。

图 6-3 (a) 所示异型型腔,先钻周围的小孔,再加工大孔,在小孔内镶入芯棒,组成型腔;图 6-3 (b) 所示型腔内有局部凸起,可将此凸起部分单独加工,再把加工好的镶块利用圆形槽(也可用T形槽、燕尾槽等)镶在圆形型腔内;图 6-3 (c) 是利用局部镶嵌的办法加工圆形环的凹模;图 6-3 (d) 是在型腔底部局部镶嵌;图 6-3 (e) 是利用局部镶嵌的办法加工长条形型腔。

(3) 底部镶拼式型腔

底部镶拼式型腔的结构如图 6-4 所示。为了机械加工、研磨、抛光、热处理方便,形状复杂的型腔底部可以设计成镶拼式结构。

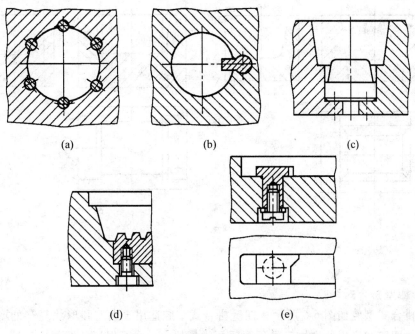

图 6-3 局部镶嵌组合式型腔

选用这种结构时应注意平磨结合面，抛光时应仔细，以保证结合处锐棱（不能带圆角）影响脱模。此外，底板还应有足够的厚度以免变形而进入塑料。

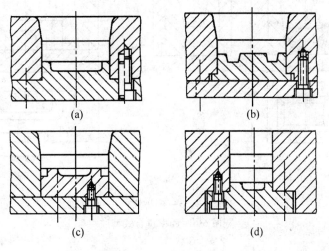

图 6-4 底部镶拼式型腔

（4）侧壁镶拼式型腔

侧壁镶拼式型腔如图 6-5 所示。这种方式便于加工和抛光，但是一般很少采用，这是因为在成形时，熔融的塑料成形压力使螺钉和销钉产生变形，从而达不到产品的技术要求指标。

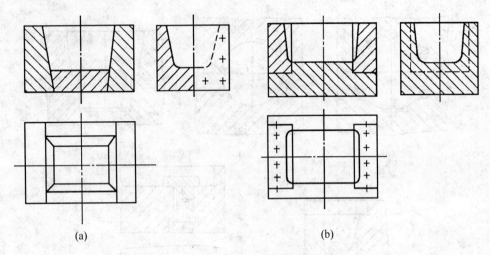

图 6-5 侧壁镶拼式型腔

(5) 四壁拼合式型腔

四壁拼合式型腔如图 6-6 所示。四壁拼合式型腔适用于大型和形状复杂的型腔，可以把该型腔的四壁和底板分别加工经研磨后压入模架中。为了保证装配的准确性，侧壁之间采用锁扣连接，连接处外壁留有 0.3~0.4 mm 的间隙，以使内侧接缝紧密，减少塑料的挤入。

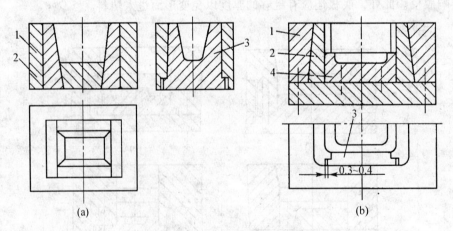

1—模套；2、3—侧拼块；4—底拼块

图 6-6 四壁拼合式型腔

(二) 型芯的结构设计

成形塑件内表面的零件称型芯，主要有主型芯、小型芯等。对于简单的容器，如壳、罩、盖之类的塑件，成形其主要部分内表面的零件称主型芯，而将成形其他小孔的型芯称为小型芯或成形杆。

1. 主型芯的结构设计

按结构主型芯可分为整体式和组合式两种。

（1）整体式结构

如图6-7所示的整体式主型芯结构，其结构牢固，但不便加工，消耗的模具钢多，主要用于工艺实验或小型模具上的简单型芯。

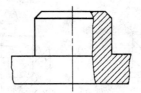

图6-7 整体式主型芯结构

（2）组合式结构

①组合式主型芯结构

组合式主型芯结构如图6-8所示。为了便于加工，形状复杂型芯往往采用镶拼组合式结构，这种结构是将型芯单独加工后，再镶入模板中。图6-8(a)为通孔台肩式，型芯用台肩和模板连接，再用垫板、螺钉紧固，连接牢固，是最常用的方法。对于固定部分是圆柱面，而型芯又有方向性的场合，可采用销钉或键定位。图6-8(b)为通孔无台肩式结构。图6-8(c)为盲孔式的结构。图6-8(d)适用于塑件内形复杂、机加工困难的型芯。

②采用组合式主型芯的注意点

镶拼组合式型芯的优缺点和组合式型腔的优缺点基本相同。设计和制造这类型芯时，必须注意结构合理，保证型芯和镶块的强度，防止热处理时变形且应避免尖角与壁厚突变。

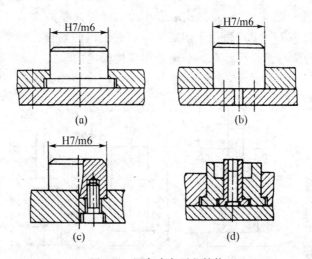

图6-8 组合式主型芯结构

注意：

①当小型芯靠主型芯太近，如图6-9（a）所示，热处理时薄壁部位易开裂，故应采

用图 6-9（b）结构，将大的型芯制成整体式，再镶入小型芯。②在设计型芯结构时，应注意塑料的飞边不应该影响脱模取件。如图 6-10（a）所示结构的溢料飞边的方向与塑料脱模方向相垂直，影响塑件的取出；而采用图 6-10（b）的结构，其溢料飞边的方向与脱模方向一致，便于脱模。

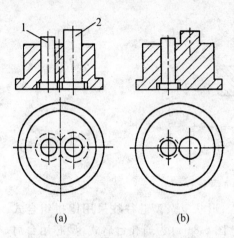

1—小型芯；2—大型芯

图 6-9 相近小型芯的镶拼组合结构

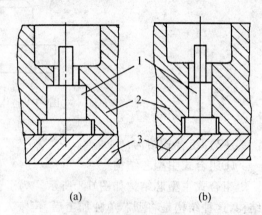

1—型芯；2—型腔零件；3—垫板

图 6-10 便于脱模的镶拼型芯组合结构

2. 小型芯的结构设计

小型芯是用来成形塑件上的小孔或槽。小型芯单独制造后，再嵌入模板中。

（1）圆形小型芯的几种固定方法

圆形小型芯采用图 6-11 所示的几种固定方法。图 6-11（a）使用台肩固定的形式，下面有垫板压紧；图 6-11（b）中的固定板太厚，可在固定板上减小配合长度，同时细小的型芯制成台阶的形式；图 6-11（c）是型芯细小而固定板太厚的形式，型芯镶入后，在下端用圆柱垫垫平；图 6-11（d）适用于固定板厚、无垫板的场合，在型芯的下端用螺塞紧固；图 6-11（e）是型芯镶入后，在另一端采用铆接固定的形式。

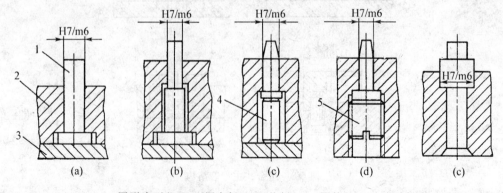

1—圆形小型芯；2—固定板；3—垫板；4—圆柱垫；5—螺塞

图 6-11 圆形小型芯的固定方式

（2）异形小型芯的几种固定方法

对于异形型芯，为了制造方便，常将型芯设计成两段。型芯的连接固定段制成圆形台肩和模板连接，如图6-12（a）所示；也可以用螺母紧固，如图6-12（b）所示。

（3）相互靠近的小型芯的固定

如图6-13所示的多个相互靠近的小型芯，如果台肩固定时，台肩发生重叠干涉，可以将台肩相碰的一面磨去，将型芯固定板的台阶孔加工成大圆台阶孔或长腰圆形台阶孔，然后再将型芯镶入。

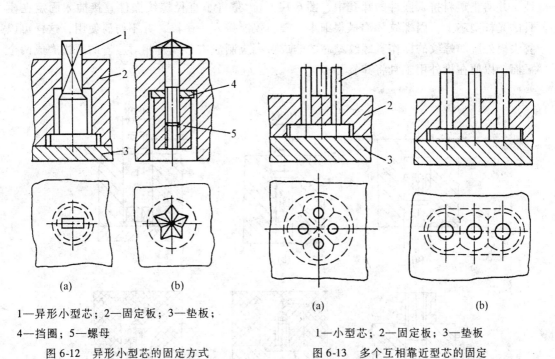

1—异形小型芯；2—固定板；3—垫板；
4—挡圈；5—螺母

图6-12 异形小型芯的固定方式

1—小型芯；2—固定板；3—垫板

图6-13 多个互相靠近型芯的固定

（三）螺纹型芯和螺纹型环结构设计

螺纹型芯和螺纹型环是分别用来成形塑件内螺纹和外螺纹的活动镶件。另外，螺纹型芯和螺纹型环也是可以用来固定带螺纹的孔和螺杆的嵌件。成形后，螺纹型芯和螺纹型环的脱卸方法有两种，一种是模内自动脱卸，另一种是模外手动脱卸，这里仅介绍模外手动脱卸螺纹型芯和螺纹型环的结构及固定方法。

1. 螺纹型芯

（1）螺纹型芯的结构要求

螺纹型芯按用途分直接成形塑件上螺纹孔和固定螺母嵌件两种，这两种螺纹型芯在结构上没有原则上的区别。用来成形塑件上螺纹孔的螺纹型芯在设计时必须考虑塑料收缩率，其表面粗糙度值要小（$Ra<0.4\mu m$），一般应有0.5°的脱模斜度。螺纹始端和末端按塑料螺纹结构要求设计，以防止从塑件上拧下，拉毛塑料螺纹。固定螺母的螺纹型芯在设计时不考虑收缩率，按普通螺纹制造即可。螺纹型芯安装在模具上，成形时要可靠定位，不能因合模振动或料流冲击而移动，开模时应能与塑件一道取出且便于装卸。螺纹型芯与

模板内安装孔的配合公差一般为 H8/f8。

（2）螺纹型芯在模具上安装的形式

图 6-14 为螺纹型芯的安装形式，其中图 6-14（a）、（b）、（c）是成形内螺纹的螺纹型芯，图 6-14（d）、（e）、（f）是安装螺纹嵌件的螺纹型芯。图 6-14（a）是利用锥面定位和支承的形式；图 6-14（b）是利用大圆柱面定位和台阶支承的形式；图 6-14（c）是用圆柱面定位和垫板支承的形式；图 6-14（d）是利用嵌件与模具的接触面起支承作用，防止型芯受压下沉；图 6-14（e）是将嵌件下端以锥面镶入模板中，以增加嵌件的稳定性，并防止塑料挤入嵌件的螺孔中；图 6-14（f）是将小直径螺纹嵌件直接插入固定在模具的光杆型芯上，因螺纹牙沟槽很细小，塑料仅能挤入一小段，并不妨碍使用，这样可以省去模外脱卸螺纹的操作。螺纹型芯的非成形端应制成方形或将相对应着的两边磨成两个平面，以便在模外用工具将其旋下。

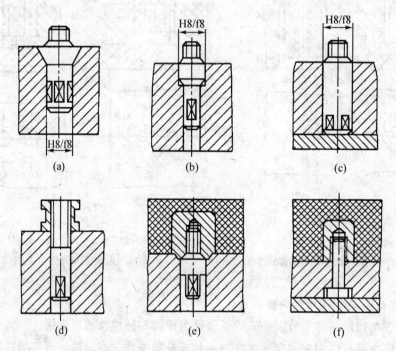

图 6-14 螺纹型芯在模具上安装的形式

（3）带弹性连接的螺纹型芯的安装

固定在立式注射机的动模部分的螺纹型芯，由于合模时冲击振动较大，螺纹型芯插入时应有弹性连接装置，以免造成型芯脱落或移动，导致塑件报废或模具损伤。图 6-15（a）是带豁口柄的结构，豁口柄的弹力将型芯支承在模具内，适用于直径小于 8 mm 的型芯；图 6-15（b）台阶起定位作用，并能防止成形螺纹时挤入塑料；图 6-15（c）和（d）是用弹簧钢丝定位，常用于直径为 5~10 mm 的型芯上；当螺纹型芯直径大于 10 mm 时，可以采用图 6-15（e）的结构，用钢球弹簧固定；而当螺纹型芯直径大于 15 mm 时，则可以反过来将钢球和弹簧装置在型芯杆内；图 6-15（f）是利用弹簧卡圈固定型芯；图 6-15（g）是用弹簧夹头固定型芯的结构。

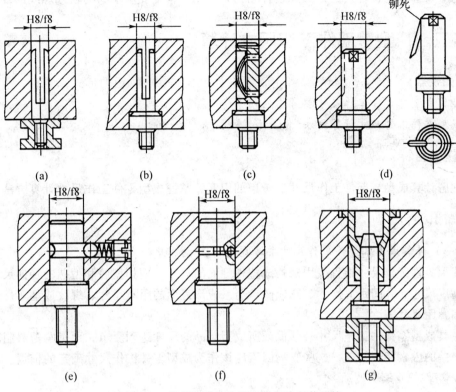

图 6-15 带弹性连接的螺纹型芯的安装形式

2. 螺纹型环

螺纹型环常见的结构如图 6-16 所示。图 6-16（a）是整体式的螺纹型环，型环与模板的配合用 H8/f8，配合段长 3～5 mm，为了安装方便，配合段以外制出 3°～5°的斜度，型环下端可铣削成方形，以便使用扳手从塑件上拧下；图 6-16（b）是组合式型环，型环由两半瓣拼合而成，两半瓣中间用导向销定位。成形后，可以用尖劈状卸模器楔入型环两边的楔形槽撬口内，使螺纹型环分开，这种方法快而省力，但该方法会在成形的塑料外螺纹

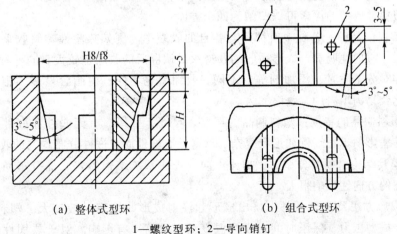

(a) 整体式型环　　(b) 组合式型环

1—螺纹型环；2—导向销钉

图 6-16 螺纹型环的结构

上留下难以修整的拼合痕迹,因此这种结构只适用于精度要求不高的粗牙螺纹的成形。

任务二　成型零部件工作尺寸计算

【知识点】
计算成型零部件工作尺寸要考虑的因素
成型零件工作尺寸计算方法

一、任务目标

理解计算成型零部件工作尺寸要考虑的因素,掌握成型零件工作尺寸计算方法。

二、知识平台

（一）计算成型零部件工作尺寸要考虑的因素

成形零件工作尺寸指直接用来构成塑件型面的尺寸,例如型腔和型芯的径向尺寸、深度和高度尺寸、孔间距离尺寸、孔或凸台至某成形表面的距离尺寸、螺纹成型零件的径向尺寸和螺距尺寸等。

模具成型零部件工作尺寸必须保证所成型制品的尺寸达到要求,而影响塑料制品的尺寸及公差的因素相当复杂,这些影响因素应该作为成型零件工作尺寸确定的依据。

1. 塑件的收缩率波动

所谓成形收缩率系指室温时塑料制品与模具型腔两者尺寸的相对差。可以按下式求得

$$S = \frac{L_m - L_s}{L_m} \times 100\% \tag{6-1}$$

式中：S——塑料成形收缩率,其值见附录表 2 和表 3；

L_m——模具型腔在室温下的尺寸；

L_s——塑料制品在室温下的尺寸。

实践证明,定出准确的收缩率是不容易的,因为影响收缩的因素很复杂,但可以参照试验数据,根据实际情况,分析影响收缩的因素,选择适当的平均收缩值。

影响塑料件收缩的因素可以归纳为四个方面：

（1）塑料的品种：各种塑料都具有各自的收缩率。例如热塑性塑料收缩率一般比热固性塑料大,方向性明显,成形后收缩及退火或调湿后的收缩也较大。同一种塑料,其树脂含量、相对分子质量、添加剂等的不同,收缩率也不同,树脂含量多、相对分子质量高、有机化合物为填料的,收缩率大。

（2）塑料制品的特点：塑料制品的形状、尺寸、壁厚、有无嵌件和嵌件数量及其分布等对收缩率影响不小。例如形状复杂、壁薄、有嵌件而且嵌件分布均匀的收缩率较小。

（3）模具结构：模具分型面、加压方向、浇注系统结构形式、浇口布局及尺寸对收缩率及收缩的方向性影响很大。

（4）成形方法及工艺条件：挤出成形和注射成形收缩率一般较大。塑料预热情况、成形温度、成型压力、保压时间、模具温度都对收缩率有影响。对于热固性塑料压缩模塑,采用锭料,适当提高塑料预热温度,降低成形温度,提高成形压力,适当延长保压时

间等均可减小收缩率。对于热塑性塑料注射模塑,熔体温度高,收缩大,但方向性小;注射压力高,保压压力较高,时间长,收缩小;模具温度高,收缩大。

综上所述,由于塑料、塑料制品的特点、成形条件、模具结构等的变化,会引起收缩率的波动,加上设计计算时收缩率估计的误差,这一切都会导致塑料制品尺寸误差。其误差值为:

$$\delta_s = (S_{max} - S_{min})L_s \tag{6-2}$$

式中:δ_s——收缩率波动所引起的塑料制品尺寸的误差值;

S_{max}——塑料的最大收缩率;

S_{min}——塑料的最小收缩率;

L_s——塑料制品在室温下的尺寸。

实际收缩率与计算收缩率会有差异,按照一般的要求,塑料收缩率波动所引起的误差应小于塑件公差的1/3。

2. 模具成型零件的制造误差

模具成型零件的制造精度是影响塑件尺寸精度的重要因素之一。模具成型零件的制造精度愈低,塑件尺寸精度也愈低。实验表明,成型零件工作尺寸制造公差值 δ_z 取塑件公差值 Δ 的 $\frac{1}{3} \sim \frac{1}{4}$ 或取 IT7~IT8 级作为制造公差,组合式型腔或型芯的制造公差应根据尺寸链来确定。

3. 模具成型零件的磨损

模具在使用过程中,由于塑料熔体流动的冲刷、脱模时与塑件的摩擦、成形过程中可能产生的腐蚀性气体的锈蚀以及由于以上原因造成的模具成型零件表面粗糙度值提高而要求重新抛光等,均造成模具成型零件尺寸的变化。型腔的尺寸会变大,型芯的尺寸会减小,中心距基本保持不变。

磨损大小与塑件的产量、塑料的品种和模具材料及热处理有关。在计算成型零件的工作尺寸时,对于批量小的塑件,且模具表面耐磨性好的(如高硬度模具材料、模具表面进行过镀铬或渗氮处理的),其磨损量应取小值,甚至不考虑磨损量;对于玻璃纤维做原料的塑件,其磨损量应取大值;对于摩擦系数小的热塑性塑料(聚乙烯、聚丙烯、聚酰胺、聚甲醛等)取小值;对于与脱模方向垂直的成型零件的表面,磨损量应取小值,甚至可以不考虑磨损量,而与脱模方向平行的成型零件的表面,应考虑磨损;对于中、小型塑件,模具的成型零件最大磨损可取塑件公差的 $\frac{1}{6}$,而大型塑件,模具的成型零件最大磨损应取塑件公差的 $\frac{1}{6}$ 以下。

成型零件的最大磨损量用 δ_c 来表示,一般取 $\delta_c = \frac{1}{6}\Delta$。

4. 模具安装配合的误差

由于模具成型零件的安装误差或在成型过程中成型零件配合间隙的变化,都会影响塑料制品尺寸的精确性。例如上模与下模或动模与定模合模位置的不准确,就会影响塑料制品壁厚等尺寸误差。又如螺纹型芯如果按间隙配合安放在模具中,则制品中螺纹孔位置公差就会受配合间隙的影响。

模具安装配合间隙的变化而引起塑件的尺寸误差用 δ_j 来表示。

5. 水平飞边厚度的波动

对于压缩模塑，如果采用溢料式或半溢料式模具，其飞边厚度常因成形工艺条件的变化有所变化，从而导致制品高度尺寸的误差。对于传递模塑和注射模塑，水平飞边厚度很薄，甚至没有飞边，故对制品高度尺寸影响不大。

水平飞边厚度的波动所造成的误差以 δ_f 表示。

6. 塑件的总误差

综上所述，塑件在成形过程产生的最大尺寸误差应该是上述各种误差的总和，即

$$\delta = \delta_s + \delta_z + \delta_c + \delta_j + \delta_f \tag{6-3}$$

由此看来，塑料制品的精度不高。设计塑料制品时，制品的公差要求受可能产生的误差限制。塑件的成形误差应小于塑件的公差值，即 $\delta \leq \Delta$。

当然，式（6-3）是极端的情况，是所有的误差同时偏向最大值或最小值的情况。实际上，这种几率接近于零，因为 δ_z、δ_s 等呈正态分布，而且各种误差因素还会互相抵消。

7. 考虑塑件尺寸和精度的原则

在一般情况下，塑料收缩率波动、成型零件的制造公差和成型零件的磨损是影响塑件尺寸和精度的主要原因。对于大型塑件，其塑料收缩率对塑件的尺寸公差影响最大，应稳定成形工艺条件，并选择波动较小的塑料来减小塑件的成形误差；对于中、小型塑件，成型零件的制造公差及磨损对塑件的尺寸公差影响最大，应提高模具精度等级和减小磨损来减小塑件的成形误差。

（二）成型零件工作尺寸计算

1. 仅考虑塑料收缩率时模具成型零件工作尺寸计算

计算模具成形零件最基本的公式为：

$$L_m = L_s(1 + S) \tag{6-4}$$

式中：L_m——模具成型零件在常温下的实际尺寸，mm；

L_s——塑件在常温下的实际尺寸，mm。

S——塑料的计算收缩率。

由于多数情况下，塑料的收缩率是一个波动值，常用平均收缩率来代替塑料的收缩率，塑料的平均收缩率为：

$$\bar{S} = \frac{S_{max} + S_{min}}{2} \times 100\% \tag{6-5}$$

式中：$\bar{S}$——塑料的平均收缩率；

S_{max}——塑料的最大收缩率；

S_{min}——塑料的最小收缩率。

2. 成型零件尺寸的计算

由于在一般情况下，模具制造公差、磨损和成型收缩波动是影响塑料制品公差的主要因素，因而，计算工作零件时就根据以上三项因素进行计算。

在计算成型零件型腔和型芯的尺寸时，塑料制品和成型零件尺寸均按单向极限制，如果制品上的公差是双向分布的，则应按这个要求加以换算。而孔心距尺寸则按公差带对称分布的原则进行计算。图 6-17 为模具成型零件工作尺寸与塑料制品尺寸的关系。

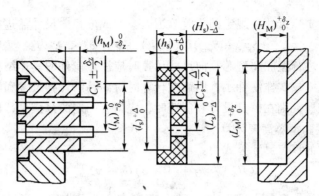

图 6-17 塑件尺寸与模具成型零件尺寸的关系

(1) 型腔和型芯径向尺寸的计算

计算模具型腔的径向尺寸公式为：

$$(L_M)_0^{+\delta_z} = [(1+\bar{S})L_s - x\Delta]_0^{+\delta_z} \tag{6-6}$$

式中：$\bar{S}$——塑料的平均收缩率；

L_s——塑件的外形最大尺寸；

Δ——塑件尺寸的公差；

x——系数，因 δ_z、δ_c 与 Δ 的关系随制件的尺寸及公差大小而变化，系数 x 的取值也随之不同。尺寸及公差大的塑件，$x=0.5$；尺寸及公差小的塑件，x 取值逐渐加大，最大 $x=0.75$。

计算模具型芯的径向尺寸公式为：

$$(l_M)_{-\delta_z}^0 = [(1+\bar{S})l_s + x\Delta]_{-\delta_z}^0 \tag{6-7}$$

式中：l_s——塑件的内形最小尺寸；

其余各符号的意义同上。

当脱模斜度不包括在制件公差范围内时，塑料制品外形只检验大端尺寸，内形检验小端尺寸，检验结果符合图纸尺寸即可。此时，型腔大端尺寸即按式（6-5）计算得到，型芯小端尺寸即按式（6-6）计算得到。而型腔小端尺寸和型芯大端尺寸决定于脱模斜度。

当脱模斜度包括在塑料制件公差范围内时，则型腔小端尺寸按式（6-5）计算，型腔大端尺寸应按下式计算：

$$(L_{M大})_0^{+\delta_z} = \left[L_M + \left(\frac{1}{4} \sim \frac{1}{2}\right)\Delta\right]_0^{+\delta_z} \tag{6-8}$$

式中：L_M——按式（6-6）计算的型腔尺寸。

型芯大端尺寸按式（6-7）计算，型芯小端尺寸按下式计算：

$$(l_{M小})_{-\delta_z}^0 = \left[l_M - \left(\frac{1}{4} \sim \frac{1}{2}\right)\Delta\right]_{-\delta_z}^0 \tag{6-9}$$

式中：l_M——按式（6-7）计算的型芯尺寸。

式（6-8）和式（6-9）中一般取 $\frac{\Delta}{4}$，如要加大脱模斜度则取 $\frac{\Delta}{2}$。

根据式（6-8）和式（6-9）计算可以保证有一定的脱模斜度，并保证脱模斜度在公差范围内。

为了保证塑件实际尺寸在规定的公差范围内，对成形径向尺寸需进行校核：
$$(S_{max} - S_{min})L_s(或 l_s) + \delta_z + \delta_c < \Delta \tag{6-10}$$

应用以上公式进行型腔和型芯径向尺寸计算时应注意制件的具体结构，如带有嵌件或孔的制品，其收缩率较实体制件小，因而在计算时对制品的计算尺寸和收缩率应作必要的修正，如果没有把握，则在模具设计和制造时，应留有一定的修模量，以便试模后修正。

（2）型腔深度和型芯高度计算

计算模具型腔的深度尺寸公式为：
$$(H_M)_0^{+\delta_z} = [(1 + \bar{S})H_s - x\Delta]_0^{+\delta_z} \tag{6-11}$$

式中：H_s——塑件的高度最大尺寸；x 的取值范围在 $\frac{1}{2} \sim \frac{2}{3}$ 之间，当尺寸大，精度要求低的塑件取小值；反之，取大值。其余各符号的意义同上。

计算模具型芯的高度尺寸公式为：
$$(h_M)_{-\delta_z}^0 = \left[(1 + \bar{S})h_s + \left(\frac{1}{2} \sim \frac{2}{3}\right)\Delta\right]_{-\delta_z}^0 \tag{6-12}$$

式中：h_s——塑件的内形深度最小尺寸，其余各符号的意义同上。

设计计算型腔和型芯尺寸时，必须深入了解塑料制品的要求，对于配合尺寸应认真设计计算，对不重要的尺寸，可以简化计算，甚至可用制品的基本尺寸作为模具成型零件的相应尺寸。

（3）型芯之间或成型孔之间中心距的计算

如图 6-17 所示，模具上型芯的中心距与制件上相应孔的中心距是对应的。同样，模具上成型孔的中心距与制件上相应凸台部分的中心距也是对应的。同时还可以看出，塑料制品上中心距的公差带分布一般是双向对称的，以 $\pm\frac{\Delta}{2}$ 表示。模具成型零件上的中心距公差带分布也是双向对称的，以 $\pm\frac{\delta_z}{2}$ 表示。

由于塑件中心距和模具成型零件的中心距公差带都是对称分布的，同时磨损的结果不会使中心距发生变化，因此，制品上中心距的基本尺寸 C_s 和模具上相应中心距的基本尺寸 C_M 就是制件中心距和模具中心距的平均尺寸。由此可得模具型芯中心距或孔的中心距计算公式如下：
$$C_M = (1 + \bar{S})C_s \pm \frac{\delta_z}{2} \tag{6-13}$$

（4）螺纹型芯和螺纹型环尺寸的计算

由于塑料收缩率等的影响，用标准螺纹型环和螺纹型芯成形的塑件，其螺纹不标准化，会在使用中无法正确旋合。因此，必须要计算螺纹型环和螺纹型芯工作尺寸，以成形出标准的塑件螺纹。

下面介绍公制普通螺纹型芯和螺纹型环计算方法（见图 6-18）。

① 螺纹型环工作尺寸的计算公式：

螺纹型环大径：
$$(D_{M大})_0^{+\delta_z} = [(1 + \bar{S})d_{s大} - \Delta_中]_0^{+\delta_z} \tag{6-14}$$

螺纹型环中径：
$$(D_{M中})_0^{+\delta_z} = [(1 + \bar{S})d_{s中} - \Delta_中]_0^{+\delta_z} \tag{6-15}$$

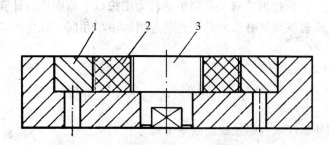

1—螺纹型环；2—塑料制品；3—螺纹型芯
图 6-18 螺纹型芯和螺纹型环的几何参数

螺纹型环小径： $(D_{M小})_0^{+\delta_z} = [(1+\bar{S})d_{s小} - \Delta_{中}]_0^{+\delta_z}$ (6-16)

式中：$d_{s大}$、$d_{s中}$、$d_{s小}$——塑件外螺纹大、中、小径基本尺寸；

$\bar{S}$——塑料的平均收缩率；

$\Delta_{中}$——塑件螺纹中径公差，目前我国尚无专门的塑件螺纹公差标准，可参照 GB/T 197 的金属螺纹公差标准中精度最低者选用；

δ_z——螺纹型环、螺纹型芯制造公差，公差值应小于塑料制品公差值，一般取 $\delta_z = \frac{\Delta}{5}$ 或查表 6-1。

② 螺纹型芯工作尺寸的计算公式：

螺纹型芯大径： $(d_{M大})_0^{+\delta_z} = [(1+\bar{S})D_{s大} + \Delta_{中}]_{-\delta_z}^0$ (6-17)

螺纹型芯中径： $(d_{M中})_0^{+\delta_z} = [(1+\bar{S})D_{s中} + \Delta_{中}]_{-\delta_z}^0$ (6-18)

螺纹型芯小径： $(d_{M小})_0^{+\delta_z} = [(1+\bar{S})D_{s小} + \Delta_{中}]_{-\delta_z}^0$ (6-19)

式中：$D_{s大}$、$D_{s中}$、$D_{s小}$——塑件内螺纹大、中、小径基本尺寸，其余各符号的意义同上。

表 6-1　　　　　　　螺纹型环、螺纹型芯制造公差　　　　　　（单位：mm）

	螺纹直径	M3~M12	M14~M33	M36~M45	M46~M68
粗牙螺纹	中径制造公差	0.02	0.03	0.04	0.05
	大小径制造公差	0.03	0.04	0.05	0.06
	螺纹直径	M4~M22	M24~M52	M56~M68	
细牙螺纹	中径制造公差	0.02	0.03	0.04	
	大小径制造公差	0.03	0.04	0.05	

由于塑料成型存在收缩不均匀性和收缩率波动，对塑料螺纹的几何形状及尺寸都有较大的影响，从而影响了螺纹的连接，因此，虽然螺纹型芯和螺纹型环径向尺寸的计算分别与一般型芯和型腔尺寸计算公式原则上是一致的，但应有所区别。其区别在于计算公式中塑件公差值前面的系数较大，不是 $\frac{3}{4}\Delta$ 而是 Δ。其目的是有意增大塑件螺孔的中径、大径和小径，或有意减少塑件外螺纹的中径、大径和小径，用以补偿因收缩不均匀或收缩波动

对螺纹连接的影响。必须指出,有关资料虽然都力图按以上原则进行计算,但所取系数不尽相同,螺纹型芯或螺纹型环各尺寸的制造公差值也不尽相同。在生产实际中应根据具体要求酌情确定。

③ 螺距尺寸计算公式:

$$(P_M) \pm \frac{\delta_z}{2} = (1 + \bar{S})P_s \pm \frac{\delta_z}{2} \tag{6-20}$$

式中:P_s——塑件外螺纹或内螺纹螺距的基本尺寸;

δ_z——螺纹型环、螺纹型芯螺距制造公差,查表6-2。

表6-2　　　　　　　　螺纹型环、螺纹型芯螺距制造公差　　　　　(单位:mm)

螺纹直径	配合长度 L	制造公差 δ_z
3~10	≤12	0.01~0.03
12~22	12~20	0.02~0.04
24~68	>20	0.03~0.05

按照上述的螺纹型环和螺纹型芯的计算,螺距是带有不规则的小数,加工这样特殊的螺距很困难,应尽量避免。如果在使用时,采用收缩率相同或相近的塑件外螺纹与塑件内螺纹相配合,设计螺纹型环、螺纹型芯时,螺距不必考虑收缩率;如果在使用时,塑料螺纹与金属螺纹配合的牙数小于7~8个牙,螺纹型环、螺纹型芯在螺距设计时,也不必考虑收缩;当配合牙数过多时,由于螺距的收缩累计误差很大,必须按表6-2来计算螺距,并采用在车床上配置特殊齿数的变速挂轮等方法来加工带有不规则小数的特殊螺距的螺纹型环或型芯。

三、知识应用

例6.1 如图6-19所示塑件,其材料为U165绝缘酚醛塑料粉,求该塑件的成型零件工作尺寸。已知 $D = \phi 48_{-0.38}^{-0.10}$ mm,$d = \phi 18_{0}^{+0.20}$ mm,$C = 33 \pm 0.13$ mm,$h_a = 12_{0}^{+0.18}$ mm,$h_b = 34_{0}^{+0.26}$ mm,$H_a = 16_{-0.20}^{0}$ mm,$H_b = 38_{-0.26}^{0}$ mm,D_s 为 M8 螺孔大径,d_s 为 M27×1.5 外螺纹的大径。

解:由已知条件,查得该塑料的收缩率为0.6%~1.0%,故平均收缩率为0.8%。将 $\phi 48_{-0.38}^{-0.10}$ mm 换算为 $\phi 47.9_{-0.28}^{0}$ mm。M8为普通螺纹孔,其螺距 $P_s = 1.25$ mm,$D_{s大} = 8$ mm,$D_{s小} = 6.65$ mm,$D_{s中} = 7.19$ mm。M27×1.5为普通细牙螺纹,其螺距 $P_s = 1.5$ mm,$d_{s大} = 27$ mm,$d_{s小} = 25.375$ mm,$d_{s中} = 26.026$ mm。

模具制造公差取 $\delta_z = \frac{\Delta}{3}$,径向尺寸系数 x 取 0.75,深度尺寸系数 x 取 $\frac{2}{3}$。

(1) 型腔尺寸:

$$(D_M)_0^{+\delta_z} = [(1+\bar{S})D_s - x\Delta]_0^{+\delta_z}$$

$$= [(1+0.008) \times 47.9 - 0.75 \times 0.28]_0^{+\frac{0.28}{3}} \text{mm} = 48.07_0^{+0.09} \text{mm}$$

$$(H_{aM})_0^{+\delta_z} = [(1+\bar{S})H_{as} - x\Delta]_0^{+\delta_z}$$

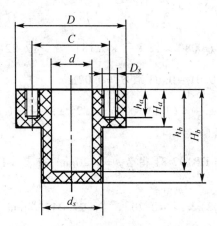

图 6-19 塑件零件图

$$= \left[(1+0.008) \times 16 - \frac{2}{3} \times 0.20 \right]_0^{+\frac{0.20}{3}} = 15.99_0^{+0.07} \text{mm}$$

$$(H_{bM})_0^{+\delta_z} = \left[(1+\overline{S})H_{bs} - x\Delta \right]_0^{+\delta_z}$$

$$= \left[(1+0.008) \times 38 - \frac{2}{3} \times 0.26 \right]_0^{+\frac{0.20}{3}} = 38.13_0^{+0.09} \text{mm}$$

(2) 型芯尺寸

$$(d_M)_{-\delta_z}^0 = \left[(1+\overline{S})d_s + x\Delta \right]_{-\delta_z}^0$$

$$= \left[(1+0.008) \times 18 + 0.75 \times 0.20 \right]_{-\frac{0.20}{3}}^0 = 18.29_{-0.07}^0 \text{mm}$$

$$(h_{bM})_{-\delta_z}^0 = \left[(1+\overline{S})h_{bs} + \frac{2}{3}\Delta \right]_{-\delta_z}^0$$

$$= \left[(1+0.008) \times 34 + \frac{2}{3} \times 0.26 \right]_{-\frac{0.26}{3}}^0 = 34.45_{-0.09}^0 \text{mm}$$

(3) 中心距尺寸

$$C_M = (1+\overline{S})C_s \pm \frac{\delta_z}{2} = (1+0.008) \times 33 \pm \frac{0.26}{3 \times 2} = 33.26 \pm 0.04 \text{mm}$$

(4) 螺纹型芯尺寸

大径 查螺纹公差标准 GB197-81 得 $\Delta_{中} = 0.20 \text{mm}$，查表 6-1 得 $\delta_z = 0.03 \text{mm}$

$$(d_{M大})_0^{+\delta_z} = \left[(1+\overline{S})D_{s大} + \Delta_{中} \right]_0^{+\delta_z}$$

$$= \left[(1+0.008) \times 8 + 0.20 \right]_{-0.03}^0 = 8.26_{-0.03}^0 \text{mm}$$

中径 查表 6-1 得 $\delta_z = 0.02 \text{mm}$

$$(d_{M中})_{-\delta_z}^0 = \left[(1+\overline{S})D_{s中} + \Delta_{中} \right]_{-\delta_z}^0$$

$$= \left[(1+0.008) \times 7.19 + 0.20 \right]_{-0.02}^0 = 7.45_{0.02}^0 \text{mm}$$

小径 查表 6-1 得 $\delta_z = 0.03 \text{mm}$

$$(d_{M小})_0^{+\delta_z} = \left[(1+\overline{S})D_{s小} + \Delta_{中} \right]_{-\delta_z}^0$$

$$= \left[(1+0.008) \times 6.65 + 0.20 \right]_{-0.03}^0 = 6.90_{-0.03}^0 \text{mm}$$

高度 $(h_{aM})^0_{-\delta_z} = \left[(1+\bar{S})h_{as} + \frac{2}{3}\Delta\right]^0_{-\delta_z}$

$= \left[(1+0.008) \times 12 + \frac{2}{3} \times 0.18\right]^0_{-\frac{0.18}{3}} = 12.22^0_{-0.06}\text{mm}$

螺距　查表6-2得 $\delta_z = 0.01 \sim 0.03$ 取 $\delta_z = 0.02\text{mm}$

$(P_M) \pm \frac{\delta_z}{2} = (1+\bar{S})P_s \pm \frac{\delta_z}{2} = (1+0.008) \times 1.25 \pm \frac{0.02}{2} = 1.26 \pm 0.01\text{mm}$

(5) 螺纹型环尺寸

大径　查螺纹公差标准 GB197-81 得 $\Delta_{中} = 0.20\text{mm}$，查表6-1得 $\delta_z = 0.04\text{mm}$

$(D_{M大})^{+\delta_z}_0 = \left[(1+\bar{S})d_{s大} - \Delta_{中}\right]^{+\delta_z}_0$

$= \left[(1+0.008) \times 27 - 0.20\right]^{+0.04}_0 = 27.04^{+0.04}_0 \text{mm}$

中径　查表6-1得 $\delta_z = 0.03\text{mm}$

$(D_{M中})^{+\delta_z}_0 = \left[(1+\bar{S})d_{s中} - \Delta_{中}\right]^{+\delta_z}_0$

$= \left[(1+0.008) \times 26.026 - 0.20\right]^{+0.03}_0 = 26.03^{+0.03}_0 \text{mm}$

小径　查表6-1得 $\delta_z = 0.04\text{mm}$

$(D_{M小})^{+\delta_z}_0 = \left[(1+\bar{S})d_{s小} - \Delta_{中}\right]^{+\delta_z}_0$

$= \left[(1+0.008) \times 25.375 - 0.20\right]^{+0.04}_0 = 25.38^{0.04}_0 \text{mm}$

螺距　查表6-2得 $\delta_z = 0.03 \sim 0.05$ 取 $\delta_z = 0.04\text{mm}$

$(P_M) \pm \frac{\delta_z}{2} = (1+\bar{S})P_s \pm \frac{\delta_z}{2} = (1+0.008) \times 1.5 \pm 0.02 = 1.51 \pm 0.02\text{mm}$。

任务三　成型零部件刚度和强度校核

【知识点】

成型零部件刚度和强度计算时考虑的因素

型腔侧壁和底板厚度的计算

一、任务目标

理解成型零部件刚度和强度计算时考虑的因素，掌握型腔侧壁和底板厚度的计算方法。

二、知识平台

(一) 成型零部件刚度和强度计算时考虑的因素

研究型腔强度和刚度的目的主要是确定所需型腔侧壁和底板的厚度。

塑料模型腔在模塑成型过程中受到熔体强大压力的作用，可能因强度不足而产生塑性变形甚至破坏；还可能因刚度不足而产生过大变形，导致溢料形成飞边，降低塑料制品精度和影响塑料制品脱模。因此，模具设计时应对型腔强度和刚度进行科学的计算，尤其对重要的、制品精度要求高的和大型制品的型腔，不能单凭经验确定凹模侧壁和底板厚度，而应通过强度和刚度的计算来确定。

根据理论分析并经生产实践证明，大尺寸型腔，刚度不足是主要矛盾，型腔应以满足刚度条件为准（即型腔的弹性变形不超过允许变形量 $\delta_{max} \leq [\delta]$）；而对于小尺寸的型腔，在其发生大的弹性变形之前，内应力往往已经超过许用应力，因而强度是主要矛盾，型腔应以满足强度条件为准（即型腔在各种受力形式下的应力值不得超过模具材料的许用应力 $\sigma_{max} \leq [\sigma]$）。

强度不足，会使模具发生塑性变形，甚至破碎，因此，强度计算的条件是满足受力状态下的许用应力。

而刚度不足，导致型腔尺寸扩大，其结果会使注射时产生溢料现象、会使塑件的精度降低或脱模困难。因此，型腔的刚度计算的条件可以从以下几个方面来考虑：

1. 成型过程不发生溢料

当高压熔体注入型腔时，型腔的某些配合面产生间隙，间隙过大则会产生溢料，如图 6-20 所示。在不产生溢料的前提下，将允许的最大间隙值 $[\delta]$ 作为型腔的刚度条件。各种常用塑料的最大不溢料间隙值见表 6-3。

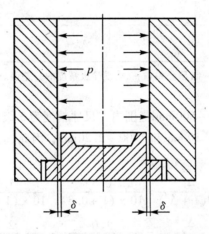

图 6-20 型腔弹性变形与溢料的产生

表 6-3 不发生溢料的间隙值

黏度特性	塑料品种举例	允许变形值 $[\delta]$
低黏度塑料	尼龙（PA）、聚乙烯（PE）、聚丙烯（PP）、聚甲醛（POM）	$\leq (0.025 \sim 0.04)$
中黏度塑料	聚苯乙烯（PS）、ABS、聚甲基丙烯酸甲酯（PMMA）	≤ 0.05
高黏度塑料	聚碳酸酯（Pc）、聚枫（PsF）、聚苯醚（PPO）	$\leq (0.06 \sim 0.08)$

2. 保证塑料尺寸精度

精度高的塑料制品要求模具型腔具有较好的刚性,以保证在壁腔受到熔体高压作用时不产生过大的、使制品超差的弹性变形。此时,型腔的允许变形量 [δ] 受制品尺寸和公差值的限制。表 6-4 列出了保证塑件尺寸精度的刚度条件的经验公式。

表 6-4　　　　　　　　　保证塑件尺寸精度 [δ] 值　　　　　　　　（单位：mm）

塑件尺寸	经验公式 [δ]
≤10	$\dfrac{\Delta_i}{3}$
>10 ~ 50	$\dfrac{\Delta_i}{3(1+\Delta_i)}$
>50 ~ 200	$\dfrac{\Delta_i}{5(1+\Delta_i)}$
>200 ~ 500	$\dfrac{\Delta_i}{10(1+\Delta_i)}$
>500 ~ 1000	$\dfrac{\Delta_i}{15(1+\Delta_i)}$
>1000 ~ 200	$\dfrac{\Delta_i}{20(1+\Delta_i)}$

注：i—制品精度等级；Δ—制品公差值，Δ_i 为 i 级精度的公差值。

例如,塑件尺寸在 200~500mm 范围内,尺寸精度为 3 级和 5 级。查表得 3 级和 5 级精度的公差分别为 0.50~1.10mm 和 1.00~2.20mm,因此,由制件精度决定的允许变形量 [δ] 分别为：

3 级精度制件,$[\delta] = \dfrac{\Delta_i}{10(1+\Delta_i)} = \dfrac{0.5}{10\times(1+0.5)} \sim \dfrac{1.1}{10\times(1+1.1)} = 0.033 \sim 0.052$ mm

5 级精度制件,$[\delta] = \dfrac{\Delta_i}{10(1+\Delta_i)} = \dfrac{1.0}{10\times(1+1.0)} \sim \dfrac{2.2}{10\times(1+2.2)} = 0.050 \sim 0.069$ mm

3. 保证塑件顺利脱模

如果凹模的刚度不足,在熔体高压作用下会产生过大的弹性变形,当变形量超过塑件的收缩量时,塑件被紧紧包住而难以脱模,强制顶出易使塑件划伤或破裂,因此型腔的允许弹性变形量应小于塑件壁厚的收缩值,即

$$[\delta] < t\overline{S} \tag{6-21}$$

式中：[δ]——保证塑件顺利脱模的型腔允许弹性变形量；

t——塑件壁厚；

$\overline{S}$——塑料的平均收缩率。

在一般情况下,型腔的变形量不会超过塑料的冷却收缩值。因而型腔的刚度主要由不溢料和制品精度决定。

必须注意,不论刚度计算和强度计算都应以型腔所受最大压力为准；而最大压力是在注射过程中,熔体充满型腔的瞬间。

型腔尺寸以强度和刚度计算的分界值决定于型腔的形状、型腔内熔体的最大压力、模

具材料的许用应力及型腔允许的变形量等。以强度计算所需壁厚和以刚度计算所需的壁厚相等时的型腔内型尺寸即为强度计算和刚度计算的分界值。在分界值不知道的情况下,则应按强度条件和刚度条件分别计算出壁厚,然后取较大值作为型腔的壁厚。刚度条件通常按不溢料要求确定。若制品精度要求较高的,则按制品精度要求确定刚度条件。

(二) 型腔侧壁和底板厚度的计算

由于型腔的形状、结构形式和支承方式是多种多样的,因此型腔侧壁和底板厚度的计算比较复杂。一般在工程设计上常采用以下计算公式来近似地计算凹模的侧壁厚和底板的厚度。

1. 整体式圆形凹模如图 6-21 所示,其型腔侧壁和底板厚度计算:

按强度计算侧壁厚度:
$$s \geqslant r\left[\sqrt{\frac{[\sigma]}{[\sigma]-2p}}-1\right] \tag{6-22}$$

按刚度计算侧壁厚度:
$$s \geqslant 1.15\sqrt[3]{\frac{ph_1^4}{E[\delta]}} \tag{6-23}$$

按强度计算底板厚度:
$$t \geqslant \sqrt{\frac{3pr^2}{4[\delta]}} \tag{6-24}$$

按刚度计算底板厚度:
$$t \geqslant \sqrt[3]{0.175 \times \frac{pr^4}{E[\delta]}} \tag{6-25}$$

式中:[σ]——型腔材料的许用应力,45 钢[σ] = 160MPa,一般常用模具钢[σ] = 200MPa;
　　　[δ]——型腔弹性变形允许变形量,mm;
　　　p——型腔内塑料熔体的压力,MPa;
　　　h_1——承受熔体压力的侧壁高度,mm;
　　　E——型腔材料的弹性模量,碳素钢 E 取 2.1×10^5 MPa;

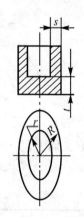

图 6-21 整体式圆形凹模

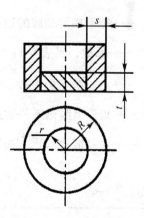

图 6-22 组合式圆形凹模

2. 组合式圆形凹模如图 6-22 所示,其型腔的侧壁和底板厚度计算:

按强度计算侧壁厚度:
$$s \geqslant r\left(\sqrt{\frac{[\sigma]}{[\sigma]-2p}}-1\right) \tag{6-26}$$

按刚度计算侧壁厚度：
$$s \geq r\left(\sqrt{\dfrac{1-\mu+\dfrac{E[\delta]}{rp}}{\dfrac{E[\delta]}{rp}-\mu-1}}-1\right) \tag{6-27}$$

按强度计算底板厚度：
$$t \geq \sqrt{\dfrac{1.22pr^2}{[\delta]}} \tag{6-28}$$

按刚度计算底板厚度：
$$t \geq \sqrt[3]{0.74\dfrac{pr^4}{E[\delta]}} \tag{6-29}$$

式中：μ——泊桑比，碳素钢取 0.25，其余各符号的意义同上。

3. 整体式矩形型腔如图 6-23 所示，其型腔的侧壁和底板厚度的计算：

按强度计算侧壁厚度：当 $\dfrac{H_1}{l} \geq 0.41$ 时，
$$s \geq \sqrt{\dfrac{pl^2(1+Wa)}{2[\sigma]}} \tag{6-30}$$

当 $\dfrac{H_1}{l} < 0.41$ 时，
$$s \geq \sqrt{\dfrac{3pH_1^2(1+Wa)}{[\sigma]}} \tag{6-31}$$

按刚度计算侧壁厚度：
$$s \geq \sqrt[3]{\dfrac{cpH_1^4}{E[\delta]}} \tag{6-32}$$

按强度计算底板厚度：
$$t \geq \sqrt{\dfrac{pb^2}{2(1+a)[\delta]}} \tag{6-33}$$

按刚度计算底板厚度：
$$t \geq \sqrt[3]{\dfrac{c'pb^4}{E[\delta]}} \tag{6-34}$$

式中：H_1——承受熔体压力的侧壁高度，mm；

l——型腔侧壁长边长，mm；

a——矩形成形型腔的边长比，$a=\dfrac{b}{l}$；

W——系数，见表 6-5；

b——由 $\dfrac{H_1}{l}$ 决定的系数，见表 6-5；

c——矩形型腔侧壁的短边长，mm；

c'——由型腔边长比 $\dfrac{l}{b}$ 决定的系数，见表 6-6，其余各符号的意义同上。

表 6-5　　　系数 c、W 值

$\dfrac{H_1}{l}$	0.3	0.4	0.5	0.6	0.7	0.8	0.9	1.0	1.2	1.5	2.0
c	0.903	0.570	0.330	0.188	0.117	0.073	0.045	0.031	0.015	0.006	0.002
W	0.108	0.130	0.148	0.163	0.176	0.187	0.197	0.205	0.210	0.235	0.254

表 6-6 系数 c' 值

$\dfrac{l}{b}$	1.0	1.1	1.2	1.3	1.4	1.5	1.6	1.7	1.8	1.9	2.0
c'	0.0138	0.0164	0.0188	0.0209	0.0226	0.0240	0.0251	0.0260	0.0267	0.0272	0.0277

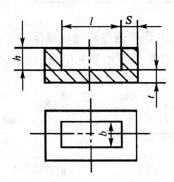

图 6-23 整体式矩形凹模

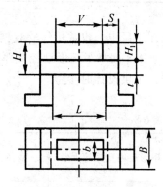

图 6-24 组合式矩形凹模

4. 组合式矩形型腔如图 6-24 所示，其型腔的侧壁和底板厚度的计算：

矩形型腔受熔体压力而胀大，如果长短边的壁厚相等（$t_1 = t_2 = t$），则长边刚度较差，所以只要计算长边的壁厚，其短边的壁厚也就能满足要求。

按强度计算侧壁厚度：
$$s \geq \sqrt{\dfrac{pH_1 l^2 \gamma}{2H[\delta]}} \qquad (6\text{-}35)$$

按刚度计算侧壁厚度：
$$s \geq \sqrt[3]{\dfrac{pH_1 l^4 \beta}{32EH\varphi[\delta]}} \qquad (6\text{-}36)$$

按强度计算底板厚度：
$$t \geq \sqrt{\dfrac{3pbL^2}{4B[\sigma]}} \qquad (6\text{-}37)$$

按刚度计算底板厚度：
$$t \geq \sqrt[3]{\dfrac{5pbl^4}{32EB[\delta]}} \qquad (6\text{-}38)$$

式中：H——型腔侧壁总高度，mm；

L——双模脚间距，mm；

B——底板总宽度，mm；

β——考虑短边影响的系数，见表 6-7；

φ——考虑了相邻侧壁伸长量 $\dfrac{\Delta b}{2}$ 影响的系数，见表 6-7；

γ——系数，见表 6-7，其余各符号的意义同上。

表 6-7　　　　　　　　　　由矩形型腔边长比 α 确定的系数

$\alpha = \dfrac{b}{l}$	0.1	0.2	0.3	0.4	0.5	0.6	0.7	0.8	0.9	1.0
β	1.36	1.64	1.84	1.96	2.00	1.96	1.84	1.64	1.36	1.00
γ	0.91	0.84	0.79	0.76	0.75	0.76	0.79	0.84	0.91	1.00
φ	0.91	0.87	0.83	0.79	0.76	0.72	0.67	0.61	0.54	0.44

在工厂中，也常用经验数据或者有关表格来进行简化对凹模侧壁和底板厚度的设计。表 6-8 列举了矩形型腔壁厚的经验推荐数据，表 6-9 列举了圆形型腔壁厚的经验推荐数据，可供设计时参考。

表 6-8　　　　　　　　　矩形型腔壁厚尺寸　　　　　　　　　（单位：mm）

矩形腔内壁短边 b	整体式型腔侧壁厚 s	镶拼式型腔	
		凹模壁厚 S_1	模套壁厚 S_2
40	25	9	22
>40~50	25~30	9~10	22~25
>50~60	30~35	10~11	25~28
>60~70	35~42	11~12	28~35
>70~80	42~48	12~13	35~40
>80~90	48~55	13~14	40~45
>90~100	55~60	14~15	45~50
>100~120	60~72	15~17	50~60
>120~140	72~85	17~19	60~70
>140~160	85~95	19~21	70~80

表 6-9　　　　　　　　　圆形型腔壁厚尺寸　　　　　　　　　（单位：mm）

圆形型腔内壁直径 $2r$	整体式型腔壁厚 $s=R-r$	组合式型腔	
		型腔壁厚 $S_1=R-r$	模套壁厚 S_2
0~40	20	8	18
>40~50	25	9	22
>50~60	30	10	25
>60~70	35	11	28
>70~80	40	12	32
>80~90	45	13	35
>90~100	50	14	40

续表

圆形型腔内壁直径 $2r$	整体式型腔壁厚 $s = R - r$	组合式型腔	
		型腔壁厚 $S_1 = R - r$	模套壁厚 S_2
>100~120	55	15	45
>120~140	60	16	48
>140~160	65	17	52
>160~180	70	19	55
>180~200	75	21	58

模块七　模架结构零部件设计

任务一　标准模架的选用

【知识点】
模架的基本结构、规格和选择
模架的装配

一、任务目标

了解模架的主要类型，模架的基本结构和各部分的名称及作用。掌握标准模架选择步骤，标准模架CAD设计的基本流程。能应用相关3D设计软件（PROE或UG）将设计的3D模具型腔与选用的标准模架装配好。

二、知识平台

（一）标准模架的组成和各部分的名称及作用

模架是模具组成的基本部件。在标准模架中，如图7-1所示，定模座板5用于在注射机上固定定模部分，其宽度尺寸比定模板6宽40~80 mm以便于安装固定。同样动模座板17也宽于动模板10。定模板6和动模板10用来加工和安装型腔、型芯部分组件，动模板6与定模板10之间由导柱9和导套7配合确定相对位置，一般导套安装于定模板，导柱安装于动模板。导套与导柱之间的配合精度保证了动模板与定模板闭合时的位置精度，标准模架的一般采用四对导柱、导套，对称布置，为防止动模板与定模板位置装反，其中一对导柱、导套的位置尺寸要偏移2 mm，推杆同推出固定板15与推板16由螺钉固定在一起，组成推出部分，推出部位与定模板之间的相对位置由四根复位杆保证。推出部分的推出行程由垫块的高度决定。螺钉用来固定定模座板与定模板，固定动模板与动模板、垫块。基本模架的外形尺寸为一个系列标准，在每一外形尺寸的定模板与动模板中定义有不同的厚度尺寸，可以根据需要首先确定模架的外形尺寸，然后再选择定模板与动模板的厚度尺寸，以满足不同模具的需要。

（二）普通标准模架的优点和局限性

注射模具在结构上存在相似性，图7-1为典型的单分型面（二板式）模具的轴测装配总成。从图7-1中可以看到，除了凹模和型芯取决于塑件以外，其余的模具零件极其相似，连各个模具零件的装配关系都有着一致性。即使是较为复杂的双分型面（三板式）模具、三分型面（四板式）模具，也是在两板式模具的基础上增加了一块或两块模板，结构的相似性并未改变。正是由于注射模具结构的相似性，才使模具零件和模架的标准化成为可能。

模块七　模架结构零部件设计　145

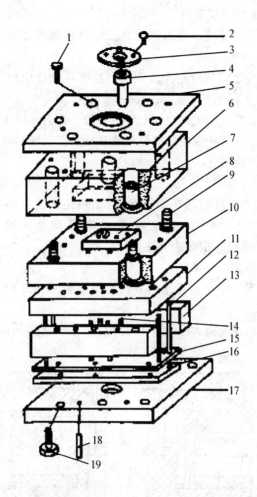

1—紧固螺钉；2—圆柱头螺钉；3—定位圈；4—主流道衬套；5—定模座板；6—定模板；7—导套；8—型芯；9—导柱；10—动模板；11—垫板；12—复位杆；13—垫块；14—推杆；15—推出固定板；16—推板；17—动模座板；18—定位销；19—紧固螺钉

图7-1　二板式注射模装配总成

1. 目前，国内外已有许多标准化的模架形式供用户订购。选用标准模架有如下优点：
（1）简单方便、买来即用、不必库存。
（2）能使模具成本下降。
（3）简化了模具的设计和制造。
（4）缩短了模具生产周期，促进了塑件的更新换代。
（5）模具的精度和动作可靠性得到保证。
（6）提高了模具中易损零件的互换性，便于模具的维修。
2. 但采用标准模架时，也会带来某些不便，列举如下。
（1）模板尺寸的局限性，在标准模架中模板的长、宽、高都只是在一定的范围内，一些特殊的塑件，可能无标准模架可选。

（2）由于在标准模架中导柱、紧固螺钉及复位杆的位置已确定，有时可能会妨碍冷却管道的开设。

（3）由于动模两垫块之间的跨距无法调整，在模具设计中往往需要增加支撑柱来减小模板的变形。

综上所述，采用标准模架的优越性是十分明显的，我们希望在模具设计中，要尽可能选用标准模架，不仅如此，而且能在标准模架的基础上实现模具制图的标准化、模具结构的标准化以及工艺规范的标准化。

（三）我国标准模架简介

我国于1990年颁布并实施的两项国家标准《塑料注射模中小型模架技术条件》（GB/T12556.1～12556.2—1990）和《塑料注射模大型模架技术条件》（GB/T12555.1～12555.15—1990）是模架生产的指导性文件。

1. 中小型标准注射模架

相关国家标准中规定，中小型模架周界尺寸范围≤560mm×900 mm。按结构特征可以分为基本型和派生型。

（1）基本型A1、A2、A3和A4，共四个品种，如图7-2所示。

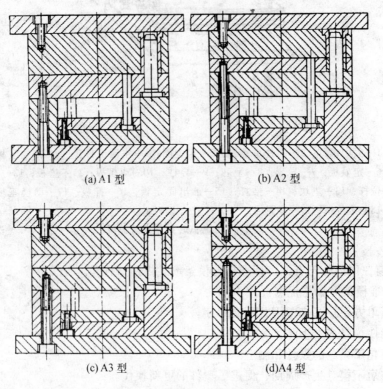

(a) A1型　　　　(b) A2型

(c) A3型　　　　(d) A4型

图7-2　基本型中小型注射模架

派生型有P1～P9，共9个品种，如图7-3所示。

（2）以导柱和导套安装方法为特征可以分为正装型（代号为Z）和反装型（代号为

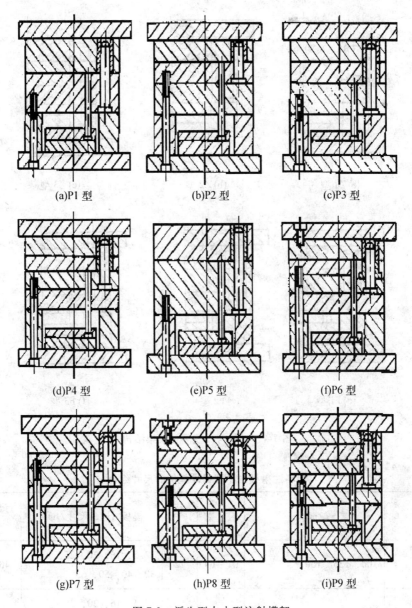

图 7-3 派生型中小型注射模架

F)。见图 7-4 又以脚码 1、2、3 分别代表带头导柱、有肩导柱和有肩定位导柱的种别。

(3) 中小型模架全部采用国家标准《塑料注射模零件》(GB/T 4169.1~4169.11) 组合而成。以模板宽度 B×长度 L 为系列主参数。按同品种、同系列所选用的模板厚度 A、B 和垫板厚度 C 组成作为每一系列的规格,供设计者任意组合和选用。其规格基本上覆盖了注射容量为 10~4000 cm^3 注射机用的各类中小型热塑性和热固性塑料注射模具。表 7-1 包含了 GB/T12556—1990 标准的所有 A、B 板尺寸组合 (62 个尺寸系列),以供设计者选用。

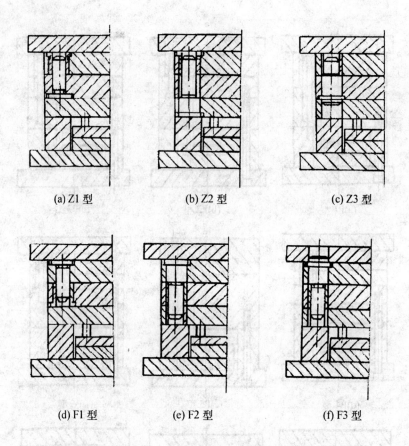

(a) Z1 型　　(b) Z2 型　　(c) Z3 型

(d) F1 型　　(e) F2 型　　(f) F3 型

图 7-4　正装与反装导柱模架结构

表 7-1　　　　　塑料注射模中小型标准模架的尺寸组合

序号	系列 $B \times L$	L/mm	编号数	导柱 ϕ / mm	模板 A、B 尺寸/ mm	垫块高度 C / mm
1	$100 \times L$	100, 125, 160	01~64	12	12.5, 16, 20, 25, 32, 40, 50, 63	40, 50, 63
2	$125 \times L$	125, 160, 200	01~64	12	12.5, 16, 20, 25, 32, 40, 50, 63	40, 50, 63
3	$160 \times L$	160, 200, 250, 315	01~64	16	16, 20, 25, 32, 40, 50, 63, 80	50, 63, 80
4	$180 \times L$	200, 250, 315	01~49	16	20, 25, 32, 40, 50, 63, 80	50, 63, 80
5	$200 \times L$	200, 250, 315, 355, 400	01~49	20	20, 25, 32, 40, 50, 63, 80	50, 63, 80

续表

序号	系列 $B \times L$	L/mm	编号数	导柱 ϕ / mm	模板 A、B 尺寸 / mm	垫块高度 C / mm
6	250×L（1）	250，315，355，400	01~64	25	20，25，32，40，50，63，80，100	50，63，80
7	250×L（2）	450，500，560	01~49	25	25，32，40，50，63，80，100	63，80
8	315×L（1）	315，355，400，450，500	01~49	32	25，32，40，50，63，80，100	63，80，100
9	315×L（2）	560，630	01~36	32	32，40，50，63，80，100	80，100
10	355×L（1）	355，400，450，500，560	01~64	32	25，32，40，50，63，80，100，125	80，100，125
11	355×L（2）	630，700	01~49	32	32，40，50，63，80，100，125	80，100，125
12	400×L（1）	400，450，500，560	01~64	32	32，40，50，63，80，100，125，160	80，100，125
13	400×L（2）	630，710	01~49	32	40，50，63，80，100，125，160	80，100，125
14	450×L（1）	450，500，560	01~64	40	32，40，50，63，80，100，125，160	80，100，125
15	450×L（2）	630，710，800	01~49	40	40，50，63，80，100，125，160	100，125，160
16	500×L（1）	500，560，630	01~64	40	32，40，50，63，80，100，125，160	100，125，160
17	500×L（2）	710，800	01~49	40	40，50，63，80，100，125，160	100，125，160
18	560×L	560，630，710，800，900	01~64	40	40，50，63，80，100，125，160，200	100，125，200

（4）模架动模座结构以 V 表示，分 V1、V2 和 V3 型三种。如图 7-5 所示。国家标准中规定，基本型和派生型模架动模座均采用 V1 型结构，需采用其他结构时，由供需双方协议商定。

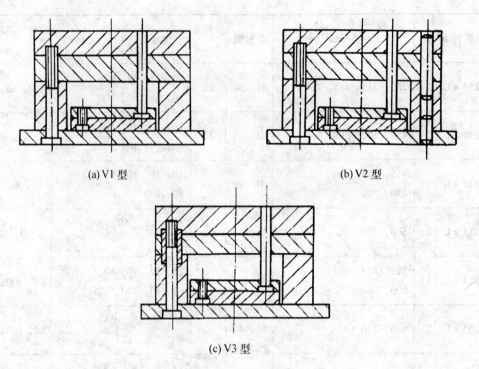

图 7-5 模架动模座结构

（5）基本型模架的组成、功能及用途见表 7-2。

（6 派生型模架的组成、功能及用途见表 7-3。

表 7-2　　　　　　　　　基本型模架的组成、功能及用途

型　号	组成、功能及用途
中小模架 A1 型 （大型模架 A 型）	定模采用两块模板。动模采用一块模板，无支撑板，设置以推杆推出塑件的机构组成模架。适用于立式与卧式注射机，单分型面一般设在合模面上，可以设计成多个型腔成形多个塑件的注射模。
中小模架 A2 型 （大型模架 B 型）	定模和动模均采用两块模板，有支承面，设置以推杆推出塑件的机构组成模架。适用于立式或卧式注射机上，用于直浇道，采用斜导柱侧向抽芯，单型腔成形，其分型面可以在合模面上，也可以设置斜滑块垂直分型脱模式机构的注射模。
中小模架 A3，A4 型（大型模架 P1，P2 型）	A3 型（P1 型）的定模采用两块模板，动模采用一块模板，它们之间设置一块推件板连接推出机构，用以推出塑件，无支承面。 A4 型（P2 型）的定模和动模均采用两块模板，它们之间设置一块推件板连接推出机构，用以推出塑件，有支承面。 A3，A4 型均适用于立式或卧式注射机上，脱模力大，适用于薄壁壳形塑件，以及塑件表面不允许留有顶出痕迹的塑件注射成形的模具。

注：①根据使用要求选用导向零件和安装形式；②A1 — A4 型是以直浇口为主的基本型模架，其功能及通用性强，是国际上使用模架中具有代表性的结构。

表 7-3　　　　　　　　　　　派生型模架的组成、功能及用途

型 号	组成、功能及用途
中小型模架 P1~P4 型（大型模架 P3，P4 型）	P1~P4 型由基本型 A1~A4 对应派生而成，结构形式上的不同点在于去掉了 A1~A4 型定模板上的固定螺钉，使定模部分增加了一个分型面，多用于点浇口形式的注射模。其功能和用途符合 A1~A4 型的要求。
中小型模架 P5 型	由两块模板而成，主要适用于直接浇口，简单整体型腔结构的注射模。
中小型模架 P6~P9 型	其中 P6 与 P7，P8 与 P9 是互相对应的结构，P7 和 P9 相对应于 P6 和 P8 只是去掉了定模座板上的固定螺钉。这些模架均适用于复杂结构的注射模，如定距分型自动脱落浇口式注射模等。

注：①派生型 P1~P4 型模架组合尺寸系列和组合要素均与基本型相同；
②其模架结构以点浇口，多分型面为主，适用于多动作的复杂注射模；
③扩大了模架应用范围，增大了模架标准的覆盖面。

2. 大型模架标准

大型模架标准中规定的周界尺寸范围为 (630mm × 630mm) ~ (1 250 mm × 2 000 mm)，适用于大型热塑性塑料注射模。模架品种有 A 型和 B 型两种基本型，图 7-6。还有 P1~P4 的派生型，图 7-7，共有 6 个品种。无导柱安装方式的表示，与中小型模架一样，以模板宽度为系列主参数，以模板厚度为每一系列的规格，供设计者组合和选用。表 7-4 是《塑料注射模大型模架》（GB/T12555—1990）的全部尺寸组合系列。A 型同中小型模架中的 A1 型、B 型同中小型模架中的 A2 型。大型模架的组成，功能及用途见表 7-2 和表 7-3。

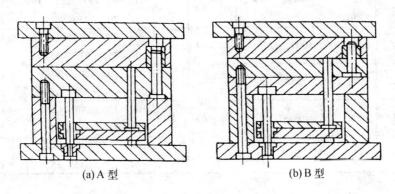

(a) A 型　　　　　　　　　　(b) B 型

图 7-6　基本型大型注射模架

3. 模架尺寸组合系列的标记方法

（1）塑料注射模中小型模架规格的标记方法如图 7-8 所示。

例如：A3—355450—16—F2 GB/T12556—1990，即为基本型 A3 型模架，模板 $B \times L$ 为 355 × 450，规格编号为 16，有肩导柱反装。

（2）大型模架的尺寸组合系列与标记方法

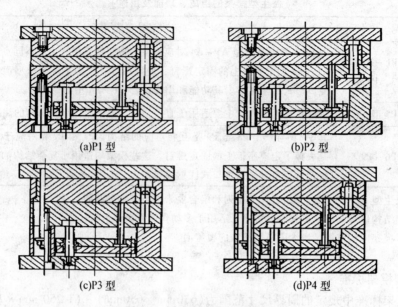

图 7-7 派生型大型注射模架

表 7-4　塑料注射模大型标准模架的尺寸组合

序号	系列 $B \times L$	L/mm	编号数	导柱 ϕ/mm	模板 A、B 尺寸/mm	垫块高度 C/mm
1	$630 \times L$	630, 710, 800, 900, 1000	01~64	50	63, 80, 100, 125, 140, 160, 200, 250	125, 160, 200, 250
2	$710 \times L$	710, 800, 900, 1000, 1250	01~64	63	63, 80, 100, 125, 140, 160, 200, 250	125, 160, 200, 250
3	$800 \times L$	800, 900, 1000, 1250	01~64	63	80, 100, 125, 160, 200, 250, 315, 355	160, 200, 250, 315
4	$900 \times L$	900, 1000, 1250, 1600	01~64	71	80, 100, 125, 160, 200, 250, 315, 355	160, 200, 250, 315
5	$1000 \times L$	1000, 1250, 1600	01~64	71	100, 125, 140, 180, 224, 250, 315, 355	160, 200, 250, 315
6	$1250 \times L$	1250, 1600, 2000	01~64	80	100, 125, 140, 180, 224, 250, 315, 355	160, 200, 250, 315

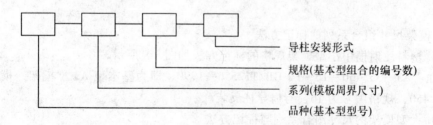

图 7-8　中小型模架规格的标记方法

塑料注射模大型模架规格的标记方法和中小型模架规格的标记方法相类似，只是模板尺寸 $B×L$ 的表示时少写一个"零"，也可以理解为其长度单位不是 mm 而是 cm。同时不表示导柱安装方式。

例如：A—80125—26GB/T12555—90

表示采用基本型 A 型结构。模板 B×L 为 800mm×1250mm。规格编号为26，即模板 A 为 160mm 而模板 B 厚度为 100mm。

（四）标准模架的选用

在模具设计时，应根据塑件图样及技术要求，分析、计算、确定塑件形状类型、尺寸范围（型腔投影面积的周界尺寸）、壁厚、孔形及孔位、尺寸精度及表面性能要求以及材料性能等，以制定塑件成型工艺、确定进料口位置、塑件重量以及每模塑件数（型腔数），并选定注射机的型号及规格。选定的注射机须满足塑件注射量以及成形压力等要求。为保证塑件质量，还必须正确选用标准模架，以节约设计和制造时间保证模具质量。

选用标准模架的步骤如下。

1. 确定模架组合形式，根据塑件成型所需的结构来确定模架的结构组合形式。

2. 确定型腔壁厚，通过有关壁厚公式的计算来得到型腔壁厚尺寸。也可以查表或用经验公式来确定模板的壁厚，有关壁厚确定的经验数据可见表7-5所示。

表 7-5　　　　　　　　　　　型腔壁厚 S 的经验数据

型腔压力/MPa	型腔侧壁厚度 $S/$（mm）
<29（压缩）	0.14L + 12
<49（压缩）	0.16L + 15
<49（注射）	0.20L + 17

注：型腔为整体式，$L > 100$mm 时，表中值需乘以 0.85~0.9。

3. 计算型腔模板周界，如图7-9所示：

型腔模板的长度

$$L = S + A + t + A + S \tag{7-1}$$

型腔模板的宽度

$$N = S + B + t + B + S \tag{7-2}$$

式中：L——型腔模板的长度；

N——型腔模板的宽度；

S——壁厚；

A——型腔长度；

B——型腔宽度；

t——型腔间壁厚，一般取壁厚 S 尺寸的 $\frac{1}{3}$ 或 $\frac{1}{4}$

4. 模板周界尺寸由步骤（3）计算出的模板周界向标准尺寸"靠拢"，一般向较大修整。另外在修整时还需考虑到在壁厚位置上应有足够的位置安装其他的零部件，如果不够，需要增加壁厚尺寸。

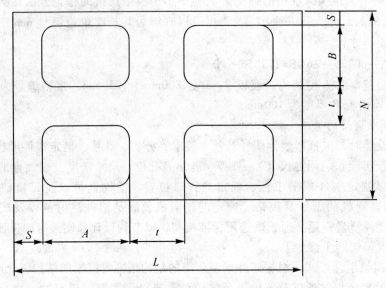

图 7-9 型腔模板的长度和宽度

5. 确定模板厚度，根据深度，型腔底板厚度，得到模板厚度（由公式计算所得）。并按照标准尺寸进行修整。

6. 选择模架尺寸，根据确定下来的模板周界尺寸，配合模板所需厚度查标准选择模架。

7. 检验所选模架的合适性，对所选的模架还需检验模架与注射机之间的关系，如闭合高度、开模空间等。若不合适，还需要重新选择。

模板的厚度主要由型腔的深度来确定，并考虑型腔底部的刚度和强度是否足够，如果型腔底部有支承板的话，型腔底部就不需太厚。有关支承板厚度 h 的经验数据见表 7-6。另一方面，模板厚度确定还要考虑到整付模架的闭合高度、开模空间等与注射机之间的相适应。

表 7-6　　　　　　　　　　支承板厚度 h 的经验数据

$b/$（mm）	$b≈L/$（mm）	$b≈1.5L/$（mm）	$b≈2L/$（mm）
<102	(0.12~0.13) b	(0.10~0.11) b	0.08b
>102~300	(0.13~0.15) b	(0.11~0.12) b	(0.08~0.09) b
>300~500	(0.15~0.17) b	(0.12~0.13) b	(0.09~0.10) b

注：当压力 >29MPa，$L≥1.5b$ 时，取表中数值乘以 1.25~1.35；当压力 <49MPa，$L≥1.5b$ 时，取表中数值乘以 1.5~1.6。

（五）国外标准模架简介

美国、德国、日本等工业发达国家都很重视模具标准化工作，标准模架已被模具行业普遍采用。现介绍日本 FUTABA 标准模架各部分的名称、规格和选择。

1. 塑料模具各部分的名称

如图 7-10 所示。

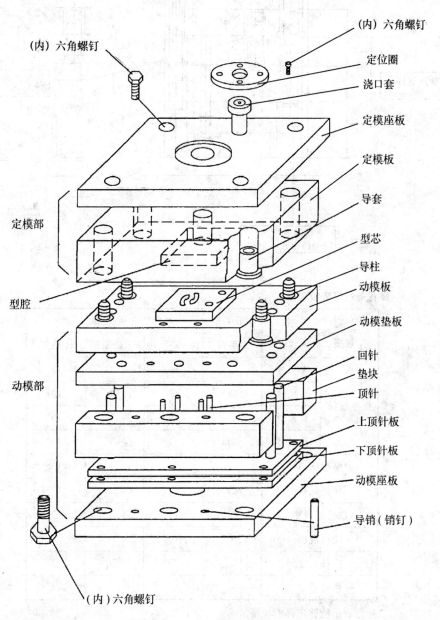

图 7-10　两板模装配总成

2. 规格和选择

按照图 7-11 所示规格选择模坯系列。

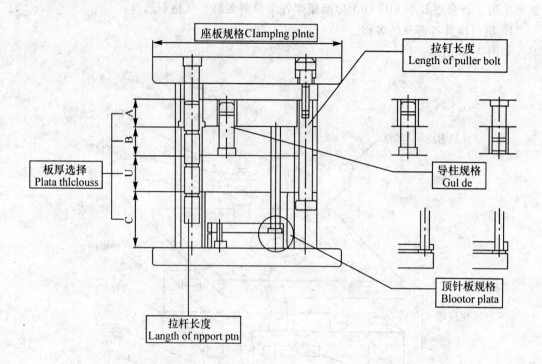

■各系列规格和选择

规格	系列	2板类型	3板类型		
		S系列	D·E系列	F·G系列	H系列
板厚选择	A尺寸	○	○	○	○
	B尺寸	○	○	○	○
	U尺寸	○	○	○	○
	C尺寸	○	○	○	○
座板规格		○	○	○	○
导柱规格		○	○	○	○
顶针板规格		○	○	○	○
拉杆规格			○		
拉杆长度			○	○	
拉钉长度					○

○标记表示能够选择的规格。

图 7-11 模架各部分的规格

3. 板厚选择

如图 7-12 所示。

定模板、动模板、动模垫板、垫块有多个板厚规格，请从下面选择。

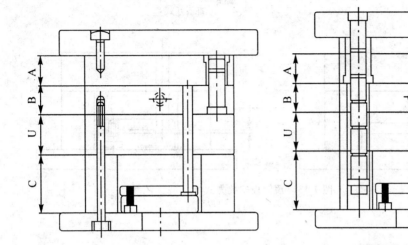

■ A、B、C 尺寸选择

请参考 A、B、C 各尺寸所在页的尺寸表。

A 尺寸	35	40	50	60	70	80	90	100	110	120	130
B 尺寸	35	40	50	60	70	80	90	100	110	120	130

C 尺寸	70	80	90	100	110

＊A、B、C 尺寸为 3 位数时，取前两位数表示。例：100 用 10 表示。

■ U 尺寸选择

请参考 U 尺寸所在页尺寸表中的 V 或 W。

	U 尺寸
V	30
W	40
—	无动模垫板类型

＊U 尺寸为 30 时记号为 V，为 40 时记号为 W。

图 7-12 板厚选择

4. 顶针板的规格

根据顶针的安装方式，可以分为两种规格，具体应用如图 7-13、图 7-14 所示。

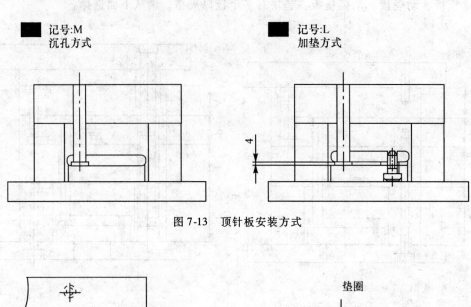

图 7-13　顶针板安装方式

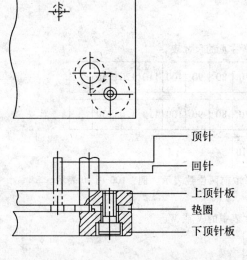

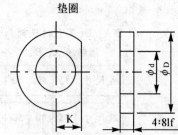

公称尺寸	D	d	K	适用螺栓
5	13	5.5	5	N5
6	14	6.5	6	N6
8	18	8.5	6	N8
10	22	10.5	7	N10
12	24	12.5	9	N12

①为保证精度，尽量使用较大的垫圈。
②为防止回针干扰，预先将垫圈一边去除一部分。

图 7-14　顶针板规格

5. 座板和导柱规格

根据座板在成型机上的安装方式及导柱的组合方式，可以分为四种规格。前一种可以分为压板紧固和螺栓紧固方式。后一种可以分为向动模板插入和向定模板插入两种组合方式。具体如图 7-15 和图 7-16 所示。

■ 记号：S
压板紧固方式
导柱安装在动模板上

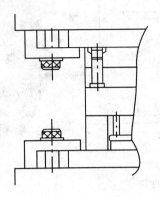

■ 记号：X
螺栓紧固方式
导柱安装在动模板上

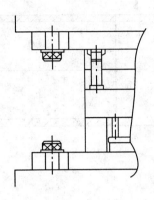

图 7-15 三板类型

■ 记号：Y
压板紧固方式
导柱安装在定模板上

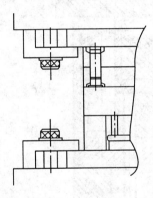

■ 记号：Z
螺栓紧固方式
导柱安装在定模板上

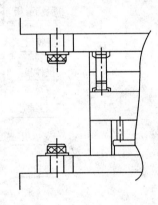

图 7-16 二板类型

三、知识应用

根据模具设计要求和塑件设计图，选择合适的标准模架，并写出其模架选择的详细步骤。

1. 塑件如图 7-17 所示。材料：PP，收缩率 $S=0.5\sim0.6\%$，选取平均值 0.55%，模具制造公差取 $\delta=\triangle/3$。

2. 模具设计要求：
采用点浇口进料，要求一模四件。推件板推出。设备：XS—ZY—125 注射机。

3. 标准模架选择步骤如下：
（1）确定模架组合形式
根据模具设计要求，点浇口进料，推件板推出，因此要用到带有可以移动的型腔板、

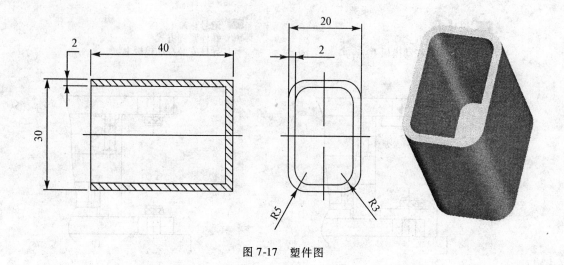

图 7-17 塑件图

带推件板的模架。根据以上要求,参考标准模架形式。选用 P9 型模架,如图 7-18 所示。

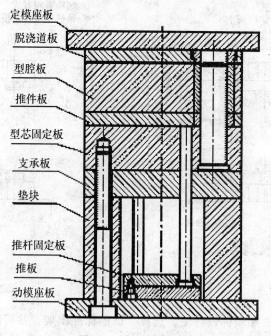

图 7-18 标准模架形式

(2) 确定型腔的壁厚:
查表 7-5 得型腔的壁厚 $S = 0.2A + 17 = 0.2 \times 30 + 17 = 23 mm$。

(3) 计算型腔模板周界

塑件没有精度要求,按自由公差 MT5 进行计算。型腔横向尺寸 30、15 标注公差后为 30-0.5mm,15-0.32mm。

计算型腔长度 A 和宽度 B:

$$A = (D + D \times Scp\% - 3\triangle/4)_0^{+\delta} = (30 + 30 \times 0.0055 - 0.75 \times 0.5)_0^{+0.17} = 29.79_0^{+0.17}$$
$$B = (d + d \times Scp\% - 3\triangle/4)_0^{+\delta} = (20 + 20 \times 0.0055 - 0.75 \times 0.44)_0^{+0.15} = 19.78_0^{+0.15}$$

型腔深度 H：

$$H = (H + H \times Scp\% - 2\triangle/3)_0^{+\delta} = (40 + 40 \times 0.0055 - 2 \times 0.64/3)_0^{+0.21} = 39.79_0^{+0.21}$$

一模四件排列如图 7-19 所示。计算型腔模板的长度和宽度：

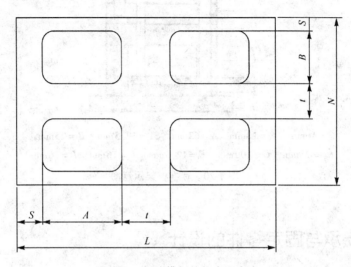

图 7-19 型腔模板的长度和宽度

$$L = S + A + t + A + S = 23 + 29.79 + 23/3 + 29.79 + 23 = 113.24 \text{mm}$$
$$N = S + B + t + B + S = 23 + 19.78 + 23/3 + 19.78 + 23 = 93.23 \text{mm}$$

(4) 确定模板周界尺寸

根据上步计算出来的模板长宽尺寸 113.24mm 和 93.23mm，把数据加以圆整以及考虑安放其他一些零件，初选 125×160 的标准模，若不合适再进行更换。

(5) 确定模板厚度及选择模架根据型腔深度 39.79mm，型腔底板厚度确定型腔板厚度为 63mm（由公式计算所得），参考模架标准手册得各模板厚度如图 7-20 所示。

(6) 检验所选模架的合适性

已知注射机型号为 XS—ZY—125，标称注射量为 125cm³。

① 最大注射量校核：

经计算塑件的体积：$V = 7627 \text{ mm}^3$，一模四件的注射量为：$7627 \times 4 = 30508 \text{ mm}^3 = 30.508 \text{ cm}^3$。由于 $0.8 \times 125 = 100 \geq 30.508 \text{ cm}^3$，满足注射量的要求。

② 模具厚度与注射机装模高度校核：

$H_m = T + R + A + S_1 + B + U_1 + C + L = 16 + 10 + 63 + 12.5 + 25 + 25 + 100 + 16 = 267.5$mm，而注射机 $H_{max} = 300$mm，$H_{min} = 200$mm，$H_{min} < 267.5 < H_{max}$，满足装模要求。

③ 开模行程校核：

XS—ZY—125 注射机的最大开模行程 $S = 300$mm，由公式 $S \geq H_1 + H_2 + a + (5 \sim 10)$ mm $= 40 + 40 + 20 + 10 = 120$mm，满足开模要求。

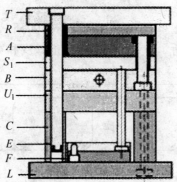

细水口模架(D、E系列)

$T = 16\text{mm}$　$R = 10\text{mm}$　$A = 63\text{mm}$　$S1 = 12.5\text{mm}$　$B = 25\text{mm}$
$U_1 = 25\text{mm}$　$C = 100\text{mm}$　$E = 12.5\text{mm}$　$F = 16\text{mm}$　$L = 16\text{mm}$

图 7-20　标准模架示意图

任务二　支承与固定零件的设计

【知识点】
定模座板、动模座板
固定板、支承板、垫块

一、任务目标

了解定模座板、动模座板的结构，设计原则。掌握固定板、支承板、垫块的作用、结构及安装要求。可以根据所选用合适的模架的规格设计对应的定模座板、动模座板、固定板、支承板、垫块结构。

二、知识平台

（一）塑料模具的支承与固定零件

塑料模具的支承与固定零件包括动模（或下模）座板、定模（或上模）座板、型芯（或凸模）固定板、型腔（或凹模）固定板、支承板、垫块等。注射模具支承零件的典型组合如图 7-21 所示。塑料注射模具支承零件起装配、定位及安装作用。

（二）塑料模具的支承与固定零件的作用及设计要求

1. 动模（或下模）座板、定模（或上模）座板

（1）作用：动模（或下模）座板、定模（或上模）座板均是固定塑料模具与成型设备连接的模板。因此，座板的轮廓尺寸和固定孔必须与成型设备上模具的安装板相适应。

（2）要求：座板应具有足够的机械强度，一般小型模具的座板厚度不应小于 13mm，大型模具的座板厚度，有时可以达 75mm 以上。

（3）设计原则：

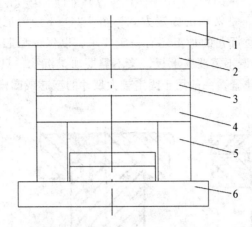

1—定模座板；2—定模板；3—动模板；4—支承板；5—垫板；6—动模座板

图 7-21 注射模具支承零件的典型组合

① 模座板外形尺寸不受注射机拉杆的间距影响；小型模具一般只在定模座板上安装定位圈，大型模具在定、动模座板上均需安装定位圈，如图 7-22 所示。定、动模座板安装孔的位置和孔径与注射机的固定模板上的及移动模板的一系列螺孔相匹配，压紧模具，如图 7-23 所示。

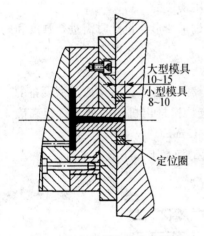

图 7-22 大型模具的定位结构

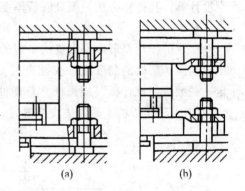

图 7-23 模座板在注射机上的安装

② 动、定模座的材料：采用 Q235 或 45 钢材料，不需进行热处理。

③ 动、定模座板的尺寸：动、定模座板的两侧均需比动、定模板的外形尺寸加宽 25～30mm。

2. 固定板

（1）作用：固定板是用以固定凸模或型芯、凹模、导柱、导套、推杆等用的。在移动式模具上，开模力一般作用在固定板上。因此对固定板要求有足够的强度。为了保证凹模、型芯（或凸模）及其他零件固定稳固，固定板也应有足够的厚度。

（2）固定板与型芯（或凸模）、凹模的连接方式如图 7-24 所示。其中图 7-24（a）为台阶孔固定，装卸方便，是常用的固定方式；图 7-24（b）为沉孔固定，可以不用支承板，但固定板需加厚，对沉孔的加工还有一定要求，以保证型芯与固定板的垂直度；图 7-24（c）为平面固定，既不需要支承板，又不需要加工沉孔，只需平面连接，但必须有足够安装螺钉和销钉的位置，一般用于固定较大尺寸的型芯或凹模。

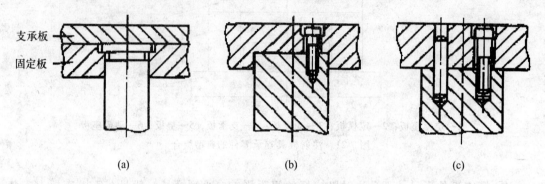

图 7-24　固定板与型芯（或凸模）、凹模的连接方式

3. 支承板

支承板是垫在固定板背面，防止成型零件和导向零件轴向移动并承受一定的成型压力。支承板与固定板的连接通常用螺钉和销钉紧固，也有用铆接的。

支承板应具有足够的强度和刚度，以承受成型力而不过量变形，设计时需进行强度和刚度计算，其计算方法与模具底板厚度的计算方法相似。

4. 垫块

垫块的作用是形成推出机构所需的推出空间或调节模具闭合高度，以适应成型设备的压板间距。垫块的高度在形成推出机构的推出空间时，应根据推出机构的推出行程来确定，一般应使推件板（或推杆）将塑件推出高于型腔 10～15mm。

如图 7-25 所示。两边垫块高度应一致，以保证组装后的模具上、下表面平行。

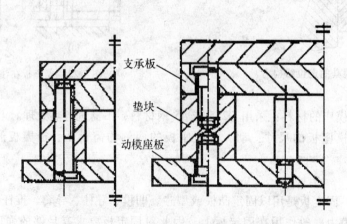

图 7-25　垫块与支承板和座板的组装方法

5. 支承与固定零件的技术要求

（1）材料与热处理见表 7-7。

（2）表面粗糙度　装配表面粗糙度达 1.6~0.8μm，其余 6.3~3.2μm。

表 7-7　　　　　　　　　　支承与固定零件常用的材料

零件名称	材料牌号	硬度要求
垫板（支撑板）、浇口板锥模套	45	43~48HRC
动、定模板　动、定模座板	45	230~270HBS
固定板	45	230~270HBS
	Q235	
	45	230~270HBS

三、知识应用

1. 根据所给案例进行定模座板、动模座板的相关设计，采用 3D 设计软件，如 PROE、UG 等软件。

遥控器后盖零件图，如图 7-26 所示。材料为 ABS 塑料。

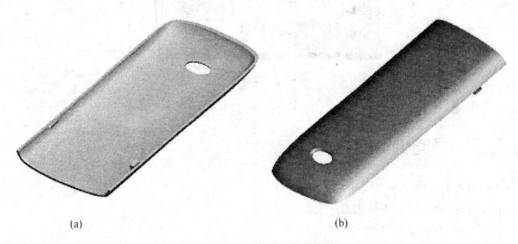

(a)　　　　　　　　　　　　　(b)

图 7-26　遥控器后盖零件图

2. 定模座板，如图 7-27 所示。

3. 动模座板，如图 7-28 所示。

图7-27 定模座板

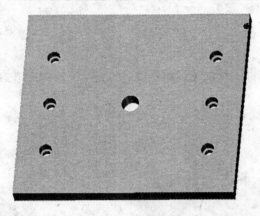

图7-28 动模座板

任务三 导向机构的设计

【知识点】

导向机构的作用、设计原则

导柱、导套、锥面定位

一、任务目标

掌握导向机构的作用、结构及设计方法,可以根椐所选用合适的模架的规格设计对应的合模导向机构。

二、知识平台

(一)导向机构的作用

导向零件——保证动模与定模或上模与下模合模时正确定位和导向的重要零件,主要包括导柱和导套,有的直接在模板上镗孔代替导套,俗称导向孔。

导向机构的形式主要有导柱导向（见图 7-29）和锥面定位二种。

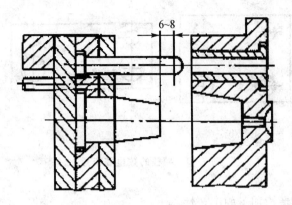

图 7-29　模具导柱导向机构

导向机构的作用

1. 导向作用　合模导向零件在合模时引导动、定模或上、下模准确合模，避免型芯先进入凹模可能造成型芯或凹模的损坏。推出机构的导向零件保证推杆定向运动（尤其是细长杆）。避免推杆在推出过程中折断、变形或磨损擦伤。

2. 定位作用　导向机构在模具装配过程中也起了定位作用。便于装配和调整，能有效避免装配时方向搞错而损坏模具。

3. 承受一定的侧向压力　导向机构还可以承受塑料熔体充模时或成型设备精度低而产生的侧压力。当侧压力很大时，不能单靠导向机构来承担，需要增设锥面定位机构。

（二）导向零件的设计原则

1. 导向机构类型的选用

合模导向通常采用导柱导向，当模塑大型、精度要求高、需要深型腔成型的塑件，尤其是薄壁容器和非轴对称的塑件时，模塑过程会产生较大的侧压力，如果单纯由导柱承受，会发生导柱导套卡住和损坏，因而应增设锥面定位结构。

2. 导柱数量、大小及其分布

根据模具形状及尺寸，一副塑料模导柱数量一般需要 2～4 个。尺寸较大的模具一般采用 4 个导柱；小型模具通常用 2 个导柱。导柱直径应根据模具尺寸选用。必须保证有足够的强度和刚度。

导柱在模具上的布置方式如图 7-30 所示。图 7-30（a）适用于结构简单、精度要求不高的小型模具；图 7-30（b）、图 7-30（c）为 4 根导柱对称布置的形式，其导向精度较高。为了避免安装方位错误，可将导柱做成两大两小，图 7-30（c），一大两小［图 7-30（d）］，或导柱直径相等，但其中一根位置错开 3～10mm。

导柱在模具中的安装位置，需根据具体情况而定，一般情况下，若不妨碍脱模，导柱通常安装在主型芯周围。

3. 导向零件的设置必须注意模具的强度

导柱和导向孔的位置应避开型腔底板在工作时应力最大的部位。导柱和导向孔中心至模板边缘应有足够距离，以保证模具强度和导向刚度。防止模板发生变形。

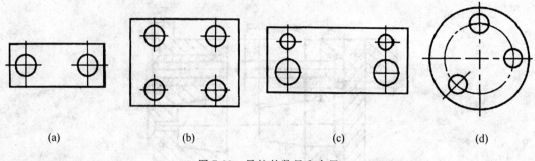

图 7-30 导柱的数量和布置

4. 导向零件必须考虑加工的工艺性

导柱固定端的直径与导套固定端的外径应相等。便于加工，有利于保证同轴度和尺寸精度。

5. 导向零件的结构应便于导向

如导柱的先导部分应做成球状或锥度；导套的前端应有倒角，以便导柱能顺利进入导套；导柱的导向部分应比型芯稍高（见图 7-29），以免型芯进入型腔时与型腔相碰而损坏；为了保证分型面很好地接触，导柱和导套在分型面处应具有承屑槽（见图 7-31）；各导柱、导套的轴线相互平行度及与模板的垂直度均应达到一定要求。

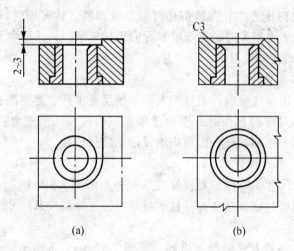

图 7-31 导向装置的结构要求

6. 导向零件应有足够耐磨性

导柱和导套的导向表面应硬而耐磨，而中心具有足够的韧性。因此，多采用 20 低碳钢经渗碳淬火处理，硬度为 HRC48~55；也可采用 T8 或 T10 碳素工具钢，经淬火处理。

导套的硬度低于导柱的硬度，这样可以改善摩擦，以防止导柱或导套拉毛。此外，导柱和导套的导向部分表面粗糙度要细。

（三）导柱的结构及固定方式

导柱：与安装在另一半模上的导套（或孔）相配合，用以确定动、定模的相对位置，保证模具运动导向精度的圆柱形零件。

导柱的结构形式随模具的结构、大小及塑件生产批量要求的不同而异，常用的结构有以下几种：

1. 带头导柱

带有轴向定位台阶，固定段与导向段具有同一公称尺寸，其结构见表7-8。常用于简单模具和小批量生产。导柱的固定形式如图7-32所示。

表7-8　　　　　　　　　　　　　导柱、导套的结构形式

序号	零件名称	简　图	材料	热处理
1	带头导柱	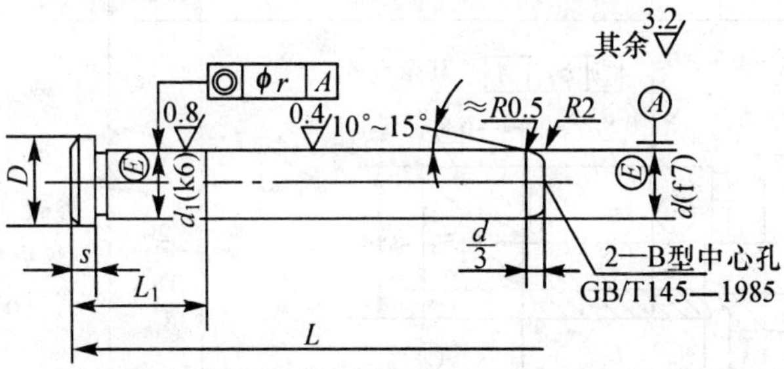	20 T8A	渗碳 0.5～0.8mm， 淬火 56～60HRC 50～55HRC
2	带肩导柱 Ⅰ型	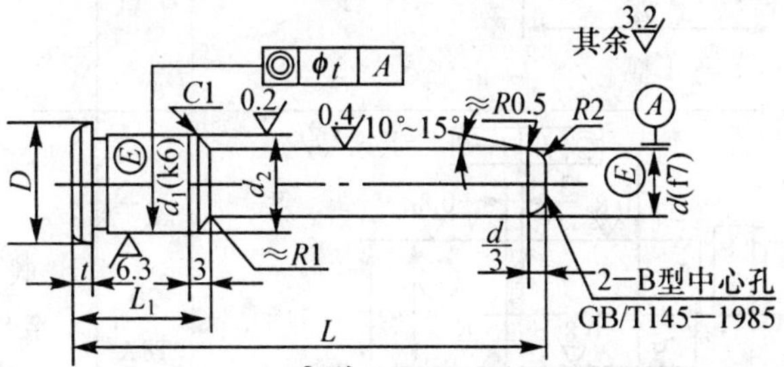	T8A 20	淬火 50～55HRC 渗碳 0.5～0.8mm， 淬火 56～60HRC
3	带肩导柱 Ⅱ型	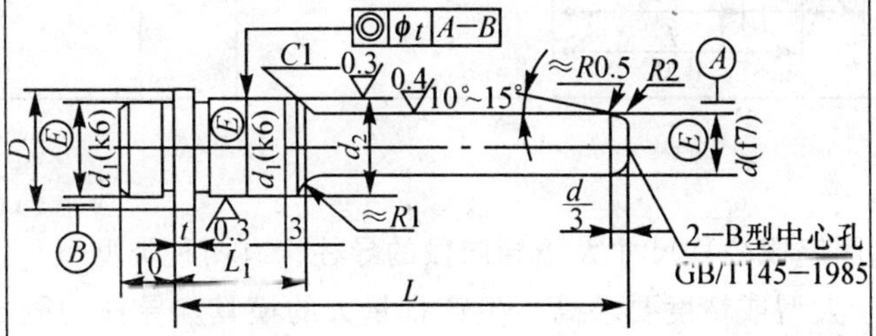	T8A 20	淬火 50～55HRC 渗碳 0.5～0.8mm，淬火 56～60HRC
4	推板导柱	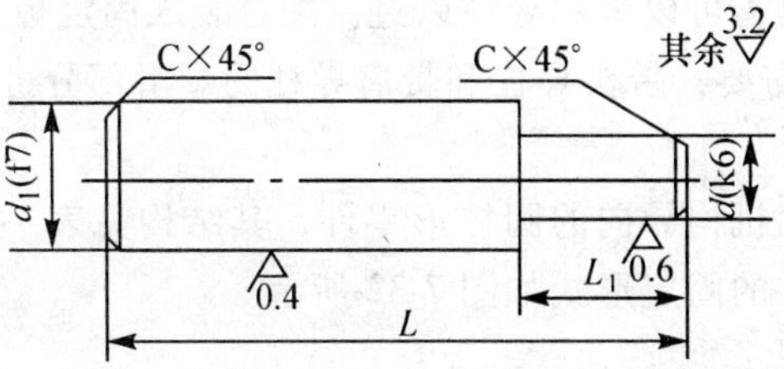	20 T8A	渗碳 0.5～0.8mm， 淬火 56～60HRC 50～55HRC

续表

序号	零件名称	简图	材料	热处理
5	直导套	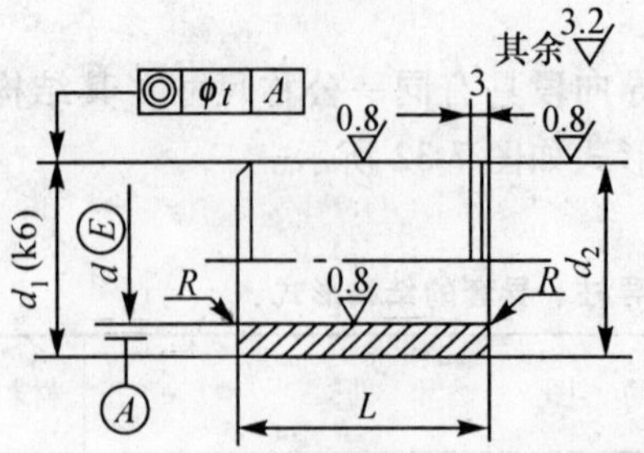	T8A 20	淬火 50~55HRC 渗碳 0.5~0.8mm, 淬火 56~60HRC
6	带头导套	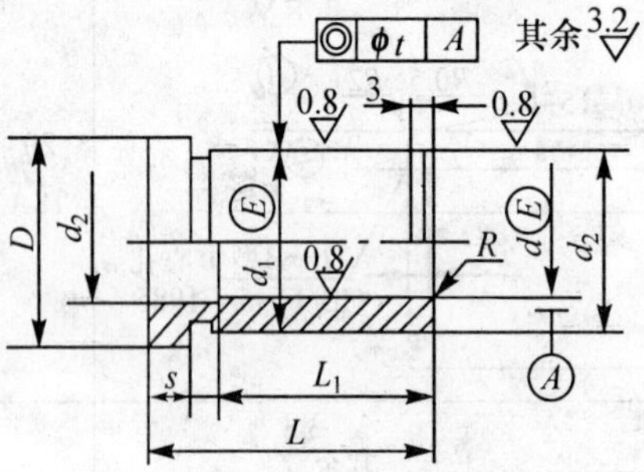 I型	20 T8A	渗碳 0.5~0.8mm, 淬火 56~60HRC 50~55HRC
7	带头导套	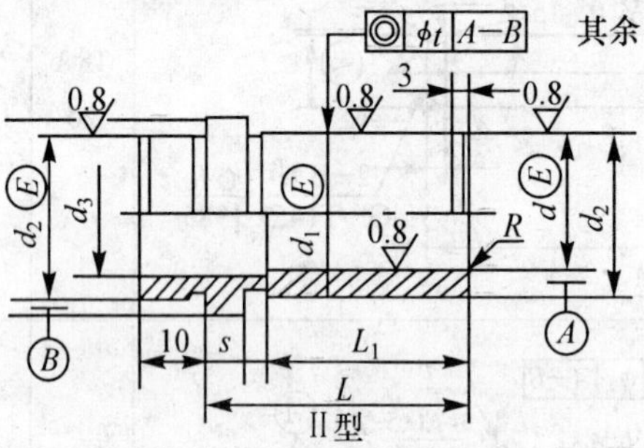 II型	20 T8A	渗碳 0.5~0.8mm, 淬火 56~60HRC 50~55HRC

2. 带肩导柱

带有轴向定位台阶，固定段公称尺寸大于导向段的导柱，有两种类型（I型和II型），其结构见表 7-8。主要用于大型或精度要求高、生产批量大的模具。导柱的固定形式如图 7-32 所示。

对于小型简单的移动式模具，可以采用导柱以过渡配合装入固定板，再铆接固定的装配形式，如图 7-33 所示。根据需要，带头导柱和带肩导柱的导滑部分可以加工出贮油槽。

3. 推板导柱

与推板导套配合，用于推出机构导向的圆柱形零件，其结构见表 7-8。推板导柱有时可作为支承柱和导柱兼用。导柱的固定形式如图 7-32 所示。

4. 导套的结构及其固定形式

导套：与安装在另一半模上的导柱相配合，用以确定动、定模的相对位置，保证模具

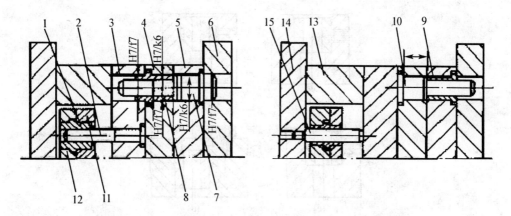

1—带头导套（Ⅱ型）；2—带头导柱；3—支承板；4—动模板；5—定模板；6—定模座板；
7—带肩导柱（Ⅱ型）；8—带头导套（Ⅱ型）；9—带头导套（Ⅰ型）；10—带肩导柱（Ⅰ型）；
11—推杆固定板；12—推板；13—垫块；14—动模座板；15—推板导柱

图 7-32　导柱、导套的固定及配合

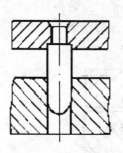

图 7-33　铆接式导柱

运动导向精度的圆套形零件。导套的主要结构形式有直导套和带头导套。见表 7-8。

（1）直导套不带轴向定位台阶的导套。其结构简单，制造方便。用于小型简单模具。直导套的固定方法如图 7-34（a）、(b)、(c) 所示。

（2）带头导套带有轴向定位台阶的导套。其结构较复杂，主要用于精度较高的大型模具。对于大型注射模具或压缩模，为防止导套拔出，导套头部安装方法如图 7-32 所示。如果导套头部无垫板时，则应在头部加装盖板，如图 7-34（d）所示。

在实际生产中，可根据需要，在导套的导滑部分开设油槽。

导柱和导套的尺寸，参照国家标准 GB4169.1—84，GB4169.5-84 选取。

（四）锥面和合模销定位机构

1. 锥面定位机构

适用场合：多用于大型、深腔和精度要求高的塑件，特别是薄壁偏置不对称的壳体。原因是大尺寸塑件在注射时，成型压力会使型芯与型腔偏移，且过大侧压力让导柱单独承受，使导柱导向过早失去对合精度。需用锥面承受一定的侧压力，同时锥面定位也提高了模具的刚性。

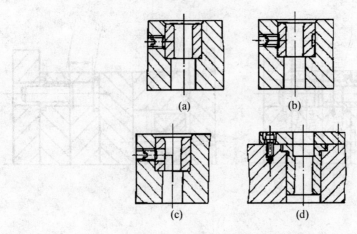

图 7-34 导套的固定方法

结构：如图 7-35 所示，圆锥面定位机构的模具，常用于圆筒类塑件。其锥角为 5°~20°，高度大于 15mm，两锥面均需淬火处理。图 7-36 为斜面镶条定位机构，常用于矩形型腔的模具。用 4 条淬硬的斜面镶条，安装在模板上。这种结构加工简单，通过对镶条斜面调整可对塑件壁厚进行修正，磨损后镶条又便于更换。

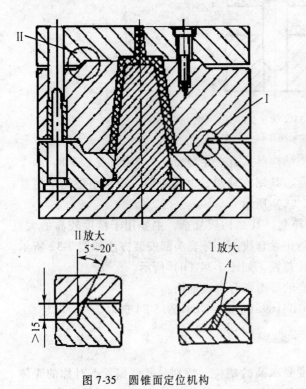

图 7-35 圆锥面定位机构

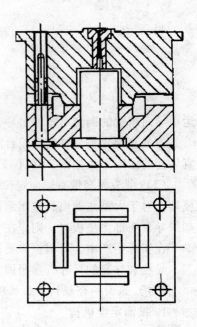

图 7-36 斜面镶条定位机构的注射模

2. 合模销定位机构

垂直分型面的模具中，为保证锥模套中的对拼凹模相对位置准确，常采用两个合模销定位。分模时，为防止合模销拔出，其固定端采用 H7/k6 过渡配合，另一滑动端采用 H9/f 9 间隙配合，如图 7-37 所示。

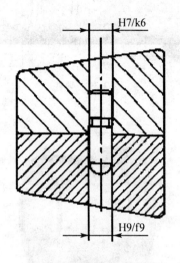

图 7-37 合模销定位示例

三、知识应用

根据所给案例，遥控器后盖零件如图 7-38 所示，进行导向机构的相关设计，采用 3D 设计软件，如 PROE、UG 等软件。

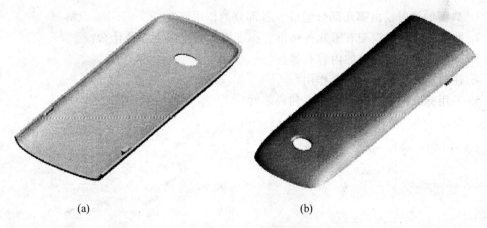

图 7-38 遥控器后盖

导柱和导套，如图 7-39、图 7-40 所示。

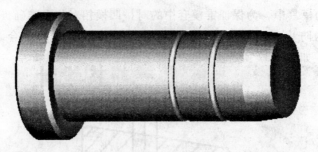

图 7-39　导柱

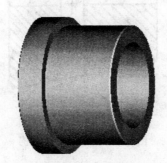

图 7-40　导套

习题与思考题

1. 典型的注射模由哪几部分组成？各部分的作用何在？
2. 我国关于注射模架有哪几种标准？标准模架的选用要点是什么？
3. 导柱导向机构设计的内容有哪些？
4. 注射模的定位环起什么作用？
5. 采用标准模架具有哪些优点和局限性？

模块八　脱模机构设计

【知识点】
脱模机构设计原则及分类
脱模力计算
脱模机构的基本形式
二级脱模机构
定模边脱模及双脱模机构
顺序脱模机构
螺纹制品脱模机构
浇注系统凝料脱模机构

一、任务目标

了解推出机构的各种类型，能看懂原理结构图。会计算脱模力。掌握脱模机构的设计原则及设计方法。能为遥控器后盖设计脱模机构，并应用 3D 设计软件（PROE 或 UG）设计出来。

二、知识平台

（一）脱模机构设计原则及分类

当塑件被注射成型好了以后需开模取出塑件。由于塑件的收缩力、粘模力及涨模力，开模时塑件会留在凸模或凹模上，需要设计相应的脱模机构（或推出机构）使塑件脱离模具的凸模或凹模。

1. 脱模机构设计原则

（1）保证结构可靠　脱模机构要求简单、动作可靠，机构本身要有足够的强度、刚度和硬度，以承受推出过程中的各种力的作用，确保塑件顺利脱模。

（2）保证塑件推出时不变形不损坏　设计时应仔细分析塑件对模具的包紧力和粘附力的大小，合理选择推出方式及推出位置。脱模力作用位置靠近型芯，脱模力应作用于塑件刚度及强度最大的部位，作用力面积尽可能大，保证塑件不因推出而变形损坏。一般而言：塑件收缩率大、壁厚、大而复杂的型芯、深度大、脱模斜度小、成型零件表面粗糙时脱模力大。

（3）保证良好的塑件外观　正确选择推出塑件的位置，保证塑件的良好外观。一般而言，推出塑件的位置应选在内部或对外观影响不大的部位，使用推杆推出机构时尤其要注意这一点。

（4）尽量使塑件留于动模一侧　由于推出机构的动作是通过注射机上的顶杆来驱动

的，所以一般情况下，推出机构设在动模一侧。正因如此，在分型面设计时应尽量使塑件能留在动模一侧。塑件留于动模则推出机构简单，否则要设计定模推出机构。

(5) 保证合模时正确复位　保证动模与定模合模时能正确复位，复位机构不与其他模具零件产生干涉现象。

2. 脱模机构的分类

(1) 按驱动方式分

① 手动推出机构　开模后靠人工操纵推出机构来推出塑件。

② 机动推出机构　利用注射机的开模动作驱动模具上的推出机构，实现塑件的自动脱模。

③ 液压与气动推出机构　利用注射机上的专业液压或气动装置，将塑件推出或从模具中吹出。

(2) 按模具结构分

按照模具结构，可以将脱模机构分为简单脱模机构、二级脱模机构、定边脱模机构、双脱模机构、顺序脱模机构、螺纹制品脱模机构以及浇注系统凝料脱模机构。

(二) 脱模力计算

1. 脱模力定义

脱模力是指将塑件从型芯上脱出时所需克服的阻力，脱模力是设计脱模机构的主要依据之一。脱模力包括成型收缩的包紧力、不带通孔的壳体类塑件的大气压力、机构运动的摩擦力以及塑件对模具的粘附力。

影响脱模力的因素有型芯成型部分的表面积及其形状、收缩率及摩擦系数、塑件壁厚和包紧型芯的数量、型芯表面粗糙度、成型工艺参数（注射压力、冷却时间）等。

2. 脱模力分类

塑件的脱模力可以分为两类：初始脱模力和相继脱模力。初始脱模力是指开始脱模时瞬间所需克服的力；相继脱模力是指脱模后期需要克服的摩擦阻力。两者比较而言初始脱模力大得多，故在设计脱模机构时计算的是初始脱模力。

3. 脱模力计算

如图 8-1 所示为塑件收缩包紧型芯时的受力分析图。由于型芯一般具有脱模斜度，故在脱模力 $F_{脱}$ 作用下，塑件对型芯的正压力减少了 $F_{脱}\sin\alpha$，这时的摩擦阻力和正压力分别为

$$F_{摩} = f(F_{正} - F_{脱}\sin\alpha) \tag{8-1}$$

$$F_{正} = pA \tag{8-2}$$

式中：$F_{摩}$——摩擦阻力（N）；

f——塑料与钢的摩擦系数，聚碳酸酯、聚甲醛取 0.1~0.2，其余取 0.2~0.3；

$F_{正}$——因塑件收缩产生的对型芯的正压力（N）；

$F_{脱}$——脱模力（N）；

α——脱模斜度，一般取 1°~2°；

p——塑料对型芯的单位面积上的包紧力，一般情况下模外冷却的塑件 $p = (2.4~3.9) \times 10^7 Pa$；模内冷却的塑件 $p = (0.8~1.2) \times 10^7 Pa$；

A——塑件包紧型芯的侧面积（mm^2）。

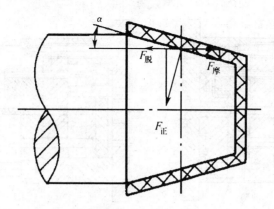

图 8-1 塑件脱模力的分析

根据力的平衡原理,可以列出平衡方程式

$$\sum FX = 0$$

故

$$F_{摩}\cos\alpha - F_{脱} - F_{正}\sin\alpha = 0 \tag{8-3}$$

$$F_{脱} = F_{摩}\cos\alpha - F_{正}\sin\alpha \tag{8-4}$$

代入如前所述式(8-1)、式(8-2)后整理可得

$$F_{脱} = \frac{F_{正}(f\cos\alpha - \sin\alpha)}{1 + f\cos\alpha\sin\alpha}$$

即

$$F_{脱} = \frac{pA(f\cos\alpha - \sin\alpha)}{1 + f\cos\alpha\sin\alpha} \tag{8-5}$$

由于 f 很小,$\cos\alpha$ 小于 1,$\sin\alpha$ 更小,$f\cos\alpha\sin\alpha$ 可以忽略不计,从而将上式化简为

$$F_{脱} = F_{正}(f\cos\alpha - \sin\alpha) = pA(f\cos\alpha - \sin\alpha) \tag{8-6}$$

实际上,影响脱模力的因数很多,在计算公式中不可能一一反映出来,以上公式只能做大概的分析和估算。

(三) 脱模机构的基本形式

1. 脱模机构组成及作用

脱模机构是指把塑件从成形零件上脱出的机构。脱模机构一般由推出部件、推出导向部件和复位部件组成。如图 8-2 所示为推杆脱模机构工作过程图。

推出部件由推杆 16、拉料杆 13、推杆固定板 8、推板 9、支承钉 12 组成。其中推杆和拉料杆固定在推杆固定板和推板之间,两板用螺钉紧固连接,注射机上的顶出力作用在推板上;支承钉的作用使推板与动模板之间形成间隙,既保证平面度的要求,也有利于废料、杂物的去除,此外还可以通过调节支承钉的厚度来控制推出的距离;拉料杆用来保证浇筑系统主浇道的凝料从定模浇口套中拉出而留在动模一侧,以便于取出。

推出导向部件由推杆导柱 14、推杆导套 15 组成,以保证推出平稳而灵活。

复位部件由复位杆 11 组成,以保证推杆推出塑件后在合模时能回到原来的位置。

2. 简单脱模机构

简单脱模机构也称为一次推出机构,即塑件在推出机构的作用下,通过一次动作就可

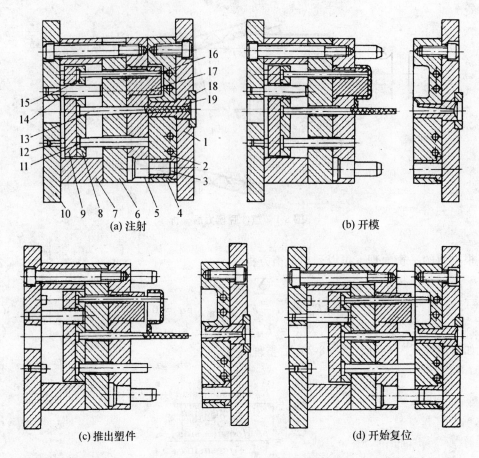

1—定模座板;2、15—导套;3、14—导柱;4—凹模;5—动模板;6—支承板;7—垫块;8—推杆固定板;9—推板;10—定模座板;11—复位杆;12—支承钉;13—拉料杆;16—推杆;17—凸模;18—定位圈;19—浇口套

图 8-2 推杆脱模机构工作过程

以脱出模外。简单脱模机构一般包括推杆推出机构、推管推出机构、推件板推出机构和推块推出机构等。

（1）推杆推出机构

推杆推出机构结构简单、便于制造、易提高精度，损坏后便于更换，位置选择灵活，是最简单且最常用的简单脱模机构。

由于推杆推出力作用面积小，易引起较大局部应力，顶穿塑件或使塑件变形，故适用脱模阻力小的简单塑件，不太适合用于脱模斜度小和脱模阻力大的管类或箱体类塑件。

① 推杆的基本形状

常用推杆形状有等截面圆形推杆、阶梯形推杆、组合结构推杆。推杆的直径要根据压杆稳定公式与强度公式校核，一般取 $\phi 1.25 \sim 12$ mm。常用推杆有标准件可选。推杆的基本形状如图 8-3 所示。

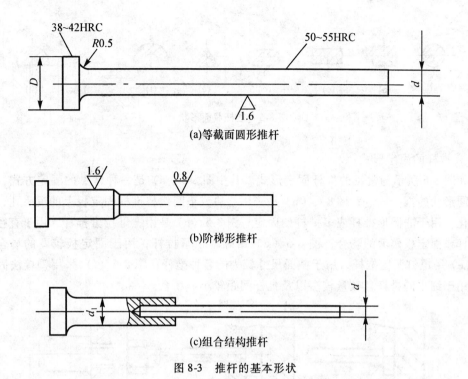

图 8-3 推杆的基本形状

如图 8-4 所示为锥面推杆,也称顶盘式推杆。这种推杆加工时较困难,装配时需从动模型芯插入,端部用螺钉固定在推杆固定板上。注射成型时无间隙、推出时无摩擦。适用于深筒形塑件的推出。

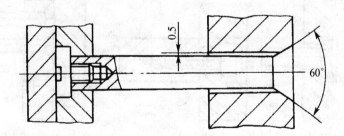

图 8-4 锥面推杆

除此之外,还有成型推杆。成型推杆除推出塑件外还直接参与塑件成型。

② 推杆的工作端面形状

推杆的工作端面形状如图 8-5 所示。最常用的是圆形,还可以设计成矩形、三角形、椭圆形、半圆形等。这些特殊形状的杆好加工,但孔加工需采用电火花、线切割等特殊机床加工。

③ 推杆的材料及热处理

推杆的材料常采用 T8A、T10A,或 65Mn 等。前者热处理硬度为 50~54HRC,后者热处理硬度为 46~50HRC。推杆工作端配合部分的粗糙度指 Ra 一般取 0.8μm。

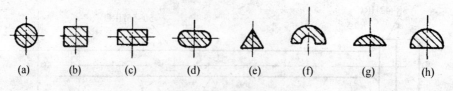

图 8-5 推杆截面形状

④ 推杆的固定形式

如图 8-6 所示为常见的推杆固定形式。其中图 8-6（a）是一种常见的固定方式，适用于不同形状的推杆固定；图 8-6（b）是采用垫块或垫圈代替推杆固定板上的沉头孔，使加工简化，用于非圆形推杆或多推杆的固定；图 8-6（c）是用螺母拉紧推杆，用于直径较大的推杆或固定板较薄的场合；图 8-6（d）用螺塞顶紧拉杆，用于固定板较厚的场合；图 8-6（e）用螺钉紧固推杆，用于截面尺寸较大的各种推杆；图 8-6（f）采用铆接法固定推杆，用于细小的推杆且数量较多以及推杆间距较小的场合。

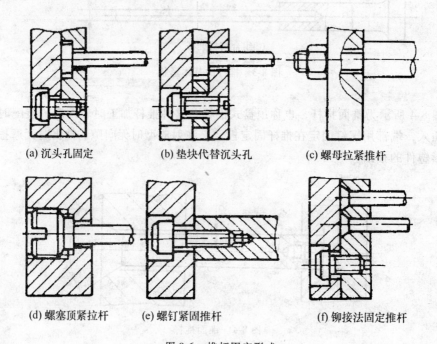

图 8-6 推杆固定形式

⑤ 推杆的复位

推出机构在开模推出塑件后，为下一次注射成形做准备时必须使推出机构复位，以便恢复完整的模腔，这就必须设计复位装置。复位装置的类型有复位杆复位和弹簧复位装置。

复位杆复位　在推杆固定板上安装复位杆，复位杆端面设计在动、定模的分型面上。开模时，复位杆与推出机构一起推出；合模时，借助模具闭合动作使复位杆先与定模分型面接触，迫使推出机构回复到原来的位置。图 8-7（a）是复位杆的结构与装配尺寸，图

8-7（b）是复位杆的常用形式，图 8-7（c）是复位杆的顶面顶在淬火的固定板内的垫块上，以免在工作中复位杆将定模固定板顶出凹坑而影响准确复位。

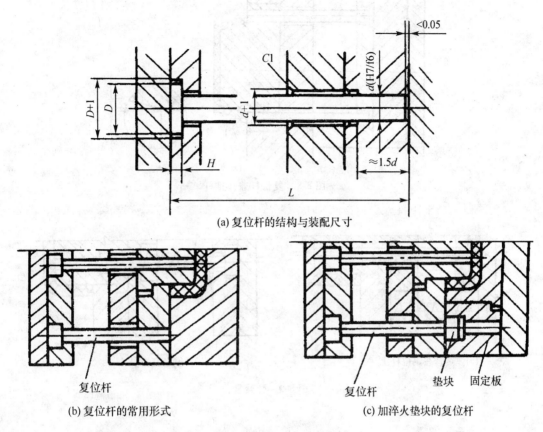

图 8-7 复位杆的形式及安装设计

在塑件结构允许的情况下，也可以利用推杆兼作复位杆进行复位，如图 8-8 所示。同时，兼作推杆的边缘应与型芯侧壁隔 0.1~0.15mm。以免兼用推杆因推杆孔的摩擦而把型芯侧壁擦伤。

复位杆一般对称设置在推板的四周，每副模具设置 4 根复位杆，以便推出机构在合模时能平稳复位。

弹簧复位　小型模具可以利用弹簧的弹力使推出机构复位，如图 8-9（a）所示弹簧套在定位杆上，以免工作时弹簧偏移；图 8-9（b）表示当空间位置不够时，弹簧直接套在推杆上。弹簧复位机构结构简单，不可靠，一般只在小批量的小模具上采用。

⑥ 推杆推出机构导向零件

当推杆较细或推杆数量较多时，为了防止因塑件反推阻力不均而导致推杆弯曲，以致在推出时不够灵活，甚至折断，故常设导向零件。导柱的数量一般不少于两个。推出机构的导向零件也包括导柱和导套。但当模具小、推杆数量少、塑件批量不大时也可省去导套。

常见的推出机构导向形式如图 8-10 所示。

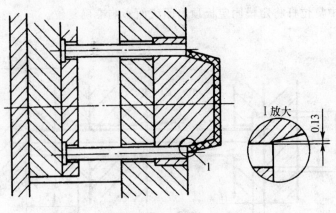

图 8-8 复位杆兼作推杆

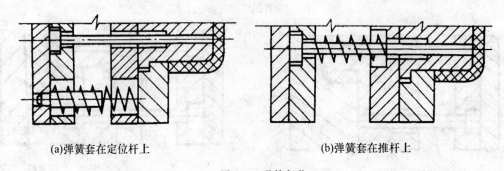

(a) 弹簧套在定位杆上　　　　　　　(b) 弹簧套在推杆上

图 8-9 弹簧复位

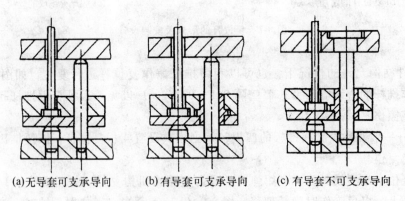

(a) 无导套可支承导向　　(b) 有导套可支承导向　　(c) 有导套不可支承导向

图 8-10 推出机构的导向零件

⑦ 推杆推出机构的设计要点

（a）推杆应设在推出阻力最大的地方，应注意不能和型芯（或嵌件）距离太近，以免影响凸模或凹模的强度。

（b）当塑件各处推出阻力相同时，推杆应均衡布置，使塑件被推出时受力均匀，以防止变形。

（c）当塑件上有局部凸台或肋时，推杆通常设在凸台或肋的底部。

(d) 推杆不宜设在塑件薄壁处,若结构需要,可增大推出面积以改善塑件受力状况。

(e) 当塑件上不允许有推出痕迹时,可采用推出耳形式。

(f) 推杆应设在推出阻力最大的地方,应注意不能和型芯(或嵌件)距离太近,以免影响凸模或凹模的强度。

⑧ 推杆推出机构应用举例(见表 8-1)

表 8-1　　　　　　　　　推杆推出机构应用举例

简　图	说　明	简　图	说　明
	推杆设置在塑件底面,适用于板状塑件,推出机构的复位一般应采用复位杆。		是利用设置在塑件内的锥形推杆推出,接触面积大,便于脱模,但型芯冷却较困难。
	对于盖、壳类塑件,因侧面脱模阻力大,为避免推出时塑件变形,在侧面周边与底部同时设置推杆推出。		当塑件不允许有推杆痕迹,但又需要用推杆推出时,可采用设置顶出耳推出的形式。
	对于有狭小加强筋的塑件,为防止推出时加强筋断裂留在型芯上,除了周边设置推杆外,在筋槽处也设置推杆。		推出带嵌件的塑件时,推杆设置在嵌件下方,可避免在塑件上留下痕迹。

(2) 推管推出机构

① 推管推出机构的特点

推管推出机构又叫空心推杆推出机构,特别适合中心有孔的圆筒形或局部是圆筒形的塑件。推管推出塑件的运动方式与推杆推出塑件的运动方式基本相同,只是推管中间固定有一个长型芯。

推管推出塑件时平稳可靠,同轴度高,塑件受力均匀,变形小,无推出痕迹。但对于壁厚小于 1.5mm 的塑件,由于推管加工困难且易变形,不易采用推管推出。

② 推管推出机构的结构

推管推出机构的结构形式如表 8-2 所示。

③ 推管推出机构的设计要点

(a) 推管要经热处理,硬度为 50-55HRC,最小淬硬长度要大于与型腔配合长度加推出距离。

（b）对于一些软性塑料，如 PE、软 PVC 等，不易采用推管式推出机构，需与其他元件联用。

（c）当脱模速度快时，塑件易被推管推变形，因此对脱模速度的选择应当慎重。

表 8-2　　　　　　　　　　推管推出机构的结构

简　图	说　明
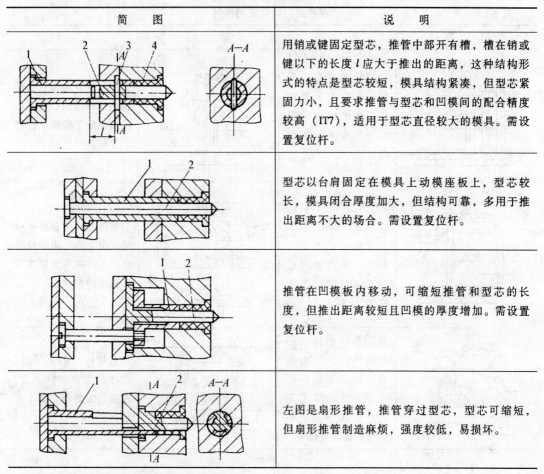	用销或键固定型芯，推管中部开有槽，槽在销或键以下的长度 l 应大于推出的距离，这种结构形式的特点是型芯较短，模具结构紧凑，但型芯紧固力小，且要求推管与型芯和凹模间的配合精度较高（IT7），适用于型芯直径较大的模具。需设置复位杆。
	型芯以台肩固定在模具上动模座板上，型芯较长，模具闭合厚度加大，但结构可靠，多用于推出距离不大的场合。需设置复位杆。
	推管在凹模板内移动，可缩短推管和型芯的长度，但推出距离较短且凹模的厚度增加。需设置复位杆。
	左图是扇形推管，推管穿过型芯，型芯可缩短，但扇形推管制造麻烦，强度较低，易损坏。

注：1—推管；2—型芯；3—销；4—凹模板

（3）推板推出机构

① 推板推出机构的特点

推板又叫脱模板、刮板。这种推出机构是在型芯的根部安装一块推件板，与塑件的整个周边端面接触，开模时，利用顶杆推动推板运动，从而带动塑件运动脱模。脱模结构简单，不用设置复位装置。对于非圆形塑件其配合部分加工困难。

脱模时推出机构的作用面积大，推出力大而均匀，并且在塑件上无推出痕迹，常用于推出支承面很小的塑件，如薄壁容器、各种罩壳类塑件以及表面不允许有推出痕迹的塑件。

② 推板推出机构的结构

推板推出机构的结构形式见表 8-3。

③ 推板推出机构的设计要点

（a）推件板与型芯间留有 0.2~0.25mm 的空隙，并以锥面配合，斜度不得小于 5°。如图 8-11 所示。

（b）配合面应热处理，以提高耐磨性，推板的推出长度不得大于导柱长度。

（c）大型深腔塑件应设进气装置。

表 8-3　　　　　　　　　　推管推出机构的结构形式

简　图	说　明	简　图	说　明
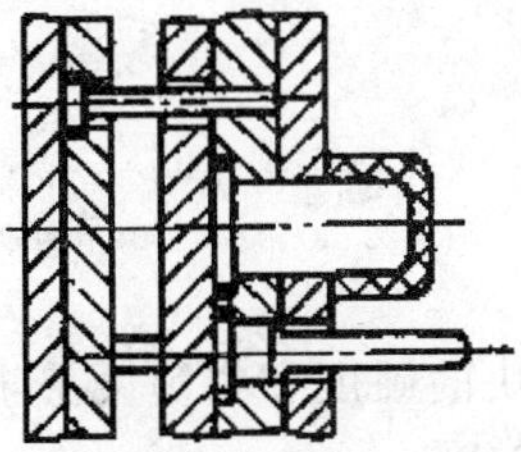	推件板借助于动、定模的导柱导向，该结构应用最广泛。	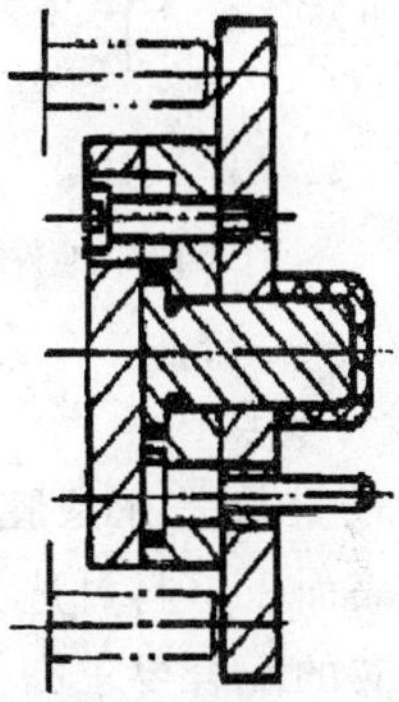	利用注射机两侧的顶杆直接推动推件板，模具结构简单，但推件板要适当增大和增厚。
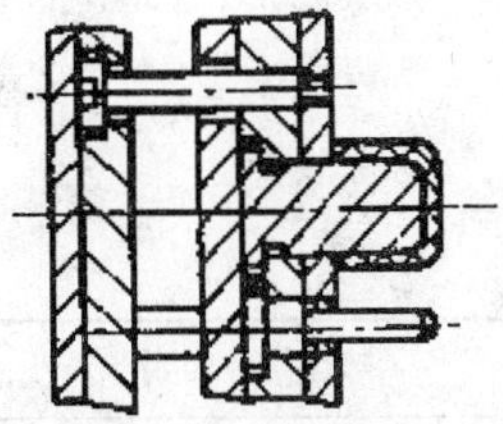	推件板由定距螺钉拉住，以防脱落。	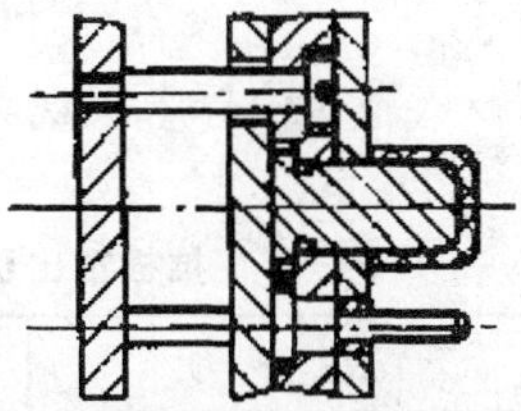	定距螺钉反向的安装，这样可省去定距螺钉固定板后面的垫板（推板）。
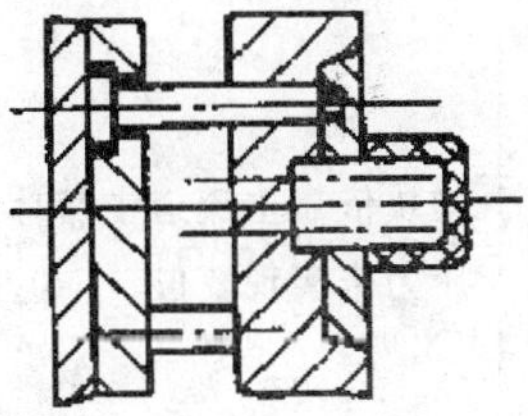	推件板镶入动模板内，模具结构紧凑，推件板上的斜面是为了在合模时便于推件板的复位。	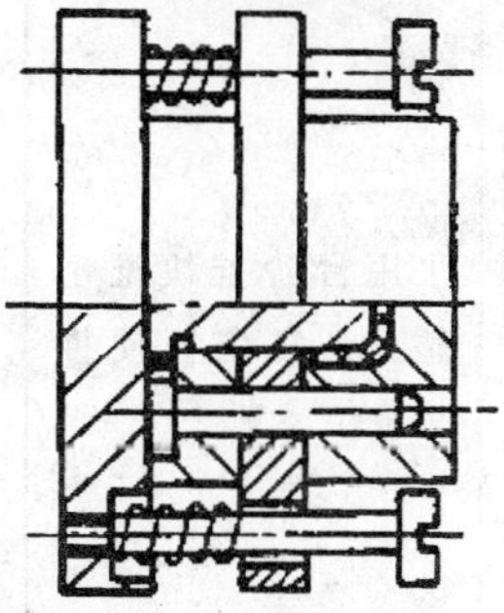	推件板在弹簧力作用下推出塑件，适用于推出距离较小的场合。

（4）推块推出机构

① 推块推出机构的特点

推块推出机构可看做是推板推出机构的演变而来，适用与平板带有凸缘、表面不允许有推杆痕迹，且平面度要求较高的塑件。推块与塑件的接触面积大，受力均匀、平稳，塑件不易变形，但其加工精度要求较高。

② 推块推出机构的结构

推块推出机构的结构形式见表 8-4。

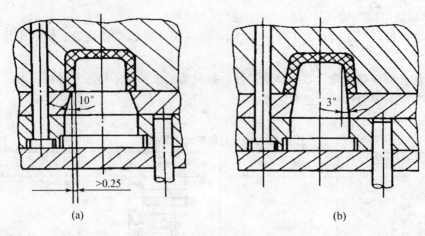

图 8-11 推件板与型芯的配合形式

③ 推块推出机构的设计要点

(a) 由于这种结构中的推块是在型腔中的一部分,因此,推块的硬度和粗糙度要求不能低于型腔中其他的内表面,材料可选 T8,淬火后硬度为 52-55HRC。

(b) 推块与型腔、型芯的配合要求高,应有良好的间隙,既要求滑动灵活,又不能溢料形成飞边。

(c) 推块的复位一般依靠复位杆来实现。

表 8-4　　　　　　　　　　推板推出机构的结构

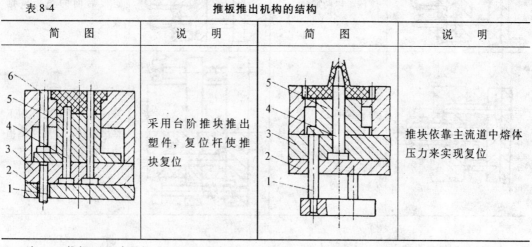

简　图	说　明	简　图	说　明
	采用台阶推块推出塑件,复位杆使推块复位		推块依靠主流道中熔体压力来实现复位

注:1—推杆;2—支承板;3—型芯固定板;4—型芯;5—推块;6—复位杆

(5) 联合推出机构

实际生产中,有些塑件结构十分复杂,采用单一的脱模机构容易推坏塑件甚至根本难以推出。这时要采用两种以上的方式进行脱模,这就是联合推出机构或多元推出机构。联合推出机构的一些形式如表 8-5 所示。

表 8-5　　　　　　　　　　　　　联合推出机构

简　图	说　明	简　图	说　明
	采用以推件板 1 为主、推杆 2 为辅的联合推出方式，可避免由于型芯内部阻力大单独采用推件板或推杆会损坏塑件。		为克服型芯 1 和深筒周边阻力，防止塑件损坏，宜采用以推件板 3 为主、推管 2 为辅的联合推出方式。
	当塑件有凸起深筒或脱模斜度较小时，深筒周边与型芯 1 的阻力大，宜采用以推杆 3 为主、推管 2 为辅的联合推出方式。		考虑到嵌件放置和凸起轴的脱模阻力，宜采用推杆、推件板、推管联合推出的方式。

（四）二级脱模机构

有些塑件无论是采用单一或多元推出机构，由于塑件的特殊形状或自动化生产的需要，在一次脱模动作完成后，仍难于从型腔中取出或不能自动脱落，此时就必须再增加一次脱模推出动作才能使塑件脱落；有时为避免一次脱模塑件受力过大，也采用二次脱模推出，以保证塑件质量，这类机构称为二次推出机构。

1. 弹簧式二次推出机构（单推板二次推出机构）

如图 8-12 所示的弹簧式二次推出机构中，利用弹簧 1 的弹力推住推件板（动模型腔板）4，推件板不随动模一起移动，从而使塑件从型芯 2 上脱出，实现一次推出动作；继续开模，注射机顶杆顶动推板，再由推杆 3 从推件板型腔中推出塑件，完成二次推出动作。

这种方法结构简单，装配后所占面积小，缺点是动作不可靠，弹簧容易失效，需要及时更换。在使用这种推出机构时，必须注意动作过程的顺序控制。刚开模时，弹簧不能马上起作用，否则塑件开模后会留在定模一侧，使二次脱模无法进行，推出也就无法实现。另外，要实现弹簧二次推出，必须设置顺序定距分型机构。

2. 斜楔滑块式二次推出机构（单推板二次推出机构）

如图 8-13 所示为斜楔滑块式二次推出机构。开模时，当注射机顶杆顶动推板，模具上推杆 8 和中心推杆 10 同时推出，使塑件脱离型芯 9，但仍留在推件板 7 上型腔内，完成一次推出动作；与此同时，滑块 4 在斜楔 6 的作用下，向模具中心方向移动，再继续运动时，推杆 8 后端落入滑块的孔中而不再起推出作用，由中心推杆 10 继续推着塑件，从而使塑件从推件板型腔内脱出，完成二次推出动作。

3. 三角滑块二次推出机构（双推板二次推出机构）

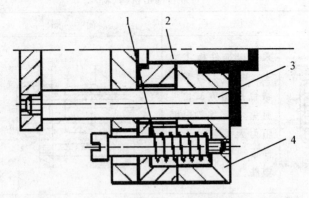

1—弹簧；2—型芯；3—推杆；4—推件板（动模型腔板）

图 8-12 弹簧式二次推出机构

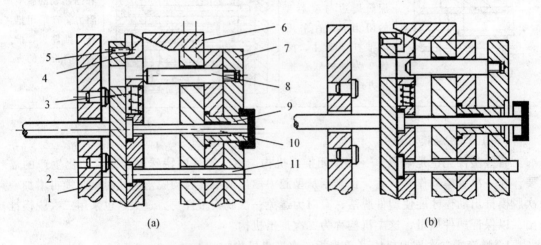

1—动模座板；2—推板；3—弹簧；4—滑块；5—销钉；
6—斜楔；7—推件板；8—推杆；9—型芯；10—中心推杆；11—复位杆

图 8-13 斜楔滑块式二次推出机构

图 8-14 所示为三角滑块式二次推出机构。该机构中三角滑块 2 安装在一次推板 1 的导滑槽内，斜楔杆固定在动模支承板上。开模时，当注射机顶杆顶动一次推板时，一、二次推出机构同时推动动模型腔板 7 移动，使塑件从型芯 8 上脱出，完成第一次推出动作；同时，斜楔杆 5 与三角滑块 2 开始接触，随着推出动作继续进行，三角滑块在斜楔杆斜面作用下向上移动，使其另一侧斜面推动二次推板 3，使推杆 9 推出距离超前于动模型腔板 7，从而使塑件从型腔板中推出，完成第二次推出动作。

（五）定模边脱模及双脱模机构

在设计模具时，原则上应使塑件留在动模一边，在动模上设计推出装置，使塑件脱出。但有时由于塑件形状特殊，会使塑件既有可能留在定模一侧，也有可能留于动模一侧，这时将使动模上的推出装置不能将塑件可靠推出。为了解决这个问题应采取在定模与动模同时设置推出机构的方法，即在定模部分增加一个分型面，在开模时确保该分型面首先定距打开，让塑件先从定模型芯上或从型腔中脱模，然后在主分型面分型时，塑件能可

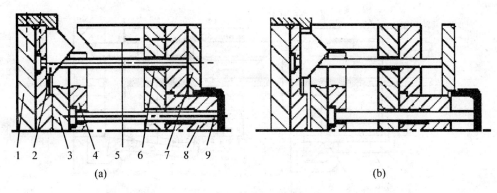

1——次推板；2—三角滑块；3——二次推板；4—推杆固定板；
5—斜楔杆；6—推杆；7—动模型腔板；8—型芯；9—推杆

图 8-14 三角滑块式二次推出机构

靠地留在动模部分，最后由动模推出机构将塑件推出，这就是定模边脱模及双脱模机构。

定模边脱模及双脱模机构包括：摆钩式双向推出机构、弹簧式双向推出机构、杠杆式双向推出机构、气动式双向推出机构等。

1. 摆钩式双向推出机

摆钩式双向推出机构如图 8-15 所示。塑件在定模和动模部分都有型腔和型芯，开模时留在动、定模的可能性都有，因此设计了让塑件先脱离定模的推出机构。开模时，动模和定模之间由于摆钩 8 的连接不能分开，迫使模具首先从 A-A 分型面分型，使塑件包在型芯 2 上而从型芯 4 上脱出，直到限位螺钉 7 限制定模不能再继续移动，A-A 分型面的分型结束；继续开模，压板 6 的斜面迫使摆钩 8 转动而脱离动模，动模与定模在 B-B 分型面分型；再继续开模，推管 1 将塑件从型芯 2 上推出，完成塑件推出动作。合模时，弹簧 5 使摆钩 8 复位。

2. 弹簧式双向推出机构

图 8-16（a）所示为弹簧式双向推出机构。该机构利用弹簧的弹力使塑件从定模内首先脱出而留于动模，然后再从动模上推出的形式。这种结构简单紧凑，适合于塑件定模粘附力不大且脱模距离不长的情况。

3. 杠杆式双向推出机构

图 8-16（b）所示为杠杆式双向推出机构。该机构利用杠杆的作用实现定模推出的结构，开模时固定于动模上的滚轮压动杠杆，使定模推动机构动作，迫使塑件留于动模上，然后再由动模推出塑件。这种结构简单紧凑，适合于定模上所需脱模力不大，推出距离不长时的塑件。

4. 气动式双向推出机构

图 8-16（c）所示为气动式双向推出机构。开模时，首先定模电磁阀开启，使塑件脱离定模而留在动模型芯上，定模电磁阀关闭开模终了时，动模电磁阀开启把塑件吹落。在动模与定模上均有进气口和气阀。适用于塑件为薄壁罩形件，周围带凸缘的塑件。

（六）顺序脱模机构

在采用双分型面模具成型塑时，模具具有两个分型面，其中动、定模板处分型面用来

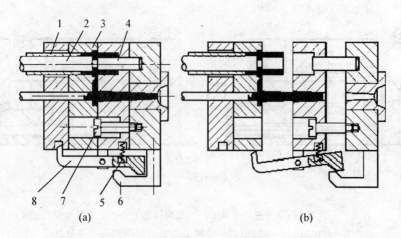

1—推管;2—动模型芯;3—动模;4—定模型芯;5—弹簧;6—压板;
7—限位螺钉;8—摆钩

图 8-15 摆钩式双向推出机构

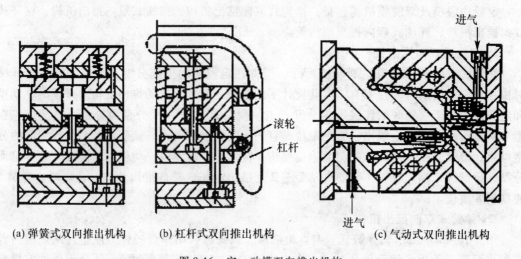

(a) 弹簧式双向推出机构　　(b) 杠杆式双向推出机构　　(c) 气动式双向推出机构

图 8-16　定、动模双向推出机构

取出塑件,定模座处分型面用来取出浇注系统凝料。实现这个功能的机构称为顺序脱模机构,又叫定距离分型机构或顺序分型机构。多数情况下,双向脱模机构中的许多机构属于顺序脱模机构,但顺序脱模机构则不一定属于双向脱模机构。

1. 弹簧式顺序脱模机构

如图 8-17 所示为弹簧式顺序脱模机构。开模时,注射机开合模系统带动动模部分后移,由于弹簧 8 的作用,模具首先在 $A—A$ 分型面分型,中间板 9 随动模一起后移,主浇道凝料随之拉出。当动模部分移动一定距离后,限位拉杆 7 端部的螺母挡住了中间板 9,使中间板 9 停止移动。动模继续后移,$B—B$ 分型面分型。因塑件包紧在型芯 11 上,这时浇注系统凝料在浇口处自行拉断,然后在 $A—A$ 分型面之间自行脱落或人工取出。动模继续后移,当注射机的推杆接触推板 2 时,推出机构开始工作,推件板 6 在复位杆 13 的推动下将塑件从型芯 11 上推出，塑件在 B—B 分型面之间自行落下。

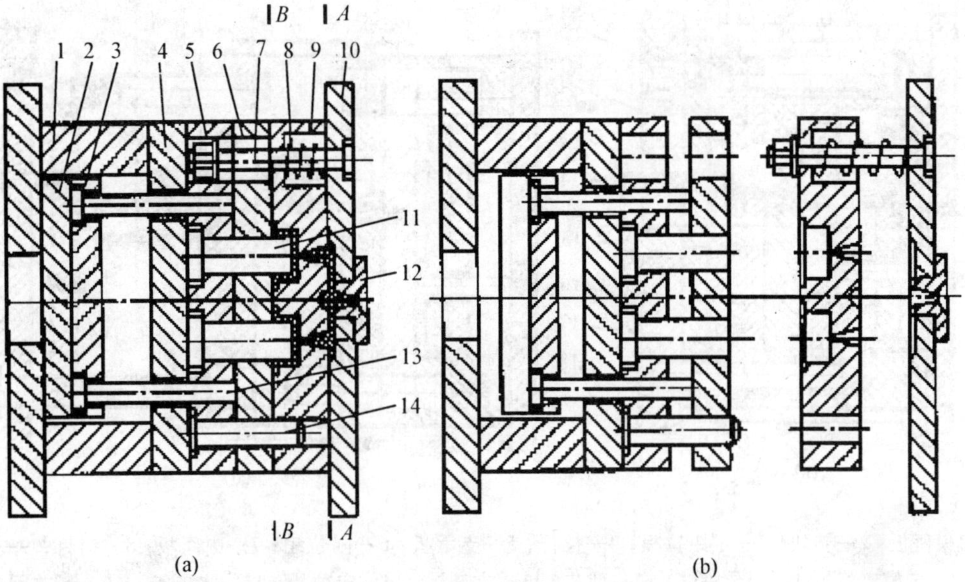

1—垫块；2—推板；3—推杆固定板；4—支承板；5—型芯固定板；6—推件板；7—限位拉杆；
8—弹簧；9—中间板；10—定模座板；11—型芯；12—浇口套；13—复位杆；14—导柱

图 8-17 弹簧式顺序脱模机构

2. 定距拉板顺序脱模机构

如图 8-18 所示为定距拉板顺序脱模机构。开模时，注射机开合模系统带动动模部分后移，因拉料杆 13 的作用，模具首先在 A—A 分型面分型，点浇口被拉断。当动模部分移动一定距离后，限位销 6 与定距拉板 3 后端面接触，定距拉板带动使中间板后移，B—B 分型面分型。当中间板与拉杆上台阶接触时，中间板带动拉杆后移，拉杆带动连接其上的限位螺钉后移，限位螺钉带领拉料板后移，拉料板推出流道凝料。动模继续后移，注射机的顶杆带动推出机构开始工作，推杆 23 将塑件从型芯 12 上推出，塑件在 A—A 分型面取出，流道凝料从 B—B 分型面取出。

3. 导柱式定距分型机构

如图 8-19 所示为导柱式定距分型机构。导柱 3 固定在凸模固定板 8 上靠近头带有一半圆槽，在相对应的孔内装有定位钉 4 及弹簧。开模时，在弹簧压力作用下，定位钉头压在导柱上的半圆槽内，这时凹模 10 随动模移动而分开分型面Ⅰ。当斜销 5 完成抽芯动作后，兼作导柱的导柱拉杆 9 上的凹模与限位螺钉 11 相碰，强迫凹模 10 停止移动，此时开模力大于定位钉对导柱槽的压力，使定位钉左移而脱离导柱槽，这样，便分开分型面Ⅱ。开模结束后，在推杆 13 的作用下，由推件板 7 推出塑件。

（七）螺纹制品脱模机构

通常塑件上的内螺纹有螺纹型芯成型，而塑件上的外螺纹则由螺纹型环成型。为了使塑件从螺纹型芯或螺纹型环上脱出，塑件和螺纹型芯或螺纹型环之间除了要有相对转动以

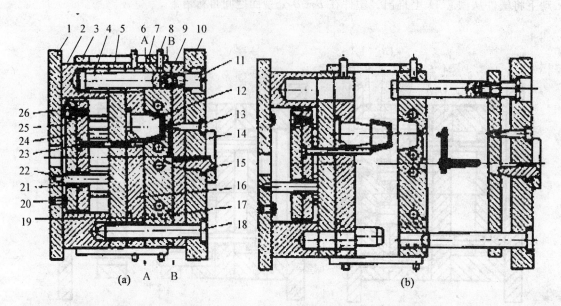

1—动模座板;2—垫块;3—定距拉板;4—拉杆;5—支承板;6—限位销;7—中间板;8—销钉;9—拉料板;10—定模座板;11—限位螺钉;12—型芯;13—拉料杆;14—定位圈;15—浇口套;16—型芯固定板;17、21—导套;18、19、22—导柱;20—挡钉;23—推杆;24—推杆固定板;25—推板;26—螺钉

图 8-18 定距拉板顺序脱模机构图

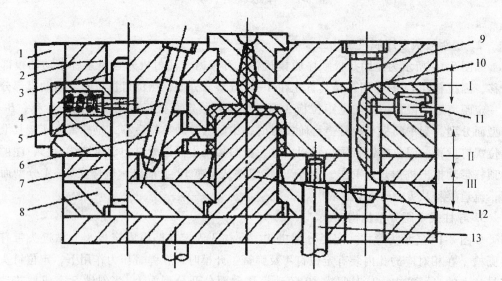

1—锁模块;2—定模板;3—导柱;4—定位钉;5—斜销;6—滑块;7—推件板;8—凸模固定板;9—导柱拉杆;10—凹模;11—限位螺钉;12—凸模;13—推杆

图 8-19 导柱式定距分型机构

外还必须要有相对的轴向移动。因此,在塑件设计时应注意塑件上必须带有相应的放转机构。如图 8-20 所示为螺纹塑件上带有止转结构的各种形式。其中图 8-20(a)所示为内螺纹塑件外形上设计的止转结构;图 8-20(b)所示为外螺纹塑件内形上设计的止转结构;

图 8-20（c）所示为外螺纹塑件端面上设计的止转结构。

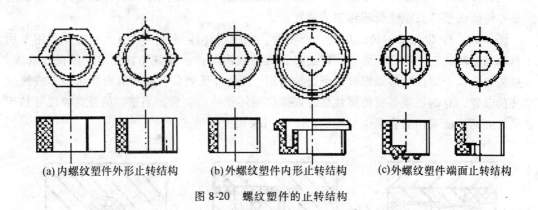

(a) 内螺纹塑件外形止转结构　(b) 外螺纹塑件内形止转结构　(c) 外螺纹塑件端面止转结构

图 8-20　螺纹塑件的止转结构

根据塑件上螺纹精度要求和生产批量的不同，塑件上的螺纹通常用强制脱模、手动脱模以及机动脱模三种方法来脱模。

1. 强制脱模

强制脱模多用于螺纹的精度要求不高、螺纹形状比较容易脱出的带圆螺纹的塑件。利用塑件的弹性、采用推件板进行强制性脱模，可使模具的结构比较简单。适用于聚乙烯、聚丙乙烯等软性塑料。如图 8-21 所示为螺纹制品的强制脱螺纹机构。

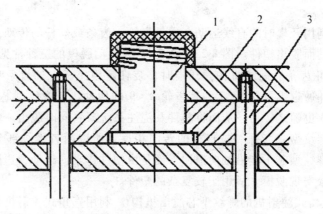

1—螺纹型芯；2—推件板；3—推杆

图 8-21　强制脱螺纹结构

2. 手动脱模

对试制新产品，小批量生产的制品，以及有时因塑件结构特点的限制，无法采用机动抽芯的产品，采用手动抽芯。图 8-22 为手动脱模的三种常见形式。

图 8-22（a）为模外脱出形式。塑件成型后，用手工拧动螺纹型芯，使之脱离塑件。结构简单，制造方便，缺点是劳动强度大，生产效率低，操作不够安全。

图 8-22（b）为模内脱出形式。塑件成型后，螺纹型芯随塑件顶出后，既可用手工和辅助工具将螺纹型芯脱下，也可用电机减速后带动与螺纹型芯尾部相配合的四方套筒，

使螺纹型芯脱出塑件。生产效率略高，模具结构简单，但操作麻烦，一般需备有数个螺纹型芯或螺纹型环交替使用，且模外还须备有辅助取出螺纹型芯或螺纹型环的装置，有的还须备有使螺纹型芯或螺纹型环预热的装置。

图 8-22（c）也为模内脱出形式。开模后，螺纹型环随塑件一起顶出到模外，用专用工具插入型环的三个小孔，用手旋转工具，既可脱出塑件。模具结构简单，但操作麻烦，一般需备有数个螺纹型芯或螺纹型环交替使用，且模外还须备有辅助取出螺纹型芯或螺纹型环的装置，有的还须备有使螺纹型芯或螺纹型环预热的装置。当塑件的外螺纹尺寸精度要求较高而不能采用对合螺纹型环成型时，可采用此种形式。

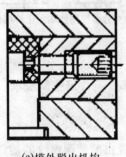 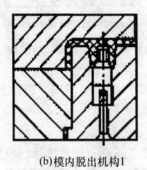 

(a)模外脱出机构　　　(b)模内脱出机构1　　　(c)模内脱出机构2

图 8-22　手动脱螺纹机构

3. 机动脱模

这种机构是利用开模时的直线运动，通过齿轮、齿条或丝杆的传动，带动螺纹的型芯或型环作旋转运动而脱出塑件。图 8-23～图 2-25 为机动脱模的三种常见形式。

图 8-23 为齿轮齿条脱螺纹机构。开模时，装在定模座板上的齿条 4 带动固定于轴 5 右端的小齿轮，并通过锥齿轮 6、7 和直齿轮 8、9 的传动，使螺纹型芯 10 按旋出方向旋转，螺纹拉料杆 3 也随之转动，从而将塑件及浇注系统凝料同时脱出。塑件依靠浇注系统凝料止转。由于螺纹型芯与螺纹拉料杆的转向相反，所以两者螺纹部分的旋向应相反，而螺距应相等。螺纹型芯不能沿轴向退回，而是由塑件作轴向运动，边退螺纹边螺纹型芯顶出型芯顶出型腔实现脱模。适用于较复杂的塑件。

图 8-24 为直角式注射机的螺纹型芯脱出机构。利用直角式注射机开、合模螺杆的旋转运动带动模内传动齿轮，使螺纹型开模时，注射机丝杆 1 带动模具上主动齿轮轴 2 旋转，通过齿轮 3 脱卸螺纹型芯，而定模型腔部分在弹簧作用下随动模同时移动，使塑件在定模型腔内无法转动，螺纹型芯即能逐渐脱出，及至型腔板在定距螺钉 5 的作用下不再随动模移动时，动、定模开始分型，此时螺纹型芯在塑件内尚留有一个螺距未全部脱出，于是将塑件从型腔中带出来，待螺纹型芯全部脱离，即可取下塑件螺纹型芯上的齿轮宽度保证了型芯移动至只有两端，与齿条导柱的齿形相啮合。适用于螺纹轴线正好与开模方向感垂直的情况。

图 8-25 为推杆轴承旋转式脱出机构。由于塑件是斜齿轮，脱模时必须使塑件与凹模之间产生相对转动，所以把齿形凹模 5 固定在滚动轴承 4 内，以减小转动阻力。脱模时，推杆 2 推动斜齿轮塑件，齿形凹模则作旋转运动，从而使斜齿轮不受损坏，顺利地从齿形

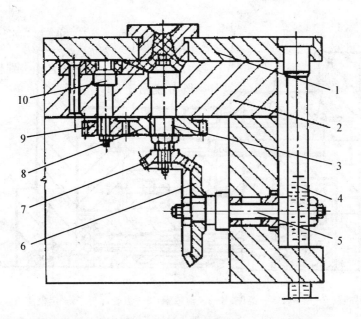

1—定模座板；2—动模板；3—螺纹拉料杆；4—导柱齿轮；
5—轴；6、7—锥齿轮；8、9—齿轮；10—螺纹型芯

图 8-23 齿轮齿条脱模机构

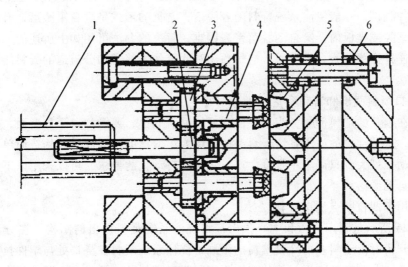

1—注射机开合模螺杆；2—主动齿轮；3—传动齿轮；4—螺纹型芯；5—限位
螺钉；6—弹簧

图 8-24 直角式注射机的螺纹型芯脱模机构

凹模中脱出。精度较高，螺纹形状不容易受损坏。适用于斜齿轮塑件的脱模。

（八）浇注系统凝料脱模机构

自动化生产要求模具的操作也能全部自动化，除塑件能实现自动化脱落外浇注系统凝料亦应能自动脱落，下面介绍这方面的结构。

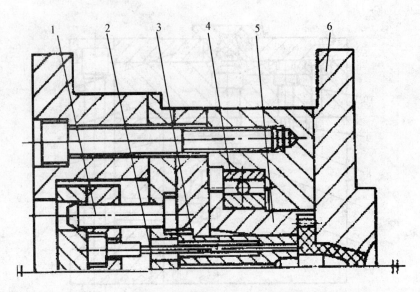

1—导柱;2—推杆;3—镶件;4—滚动轴承;5—齿轮凹模;6—定模座板
图 8-25 推杆轴承旋转式脱模机构

1. 普通浇注系统凝料脱出和自动坠落

这种流道脱落形式多指侧浇口、直浇口类型的模具,浇注系统凝料与塑件连接在一起,只要塑件脱模,一般浇注系统凝料随着脱落,常见的形式是靠自重坠落,有时塑件有少部分留于型腔或推板内,给自动脱落带来困难,解决的办法可用如上所述的二级脱模机构,或采用连杆掸落装置、机械手、空气顶出和吹落使主流道和分流道的凝料能可靠地脱离型腔。

2. 点浇口凝料脱出和自动坠落

点浇口在模具的定模部分,为了将浇注系统凝料取出,要增加一个分型面,因此又称三板式模具。这种结构的浇注系统凝料一般是用人工取出的,因此模具构造简单,但是生产率低,劳动强度大,只用于小批量生产,为适应自动化的要求,可以采用以下办法使浇注系统凝料自动脱落。

(1)利用侧凹拉断点浇口凝料

如图 8-26 所示是利用侧凹和中心顶出杆将浇注系统凝料顶出的结构,在分流道尽头钻一斜孔,开模时由于斜孔内冷凝塑料的限制,浇注系统凝料在浇口处与塑件拉断,然后由于主流道冷料井倒锥的作用,钩住浇注系统凝料脱离斜孔,再由中心顶杆将浇注系统凝料顶出,这种结构由于中心顶杆很长,合模后此杆在动模之外,因此注塑机移动模板应带有中心顶杆孔,以便装模。侧凹部分的形状与尺寸见图 7-33,斜孔的角度为 15°~30°,斜孔直径为 3~5mm,斜孔深度为 5~12mm。

(2)利用拉料杆拉断点浇口凝料

如图 8-27 所示,模具首先从 A 面分型,在拉料杆 2 的作用下,使浇注系统凝料与塑料切断留于定模一边,待分开一定距离后,型腔固定板 5 接触到限位拉杆 6 的突肩,带动流道顶板 3 从 B 面分型,这时浇注系统脱离拉料杆 2 自动脱落。当继续开模时,型腔 5 受

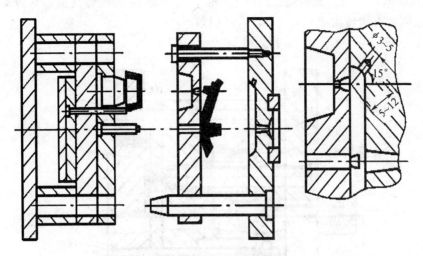

图 8-26 利用侧凹拉断点浇口凝料

到限位拉杆 7 的阻碍不能移动,塑件随动模型芯 9 移动,脱离型腔 5,最后在顶出杆 10 的作用下由推板 8 将塑件顶出。

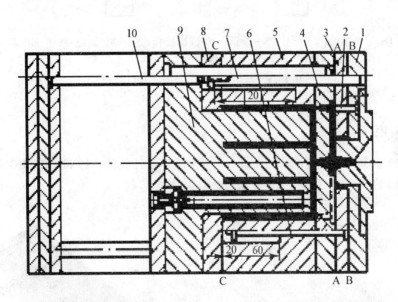

1—定模座板;2—拉料杆;3—流道顶板;4—中间板;5—型腔固定板;
6—限位拉杆;7—导柱;8—推件板;9—型芯;10—螺钉
图 8-27 利用拉料杆拉断点浇口凝料

(3) 利用定模推板拉断点浇口凝料

如图 8-28 所示,开模时在顶销 3 的作用下,首先从 A 面分型,浇注系统随动模一起移动,当主流道完全退出定模板 1 以后,限位螺钉 7 限制流道推板 4 移动,模具从 B 面分型,浇注系统凝料和塑件拉断而自动脱落。继续开模时,型腔固定板 5 碰到限位拉杆 6 而不动，模具从 C 面分型，此时塑件仍留于动模，当齿轮 10 带动螺纹型芯 9 转动时，型芯 8 不动，且端部有止转沟槽，因此塑件自动脱落。

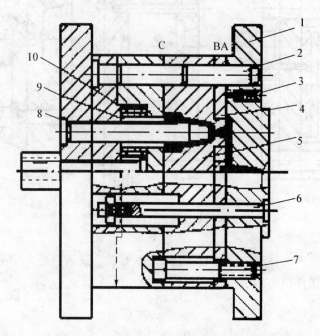

1—定模座板；2—导柱；3—顶销；4—流道推板；5—型腔固定板；6—限位拉杆；7—限位螺钉；8—型芯；9—螺纹型芯；10—齿轮

图 8-28　利用定模推板拉断点浇口凝料

三、知识应用

根据所给案例进行脱模机构相关设计，采用 3D 设计软件，如 PROE、UG 等软件。

遥控器后盖 3D 图，如图 8-29 所示。材料为 ABS 塑料。

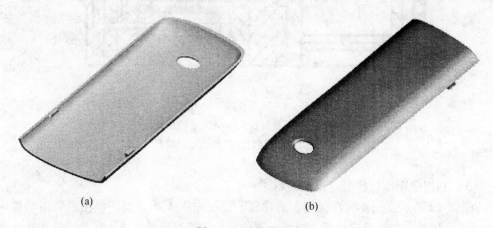

图 8-29　遥控器后盖

(1) 塑件分析

根据所给塑件形状可以看出，该塑件为形状较简单的壳形塑料制品。壳上有一个小孔，壳较浅，脱模力不会很大；四周边是装配边，要求平整；壳底部为曲面。

(2) 脱模力计算

根据软件测算出塑件对主型芯包紧面积为 4989.75mm^2，小型芯包紧面积为 551.8mm^2。塑件为 ABS 材料，塑料与钢的摩擦系数 f，取 0.2~0.3；脱模斜度 α 取 2°；塑件在模内冷却，p = (0.8~1.2)×10^{7}Pa = 12MPa。

根据公式 $F_{脱}$ = pA（fcosα - sinα）

$F_{脱}$ = 12×(4989.75 + 551.8)×(0.3cos2 - sin2) = 12×5541.55×(0.3×0.9993 - 0.0349)

= 12×5541.55×0.2653 = 17642.08N = 17.64kN

(3) 脱模机构选择

塑件虽属于壳件但形状较浅、较简单，且脱模力不大，可以采用推杆推出机构。由于壳底是曲面，壳端面假设有较高装配要求，需保证平整，为保证塑件质量，应采用推板推出机构。

(4) 三维设计图（略）

习题与思考题

1. 简单推出机构有几种形式？各自的特点及适用场合是什么？
2. 为什么要设置推出机构的复位装置？复位装置通常有哪几种类型？
3. 为什么要设置二次推出机构？
4. 设置定模边脱模及双脱模机构有什么作用？
5. 设置顺序脱模机构有什么作用？
6. 弹簧双向顺序推出机构的特点有哪些？
7. 找出一种应采用定、动模双向推出机构的塑件制品，并画出其所采用的推出机构。如何改变这些塑件制品的结构设计，使其可以采用简单的推出机构？
8. 设计一种机动脱螺纹机构，画出结构图。
9. 采用模内旋转方式脱螺纹，塑件上为什么必须带有止转的结构？
10. 设置浇注系统凝料脱模机构有什么作用？
11. 为如图 8-30~图 8-32 所示塑件设计脱模机构。

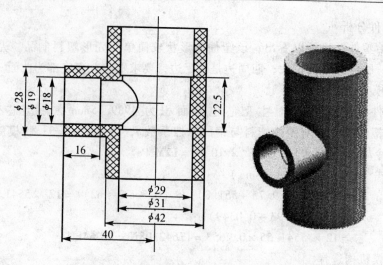

图 8-30　零件名称：三通管　材料：PVC

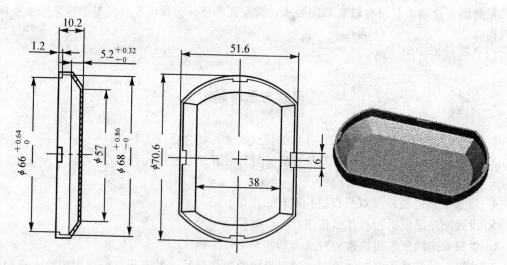

图 8-31　零件名称：罩盖　材料：PS

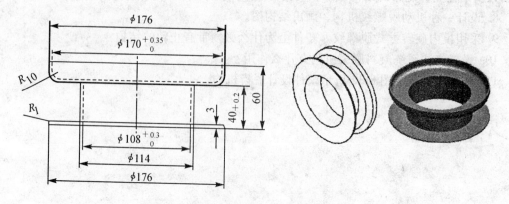

图 8-32　零件名称：骨轮　材料：POM

模块九 侧向分型与抽芯机构设计

【知识点】
概述
机动式侧向分型抽芯机构
手动侧抽芯机构
液压侧抽芯机构

一、任务目标

掌握斜导柱分型抽芯机构的设计、计算。能读懂各种抽芯机构结构图及模具结构图。掌握侧向分型与抽芯机构的设计原则及设计方法。能为遥控器后盖设计侧向分型与抽芯机构,并能应用3D设计软件(PROE或UG)设计出来。

二、知识平台

(一)概述

当注射成型如图9-1所示侧壁带有孔、凹槽、凸台等的塑件时,塑件不能直接从模具中脱出。模具上成型该处的零件必须制做成可侧向移动的活动零件,称为侧型芯(活动型芯)。在开模时,推动侧型芯做侧向移动离开塑件(合模时又推动其复位),然后再从模具中推出塑件。带动侧型芯作侧向移动(抽拔与复位)的整个机构称为侧向分型与抽芯机构,简称侧抽芯机构。

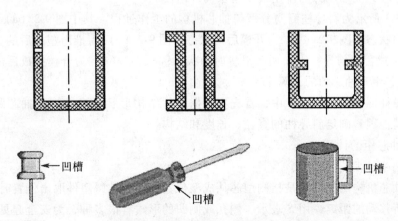

图9-1 带侧孔、侧凹、侧凸的塑件

根据侧抽芯动力来源的不同,侧抽芯机构一般可以分为机动式侧向分型抽芯机构、手动侧向分型抽芯机构、液压侧向分型抽芯机构等三大类型。

（二）机动式侧向分型抽芯机构简述

机动侧向分型与抽芯机构是利用注射机开模力作为动力，通过有关传动零件（如斜导柱、斜滑块、齿轮齿条等），使力作用于侧向成型零件而将模具侧分型或把侧型芯从塑件中抽出，合模时又靠它使侧向成型零件复位。

这类机构虽然结构比较复杂，但分型与抽芯不用手工操作，操作方便、生产效率高，便于实现自动化生产，在生产中应用最为广泛。根据传动零件的不同，这类机构可分为斜导柱、弯销、斜滑块和齿轮齿条等不同类型的侧抽芯机构，其中以斜导柱侧抽芯机构最为常用。

（三）斜导柱侧抽芯机构设计

1. 斜导柱侧抽芯机构结构及工作原理

斜导柱分型抽芯机构属于机动分型抽芯机构中的一种。该机构是利用斜导柱作传动零件，把垂直的开模运动传递给侧型芯，使之产生侧向运动并完成侧分型或侧抽芯动作。这类机构具有结构简单，动作准确，制造方便等特点，因此是当前使用最多的侧向分型与抽芯机构。

（1）斜导柱侧抽芯机构结构

斜导柱侧抽芯机构主要由斜导柱、侧型芯滑块、导滑槽、楔紧块和型芯滑块定距限位装置等组成。典型的斜导柱侧抽芯机构如图9-2（a）所示。斜导柱3固定在定模座板2上，滑块8在动模板7的导滑槽内滑动，侧型芯5用销钉4固定在滑块8上。限位挡块9装在动模板7上，螺钉11、弹簧10装在限位挡块9上，由此组成限位装置。

（2）斜导柱侧抽芯机构工作原理

开模时，开模力通过斜导柱2驱动侧型芯滑块8，迫使其在动模板7的导滑槽内向外滑动，直至侧型芯5与塑件完全脱开，完成侧向抽芯动作。塑件由推管6推出。限位挡块9、螺钉11、弹簧10组成的限位装置用于保证滑块停留在抽芯后的最终位置。合模时，斜导柱3进入滑块8的斜导孔内，使侧型芯5向内移动复位。最后由楔紧块1锁紧滑块，防止侧型芯收到成形压力的作用而使滑块向外滑动。

如图9-2所示为斜导柱侧向分型与抽芯机构的工作过程。其中图9-2（a）为合模后注射完毕时的状态；图9-2（b）为开模后的状态；图9-2（c）为推出塑件后的状态；图9-2（d）为合模过程中斜导柱重新插入滑块时的状态；图9-2（e）为合模完成后的状态。

2. 抽芯距和抽芯力的计算

在斜导柱侧抽芯机构设计中，首先要根据塑件结构形状要求计算出抽芯距和抽芯力，然后根据其他因素确定斜导柱的直径、长度和结构。

（1）抽芯距的计算

① 最小抽芯距

侧向抽芯机构的抽芯距是指侧型芯从成型位置抽到不妨碍塑件取出位置时，侧型芯在抽拔方向所移动的距离，用 S 表示。侧孔或侧凹的形式有很多种，为安全起见，侧向抽芯距离通常比塑件上的侧孔、侧凹的深度或侧凸台的高度 h 为 2~3 mm。

$$S = h + (2\sim3) \text{ mm} \tag{9-1}$$

式中：S——最小抽芯距（mm）；

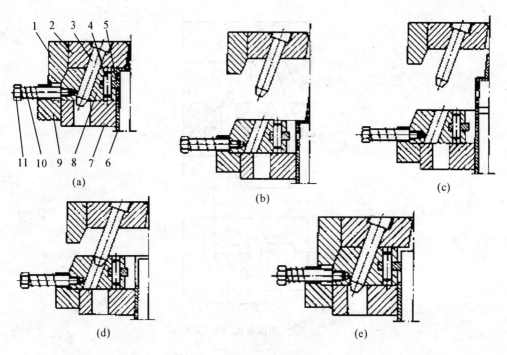

1—楔紧块；2—定模座板；3—斜导柱；4—销钉；5—侧型芯；6—推管；7—动模板；8—滑块；
9—限位挡块；10—弹簧；11—螺钉

图 9-2　斜导柱分型与抽芯机构及工作过程

h——塑件侧孔深度或凸台高度。

对于某些特殊零件，在侧型芯或侧型腔从塑件中虽然已经脱出，但仍然阻碍塑件脱模时，就不能简单的使用上述方法确定抽芯距离。如图 9-3 所示的线圈骨架的侧分型注射模，其抽芯距离就不能使用 $S = h + (2 \sim 3)$ mm，而应采用以下计算公式，塑件才能脱出。

$$S = S_1 + (2 \sim 3) \text{ mm} = \sqrt{R^2 - r^2} + (2 \sim 3) \text{ mm} \tag{9-2}$$

式中：S——最小抽芯距（mm）；

S_1——侧型芯被抽至不影响开模的最小距离（mm）；

r——线圈半径；

R——线圈骨架台肩半径。

② 模具最大抽芯距

图 9-4 表示斜导柱结构与抽芯距及抽芯力的关系，其中图（a）为斜导柱结构与工作长度、抽芯距离、开模行程的关系；图（b）为斜导柱结构与抽芯力、弯曲力、开模力的关系。

由图 9-4（a）的数据关系可以推出

$$S_{抽} = L_4 \sin\alpha \text{ 或 } S_{抽} = H_4 \tan\alpha \tag{9-3}$$

式中：$S_{抽}$——模具最大抽芯距（mm）；

L_4——斜导柱的工作长度（mm）；

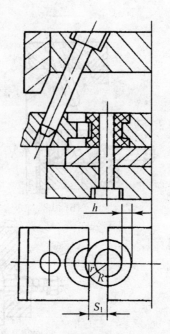

图 9-3 线圈骨架的抽芯距

H_4——与抽芯距对应的开模距离（mm）；
α——斜导柱倾斜角。

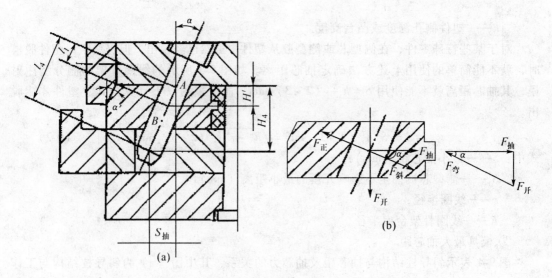

图 9-4 斜导柱结构与抽芯距及抽芯力的关系

（2）抽芯力的计算

所谓抽芯力，就是将侧型芯从塑件中抽出时所需的力。其产生及计算方法与模块八中的脱模力分析计算方法相同，即 $F_{抽} = pA(f\cos\alpha \cdot \sin\alpha)$。

斜导柱所受的弯曲力为

$$F_弯 = \frac{F_抽}{\cos\alpha} \tag{9-4}$$

模具的开模力为

$$F_开 = F_弯 \sin\alpha = F_抽 \tan\alpha \tag{9-5}$$

式中：$F_抽$——抽芯力，N；
  $F_弯$——弯曲力，N；
  $F_开$——开模力，N；
  α——斜导柱倾斜角。

3. 斜导柱的设计

斜导柱是斜导柱侧向分型抽芯机构中的关键零件，其主要作用是使型芯滑块正确地完成开、合动作，斜导柱也决定了抽芯力和抽芯距的大小。斜导柱的设计内容主要包括斜导柱的截面形状、斜角、截面尺寸、长度及安装孔的位置等内容。

(1) 斜导柱结构设计

斜导柱工作端的端部可以设计成半球形或锥台形。设置成锥台形时必须使锥台斜角 θ 大于斜导柱倾斜角 α，一般 $\theta = \alpha + (3° - 5°)$。常用的斜导柱的截面形状是圆形，如图 9-5(a) 所示。为了减少斜导柱与滑块上斜导孔之间的摩擦，可在斜导柱工作长度部分的外圆轮廓上铣出两个对称平面，如图 9-5(b) 所示。

斜导柱的材料多用 45 钢，淬火后硬度为 35HRC，或采用 T8，T10 等，淬火后硬度为 55HRC 以上，表面粗糙度值 Ra≤0.8μm，斜导柱与固定板之间用 H_7/m^6 配合。

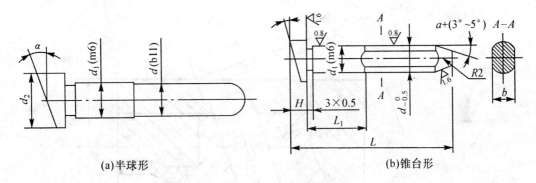

图 9-5 斜导柱结构

(2) 斜导柱的斜角 α

斜导柱的斜角是斜导柱的轴线与其开模方向之间的夹角，是该抽芯机构设计中的一个重要参数，其大小与开模所受的力、斜导柱受到弯曲力、抽芯力及开模行程有关。由于注塑的开模力较大，当斜导柱的斜角 α 增大时，$F_弯 = F_开/\sin\alpha$ 减小，但抽芯距 $S_抽 = L_4 \sin\alpha$ 也将减小，要得到较大的抽芯距就要增斜导柱的工作长度，增大开模行程，即增大模具结构尺寸。综合上述因素，斜导柱的斜角 α 限定在 15°~20° 之间，最大不超过 25°。

(3) 斜导柱的截面尺寸计算

斜导柱的截面一般为圆形，斜导柱的直径主要受弯曲力的影响，根据材料力学可以推导出圆形斜导柱截面尺寸计算公式。

圆形截面斜导柱直径为

$$d = \sqrt[3]{\frac{F_{弯} L_4}{0.1 [\sigma_{弯}]}} \tag{9-6}$$

式中：$F_{弯}$——斜导柱所受的最大弯曲力（N）；

L_4——斜导柱的有效工作长度（mm）；

$[\sigma_{弯}]$——斜导柱所用材料的许用弯曲应力（MPa）。

（4）斜导柱的长度计算

斜面导柱的长度与抽芯矩，固定端模板厚度，斜导柱直径及斜角的大小等有关，如图 9-6 所示，其计算公式为

$$L = l_1 + l_2 + l_4 + l_5 = l_1 + l + l_3 + l_4 + l_5$$

$$= \frac{D}{2}\tan\alpha + \frac{h_a}{\cos\alpha} + \frac{d}{2}\tan\alpha + \frac{S_{抽}}{\sin\alpha} + (5 \sim 10)\,\text{mm}$$

式中：L——斜导柱总长度（mm）；

$S_{抽}$——抽芯距（mm）；

D——斜导固定部分大端直径（mm）；

d——斜导柱工作部分直径（mm）；

h_a——斜导柱固定板厚（mm）；

α——斜导柱的斜角。

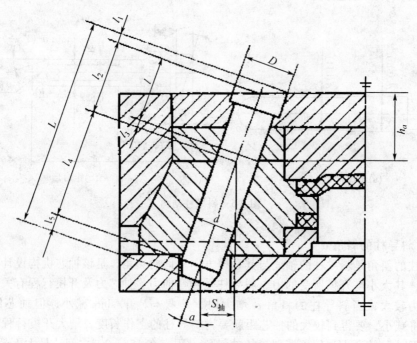

图 9-6 斜导柱的长度确定

4. 滑块的设计

滑块是斜导柱侧向分型抽芯机构中的重要零件之一，滑块上面安装有侧型芯或侧向成型块。注射成型时塑件尺寸的准确性和移动的可靠性都需要靠它的运动精度保证。正是由

于滑块沿着斜导柱上的滑动使得侧型芯从塑件侧孔或是侧凹中脱出。

(1) 侧型芯与滑块的连接形式

滑块与侧型芯可做成一体，即整体式。这种形式刚性虽好，但加工较难，多用于型芯较小和形状简单的场合。在生产中使用较多的是组合式，该方法是把侧型芯和滑块分开加工，再组合在一起。一般型芯材料比滑块材料要好，采用组合式可以节省优质钢材，且便于加工和维护，因此在生产中得到了广泛应用。图 9-7 所示为侧型芯与滑块的常用连接形式。

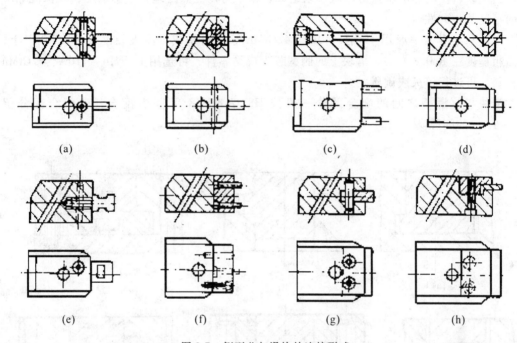

图 9-7 侧型芯与滑块的连接形式

对于尺寸较小的型芯，往往将型芯嵌入滑块的部分加大，便于中心销固定，如图 9-7 (a)；考虑强度问题时，可以采用骑缝销固定，如图 9-7 (b)；

对于直径较小的圆型芯，可用螺钉顶紧的形式固定，如图 9-7 (c)；

对丁尺寸较大的型芯，可用燕尾槽连接，如图 9-7 (d)；或采用螺纹连接，并用销钉止转，如图 9-7 (e)；

对于多个型芯，可用压板固定，如图 9-7 (f)；若型芯为薄片状，可用通槽加销钉固定，如图 9-7 (g)；或加压板固定，如图 9-7 (h)。

(2) 导滑槽的设计

成形滑块在侧分型抽芯和复位过程中，必须沿一定的方向平稳地往复移动，这一过程是在导滑槽内完成的。根据模具上侧型芯的大小、形状、模具结构和塑件产量要求不同，滑块与导滑槽的配合形式也不同。但不管是哪种配合形式，滑块在导滑槽中滑动都要平稳，不应发生卡滞、跳动等现象。

常见形式如图 9-8 所示。

图 9-8（a）所示是整体滑块和整体导滑槽，其结构紧凑但精度难以控制，制造较困难，主要用于小型模具；

图 9-8（b）所示导滑部分在滑块中部，改善了斜导柱的受力状态，适用于滑块上下均无支承板的情况；

图 9-8（c）是组合结构，容易加工和保证精度；

图 9-8（d）表示导滑基准在中间镶块上，可减少加工基准面；

图 9-8（e）表示导滑槽的基准可以按滑块来决定，便于加工和装配；

图 9-8（f）的导滑块槽由两块镶条组成，镶条可以经热处理并磨削加工，以保证导滑槽的精度及耐磨性。

滑块和导滑槽一般用 45 钢、40Cr、42CrMn 等材料制成，淬火硬度在 HRC40 以上，表面粗糙度在 Ra0.8 左右。滑块上的侧型芯为成型零件，可选用 CrWMn、T10A、42CrMn 等材料，可进行淬火或调质。

滑块与导滑槽之间的配合部分一般按 H8/f7 或 H8/f8 间隙配合，非配合部分留 0.5~1mm 的间隙。

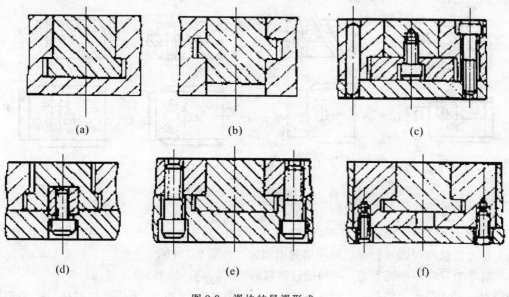

图 9-8 滑块的导滑形式

（3）滑块的定位装置

为保证合模时斜导柱的伸出端能准确可靠的进入滑块的斜孔，滑块在抽芯完成后必须停留在终止位置，不可任意滑动。为此，需要设计实现这种功能的定位装置。

图 9-9 所示为几种常见的滑块定位装置。

图 9-9（a）是利用滑块的自重进行定位，当滑块退出斜导柱时，因自重贴近位于下部的挡块，此结构适用于下抽芯模具。这种形式最简单。

图 9-9（b）是依靠弹簧的弹力使滑块停靠在挡板上而定位，弹簧的弹力应是滑块自重的 1.5~2 倍，此种滑块适宜于在模具的任何方向上适用。

图 9-9 (c)、图 9-9 (d) 是利用弹簧与活动定位钉定位，在滑块的相应部位要加工定位凹坑；

图 9-9 (e) 是以钢球代替定位钉，钢球不易磨损；图 9-9 (f) 是将弹簧放入模内，其结构较紧凑。

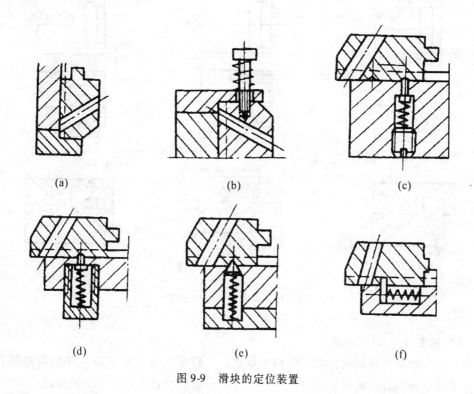

图 9-9　滑块的定位装置

5. 楔紧块的设计

在塑件注塑成型过程中，侧型芯在抽芯方向受到塑料熔体较大的推力作用，这个力通过滑块传给斜导柱，致使细长杆状的斜导柱变形、甚至折断。为此，设置了楔紧块来承受这个力，使滑块不致产生位移，从而使斜导柱不受弯曲力，这样，既保护了斜导柱，又保证了塑件精度。

（1）楔紧块的结构形式

楔紧块的结构形式很多，采用何种形式要视滑块的受力大小、磨损情况及塑件的精度要求情况不同而定，常用楔紧块的形式如图 9-10 所示。

图 9-10 (a) 所示结构是将楔紧块与定模板做为一个整体，因而结构牢固、刚性好，工作可靠，能承受大的侧压力，但材料消耗量大，加工工作量大，磨损后修复、调整困难，适用于需要锁紧力较大的场合；

图 9-10 (b) 中的楔紧块用销钉、螺钉固定，制造容易，调整方便，易于更换，但承受侧压力的能力差，一般仅用在侧压力很小的模具上；

图 9-10 (c) 是用 T 型槽固定楔紧块，再用销钉定位，这种结构可承受较大的侧压力，但磨损后也不易调整，适用于模板尺寸较小的模具；

图 9-10 (d) 是整体镶入式结构，可用台肩式螺钉固定，刚性较好，修配较方便，适

用于模板尺寸较大的模具;

图9-10(e)和图9-10(f)都是对楔紧块起加强作用的结构,适用于侧压力很大的情况。

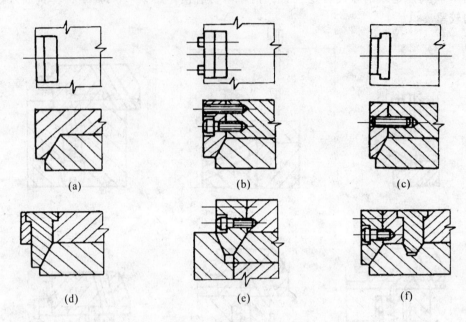

图9-10 楔紧块的结构形式

(2) 楔紧块楔角 α' 的确定

楔紧块的楔角对模具的正常工作相当重要,一般要求楔紧角 α' 应大于斜导柱的斜角,这样才能保证模具合模时可靠的压紧滑块,开模时楔紧块让开,完成滑块作抽芯动作。通常楔紧块的 α 角比斜导柱的斜角 α 要大 $2°\sim 3°$。

6. 抽芯时的干涉现象

所谓干涉现象是指滑块的复位先于推杆的复位致使活动侧型芯与推杆相碰撞,造成活动侧型芯或推杆损坏的事故。侧向型芯与推杆发生干涉的可能性出现在两者在垂直于开模方向平面上的投影发生重合的条件下,如图9-11所示为发生干涉的现象,图9-12所示为不发生干涉的条件。

如图9-12(a)所示为开模侧抽芯后推杆推出塑件的情况,图9-12(b)是合模复位时,复位杆使推杆复位、斜导柱使侧型芯复位而侧型芯与推杆不发生干涉的临界状态,图9-12(c)是合模复位完毕的状态。从图中可知,在不发生干涉的临界状态下,侧型芯已复位 s',还需复位的长度为 $s-s'=s_c$,而推杆需复位的长度为 h_c,如果完全复位,应该为

$$h_c = s_c \mathrm{ctg}\alpha \text{ 即 } h_c \mathrm{tg}\alpha = s_c$$

在完全不发生干涉的情况下,需要在临界状态时侧型芯与推杆还有一段微小的距离 Δ,因此不发生干涉的条件为

$$h_c = s_c \mathrm{ctg}\alpha + \Delta \text{ 或者 } h_c \mathrm{tg}\alpha > s_c$$

式中:h_c——在完全合模状态下推杆端面到侧型芯的最近距离;

s_c——在垂直于开模方向的平面上,侧型芯与推杆投影重合的长度;

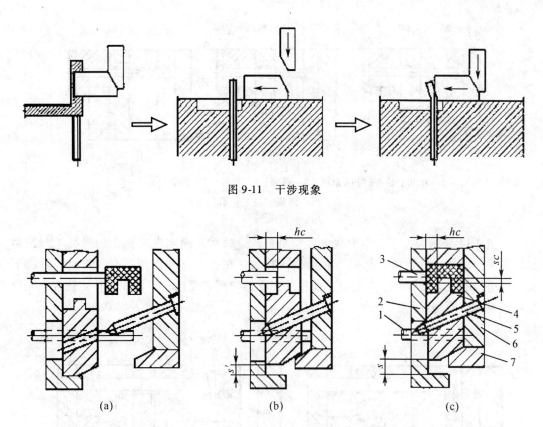

图 9-11 干涉现象

1—复位杆；2—动模板；3—推板；4—侧型芯滑块；5—斜导柱；6—定模座板；7—楔紧块
图 9-12 不发生干涉的条件

Δ——在完全不干涉的情况下，推杆复位到 h_c 位置时，侧型芯沿复位方向距离推杆侧面的最小距离，一般取 $\Delta = 0.5\text{mm}$。

在一般情况下，只要使 $h_c \tan\alpha - s_c > 0.5\text{mm}$ 即可避免干涉。如果实际的情况无法满足这个条件，则必须设计推杆先复位机构。

7. 推杆先复位机构

推杆先复位机构种类很多，是根据塑件和模具的具体情况进行设计的。以下是几种典型的推杆先复位机构。

（1）弹簧式先复位机构

如图 9-13 所示为弹簧式先复位机构。该机构是利用弹簧的弹力使推出机构在合模之前进行复位，弹簧安装在推杆固定板和动模垫板之间。开模时推出塑件时，弹簧 3 在注射机顶杆、推板 1、推板固定板等推出机构作用下被压缩。合模时，注射机顶杆和推板 1 脱离接触，在弹簧回复力的作用下推杆迅速复位，此时，斜导柱还没有驱动侧型芯滑块复位，而推杆复位已经结束，避免了与侧型芯的干涉。

弹簧先复位机构结构简单、安装方便，但弹簧力较小，且容易疲劳失效，可靠性差，一般只适用于复位力不大的场合，并且需要定期更换弹簧。

（2）楔形三角滑块先复位机构

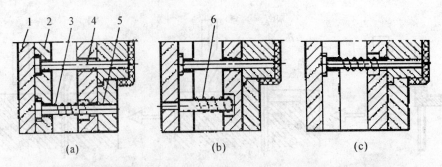

1—推板；2—推杆固定板；3—弹簧；4—推杆；5—复位杆；6—簧柱

图 9-13　弹簧式先复位机构

如图 9-14 所示为楔形三角滑块先复位机构。合模时，固定在定模上的楔杆 1 与三角滑块 4 的接触先于斜导柱 2 与侧型芯滑块 3 接触，在楔形杆的作用下，三角滑块垂直下移，压迫推板带动推管 6 水平后移，使推管先于侧向型芯复位，以避免干涉。适合于先行复位距离较大的场合。

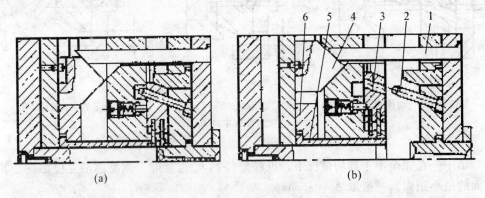

1—楔杆；2—斜导柱；3—侧型芯滑块；4—三角滑块；5—推管；6—推管固定板

图 9-14　楔形三角滑块先复位机构

（3）楔形摆杆先复位机构

如图 9-15 所示为楔形摆杆先复位机构。该机构的先行复位原理与楔形三角滑块先行复位机构基本相同，只是用摆杆 4 代替了楔形滑块的作用。合模时楔杆 1 压迫摆杆 4 上的摆杆滑轮，迫使摆杆逆时针向下转动，并同时压迫推板 6 带动推杆 2 优先于侧向型芯进行复位，从而避免推杆与侧向型芯发生干涉。摆杆的一端与支承板铰接，另一端装有滑轮，滑轮可减轻楔形杆与摆杆间的摩擦。这种形式因摆杆可以较长，故推出机构的先行复位距离可以较大。

（4）连杆先行复位机构

如图 9-16 所示为连杆先行复位机构。连杆 4 以圆柱销 5 为支点（圆柱销安装固定在动模部分），一端安装在转销 6 上（转销安装固定在侧向型芯滑块 7 上），另一端与推杆固定板 2 接触。合模时，斜导柱 8 一旦开始驱动侧向型芯滑块 7 向下运动，则连杆必将发

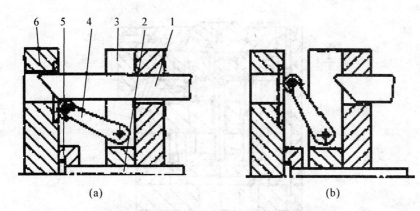

1—楔杆；2—推杆；3—支承板；4—摆杆；5—推杆固定板；6—推板

图 9-15 楔形摆杆先复位机构

生逆时针转动，迫使推杆固定板 2 带动推杆 3 迅速复位，从而避免侧向型芯与推杆发生干涉。适合于先行复位距离较大的场合。

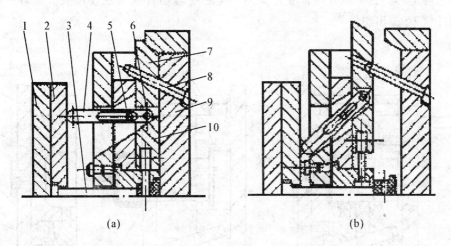

1—推板；2—推杆固定板；3—推杆；4—连杆；5—圆柱销；6—转销；7—侧型芯滑块；8—斜导柱；9—定模板；10—动模板

图 9-16 连杆先复位机构

8. 斜导柱侧抽芯机构应用形式

（1）斜导柱安装在定模、滑块安装在动模

斜导柱安装在定模、滑块安装在动模的结构是斜导柱侧向分型抽芯机构的模具中应用最广泛的形式，它既可用于结构比较简单的注射模，也可用于结构比较复杂的双分型面注射模，如图 9-17 所示为斜导柱在定模、滑块在动模的结构。在开模时，动、定模先后在 Ⅰ、Ⅱ 处分型，滑块 2 在斜导柱 1 的作用下进行抽芯。抽芯结束后推杆 3 推出塑件。

（2）斜导柱安装在动模、滑块安装在定模

如图 9-18 所示是斜导柱安装在动模、滑块安装在定模的结构。开模时Ⅰ处先分型，

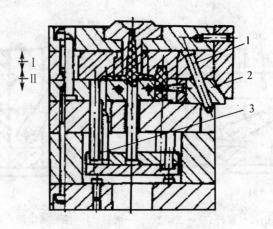

1—斜导柱;2—滑块;3—推杆

图9-17 斜导柱在定模、滑块在动模的结构

型芯7不动,动模板14向后移动时在斜导柱8的作用下迫使滑块6进行侧抽芯。当动模板移动到与型芯的台肩相碰时,Ⅱ处分型。型芯带着塑件脱离定模型腔。接着,推杆11推动推件板16推出塑件。

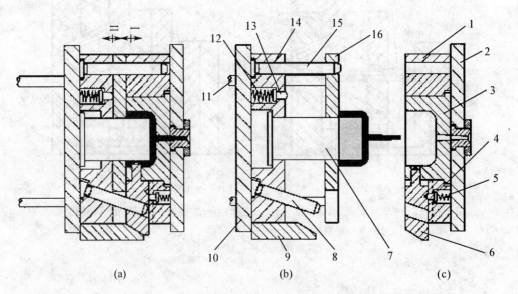

1—定模板;2—定模座板;3—型腔镶件;4—定位顶销;5—弹簧;6—侧型芯滑块;7—凸模;8—斜导柱;9—楔紧块;10—支承板;11—推杆;12—弹簧;13—顶销;14—动模板;15—导柱;16—推件板

图9-18 斜导柱在动模、滑块在定模的结构

(3)斜导柱与侧滑块同安装在定模

如图9-19所示为斜导柱与侧滑块同安装在定模的结构。合模时,在弹簧7的作用下用转轴6固定于定模板10上的摆钩8勾住固定在动模板11上的挡块12。开模时,由于摆

钩 8 勾住挡块，模具首先从 A 分型面分型；同时在斜导柱 2 的作用下，侧型芯滑块 1 开始侧向抽芯；侧向抽芯结束后，固定在定模座板上的压块 9 的斜面压迫摆钩 8 作逆时针方向摆动而脱离挡块 12，定模板 10 在定距螺钉 5 的限制下停止运动。动模部分继续向后移动，B 分型面分型，塑件随凸模 3 保留在动模一侧，然后推件板 4 在推杆 13 作用下使塑件脱模。

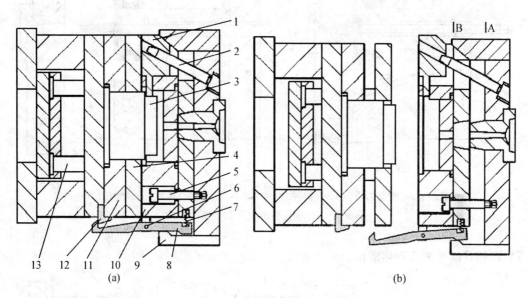

1—侧型芯滑块；2—斜导柱；3—凸模；4—推件板；5—定距螺钉；6—转轴；7—弹簧；8—摆钩；9—压块；10—定模板；11—动模板；12—挡块；13—推杆

图 9-19　斜导柱与侧滑块同在定模的结构

（4）斜导柱与滑块同时安装在动模

斜导柱与滑块同时安装在动模时，一般可以通过推出机构来实现斜导柱与侧型芯滑块的相对运动。如图 9-20 所示，侧型芯滑块 2 安装在推件板 4 的导滑槽内，合模时靠设置在定模板上的楔紧块锁紧。开模时，侧型芯滑块 2 和斜导柱 3 一起随动模部分下移和定模分开，当推出机构开始工作时，推杆 6 推动推件板 A 使塑件脱模的同时，滑块 2 在斜导柱 3 的作用下在推件板 4 的导滑槽内向两侧滑动而侧抽芯。

这种结构的模具，由于侧型芯滑块始终不脱离斜导柱，所以不需设置滑块定位装置。造成斜导柱与滑块相对运动的推出机构一般只是推件板推出机构，因此，这种结构形式主要适合于抽芯力和抽芯距均不太大的场合。

（5）斜导柱的内侧抽芯机构

斜导柱侧抽芯机构除了对塑件进行外侧抽芯与侧向分型外，还可以对塑件进行内侧抽芯。如图 9-21 所示为斜导柱动模内侧抽芯机构。斜导柱 2 固定于定模板 1 上，侧型芯滑块 3 安装在动模板 6 上。开模时，塑件包紧在凸模 4 上随动模向左移动，在开模过程中，斜导柱 2 同时驱动侧型芯滑块 3 在动模板 6 的导滑槽内滑动而进行内侧抽芯，最后推杆 5 将塑件从凸模 4 上推出。

设计这类模具时，由于缺少斜导柱从滑块中抽出时的滑块定位装置，因此要求将滑块

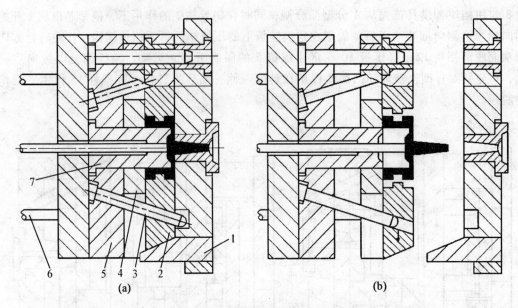

1—楔紧块；2—侧型芯滑块；3—斜导柱；4—推件板；5—动模板；6—推杆；7—凸模

图 9-20 斜导柱与滑块同在动模的结构

设置在模具的上方，利用滑块的重力定位。

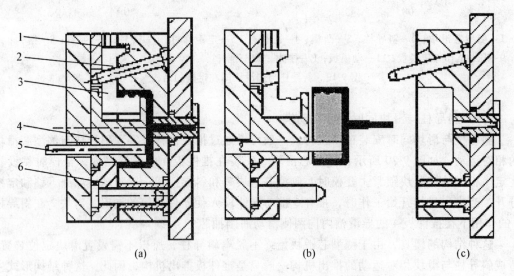

1—定模板；2—斜导柱；3—侧型芯滑块；4—凸模；5—推杆；6—动模板

图 9-21 斜导柱动模内侧抽芯结构

（四）其他类型的机动侧分型抽芯机构

除了斜导柱侧抽芯机构外，常用的机动侧抽芯机构还有弯销侧抽芯机构、斜滑块侧抽芯机构、齿轮齿条侧抽芯机构等。

1. 弯销侧抽芯机构

弯销侧抽芯机构原理与斜导柱侧抽芯机构相似，只是在结构上以弯销代替了斜导柱。

弯销具有矩形断面，能承受较大的弯距。弯销的各段可以加工成不同的斜度，可根据需要随时改变抽拔速度和抽拔力。弯销还可以装在模具的外侧以减少模板的尺寸和模具重量。

如图 9-22 所示为弯销外侧抽芯机构。合模时，楔紧块 2 通过弯销 3 将侧型芯滑块 4 锁紧。开模时，弯销 3 驱动侧型芯滑块 4 在动模板 1 的导滑槽内移动以实现侧抽芯，由安装在动模板上的顶销和弹簧实现侧型芯滑块的定位。这种机构适用于抽芯距离较大的场合。

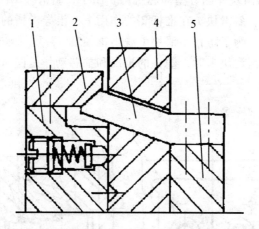

1—动模板；2—楔紧块；3—弯销；4—侧型芯滑块；5—定模板

图 9-22 弯销外侧抽芯机构

如图 9-23 所示为弯销内侧抽芯机构。开模时 I 面先分型，弯销 2 带动滑块 4 向中心移动，完成抽芯动作。然后 II 面分型，由推件板 8 将塑件从型芯 6 上脱出。弹簧 3 使滑块保持在终止位置上。这种机构适用于侧型芯截面积比较小的场合。

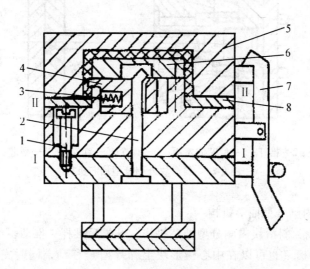

1—限位螺钉；2—弯销；3—弹簧；4—滑块；5—凹模；6—型芯；7—摆钩；8—推件板

图 9-23 弯销内侧抽芯机构

2. 斜滑块分型抽芯机构

斜滑块分型抽芯机构是利用推出机构的推力驱动斜滑块斜向运动，在塑件被推出脱模的同时进行侧向分型与抽芯。这种抽芯机构的结构较简单，开模和锁模力大，多适用于侧孔或侧凹较浅、成型面积较大，所需抽芯距离不大，但抽芯力较大时的塑件。一般分为外侧抽芯与内侧抽芯两种形式。

（1）斜滑块外侧抽芯机构

如图9-24所示为斜滑块外侧分型抽芯机构。图中，斜滑块1凸台的斜度与锥形模套5的导滑槽的斜度相配合，斜滑块1在推杆2的作用下，沿导滑槽的方向移动，同时向两侧分开，塑件也脱离型腔。为了防止斜滑块1脱出锥模套5，可用限位螺钉7限位。该机构工作时，当推杆2推动斜滑块1时，塑件的推出和抽芯动作是同时进行的，且滑块的刚性也较好。

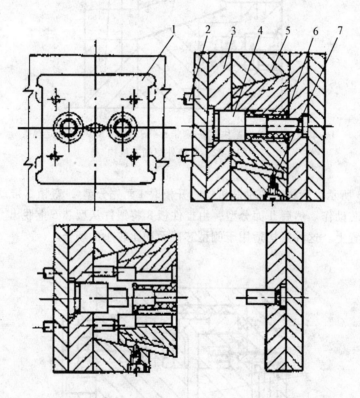

1—斜滑块；2—推杆；3—型芯固定板；4—型芯；5—锥模套；6—型芯；7—限位销

图9-24 斜滑块外侧分型抽芯机构

（2）斜滑块内侧分型抽芯机构

如图9-25所示为斜滑块内侧分型抽芯机构。开模后推杆4推动斜滑块2，使其沿着动模板3上的内斜导槽（也可以在中心楔形块上开导槽）移动，同时完成内侧抽芯与推出塑件的动作。

3. 齿轮齿条分型抽芯机构

齿轮齿条分型抽芯机构是利用开模力或顶出力，通过齿轮齿条传动活动型芯来完成抽

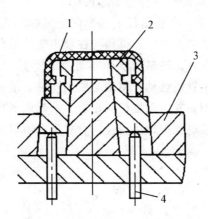

1—塑件；2—斜滑块；3—动模板；4—推杆

图 9-25 斜滑块内侧分型抽芯机构

芯动作，该装置抽芯力大，抽芯距长，是一种性能良好的分型抽芯机构。但由于其结构复杂，加工困难，在一般中小型注塑料模中不大采用。下面介绍几种常用抽芯机构。

(1) 传动齿条固定在定模的侧向分型抽芯机构

如图 9-26 所示是传动（导柱）齿条固定在定模上的侧向分型抽芯机构。塑件上的斜孔由齿条型芯 2 成型。开模时，固定在定模板 3 上的导柱齿条 5 通过齿轮 4 带动齿条型芯 2 实现抽芯动作。开模至最终位置时，导柱齿条 5 与齿轮 4 脱开。为了保证齿条型芯 2 的准确复位，齿条型芯 2 的最终脱离位置必须定位。定位销 8 和弹簧的作用是使齿轮 4 始终保持在齿条型芯的最后脱离位置上。

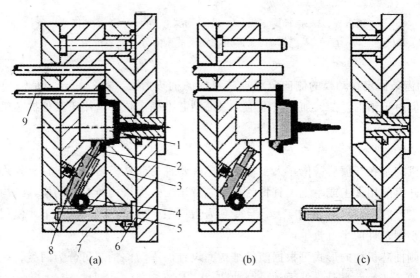

1—型芯；2—齿条型芯；3—定模板；4—齿条；5—导柱齿条；6—止转销；
7—动模板；8—定位销；9—推杆

图 9-26 传动齿条固定在定模一侧的机构

(2) 传动齿条固定在动模的侧向分型抽芯机构

如图 9-27 所示，是齿条固定在顶出板上的侧向分型抽芯机构，齿轮齿条全部安装在动模上，故又叫齿条固定在动模上的抽芯机构。在顶出塑件前必须先将齿条侧型芯 3 侧向抽出，否则会损伤塑件。开模后，注塑机顶杆推动顶出板 1，传动齿条 5，带动齿轮 4 转动，从而使齿条侧型芯 3 产生直线运动，使型芯脱离塑件。继续开模时，顶出板 1 继续向前移动，与推杆固定板 2 接触，并带动推杆固定板 2 一起向前移动，将塑件顶出。由于传动齿条 5 与齿轮 4 在整个抽芯过程中始终保持啮合状态，所以齿轮轴上不再需要设置定位机构。

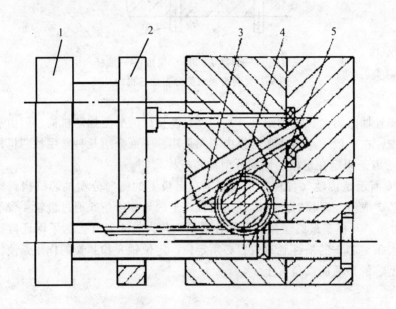

1—顶出板；2—推杆固定板；3—齿条侧型芯；4—齿轮；5—传动齿条
图 9-27 传动齿条固定在动模的侧向分型抽芯机构

传动齿条固定在动模的侧向分型抽芯机构的抽拔力大，抽心距长。是一种较好的抽芯机构，但由于结构复杂，加工较困难，保证型芯准确定位。适用于其他抽芯机构不适合时才采用。

(五) 手动侧抽芯机构

这类机构是在开模后，依靠人工将侧型芯和塑件一起从模内取出，在模外将侧型芯抽出，或在开模前用人工或手工工具将活动型芯取出。这类机构所对应的模具结构简单，成本低，但生产效率低，劳动强度大，且受到人力所限。故只在特殊场合下才使用，如试制新产品，小型塑件的小批量生产中等。

手动侧抽芯机构的形式可根据塑件结构而设计。手动侧抽芯可分为两类，一类是模内手动分型抽芯，另一类是模外手动分型抽芯。

1. 模内手动分型抽芯机构

如图 9-28 所示为模内手动分型抽芯机构。这些机构是利用螺母与丝杆配合，把旋转运动转换为侧型芯抽拔的直线运动。其中图 9-28 (a) 用于侧型芯为圆形的情况；图 9-28

(b) 用于侧型芯为非圆形的情况；图 9-28（c）用于多侧型芯同时抽拔的情况；图 9-28（d）用于成型面积大而抽芯距离小的情况；图 9-28（e）用于成型面积大，支座刚性不够，增加楔紧块来承受成型压力的情况。

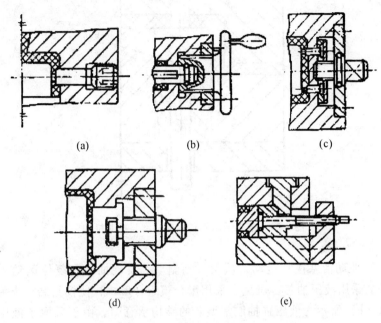

图 9-28　模内手动侧向分型抽芯机构

2. 模外手动分型抽芯机构

模外手动分型抽芯机构实质上是带有活动镶件的模具结构。如图 9-29 所示为模外活动镶件手动分型与抽芯机构。开模后，活动镶件与塑件一起被推出模外，然后用人工或简单机械将镶件与塑件分离。这种结构需注意镶件既要便于脱模，又要可靠定位，以免在成型过程中镶件产生移动而影响塑件的尺寸精度。该机构是利用活动镶件的顶面与定位型芯底面相密切配合而定位。

（六）液压侧抽芯机构

当塑件上有很深的侧孔时，抽芯距和侧抽芯力都很大，用斜导柱、斜滑块等侧分型与抽芯机构都无法解决时，往往采用液压或气动侧分型抽芯机构。液压或气动侧抽芯机构是以液压力或压缩空气作为动力进行侧分型与抽芯，同样亦靠液压力或压缩空气使活动型芯复位（在模具上配置专门的液压缸和气缸）。这类机构的特点是抽拔力大、动作灵活、不受开模过程限制，抽芯距比较长，且运动平稳。多用于抽拔力大、抽芯距比较长的场合，例如大型管子塑件的抽芯等。

有些新型注射机本身就带有抽芯液压缸，所以采用液压侧分型与抽芯更为方便。但目前一般注塑机不附有此种装置，需另行配备气动或液压元器件，成本较高，故而应用受到一定的限制，常在大型注塑模中使用。

如图 9-30（a）所示为一种液压或气动侧分型抽芯机构。液压缸（或气压缸）7 以支座 6 固定于动模 3 的侧面，侧型芯 2 通过拉杆 4 和连接器 5 与活塞杆连接。开模后，液压

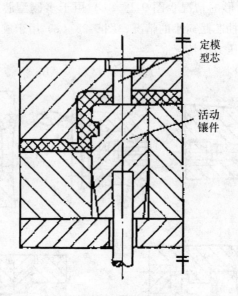

图 9-29　模外活动镶件手动分型与抽芯机构

缸（或气压缸）驱动活塞往复运动，从而带动侧型芯实现抽芯和复位运动。液压抽芯力大，运动平稳。采用液压抽芯，避免了采用瓣合模组合形式，使模具结构大为简化。

如图 9-30（b）所示为液压缸抽取常型芯的结构示意图。由于采取了液压抽芯，避免了采取瓣合模组合形式，使模具结构大为简化。

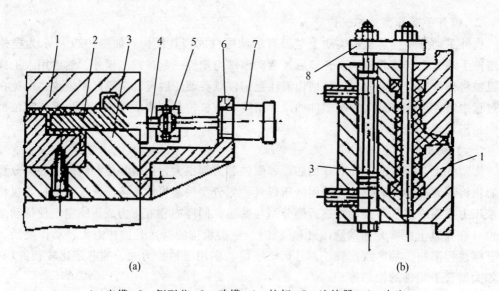

(a)　　　　　　　　　(b)

1—定模；2—侧型芯；3—动模；4—拉杆；5—连接器；6—支座；
7—液压缸（或气压缸）；8—型芯固定板

图 9-30　液压或气压抽芯机构

三、知识应用

1. 为遥控器后盖设计侧向分型与抽芯机构，并应用3D设计软件（PROE或UG）设计出来。遥控器后盖3D图，如图9-31所示。材料为ABS塑料。

图9-31 遥控器后盖零件图

2. 塑件分析

案例塑件材料为ABS塑料，根据所给塑件形状可以看出，该塑件为形状较简单的壳形塑料制品，在塑件的前半部分各有一个内侧扣和一个外侧扣，需要采用侧分型抽芯机构。

3. 抽芯距离计算

根据计算机软件测量，内侧深0.844mm，外侧深1.003mm

内侧抽芯距离 $S_1 = h_1 +$ (2~3) mm = 0.844 + (2~3) mm = 3.5 mm

外侧抽芯距离 $S_2 = h_2 +$ (2~3) mm = 1.003 + (2~3) mm = 3.5 mm

4. 抽芯力计算

根据计算机软件测量，侧型芯的包紧面积为10.9平方毫米。脱模斜度，取1°，摩擦系数，取0.2，模内冷却的塑件 $p =$ (0.8~1.2) × 10^7 Pa，斜导柱倾斜角18°。

$F_{抽} = pA(fcosα-sinα) = 12 × 10.9(0.3cos2-sin2) = 12 × 10.9(0.3 × 0.9993-0.0349) = 34.65$ N

$F_{弯} = F_{抽}/cosα = 34.65/cos18 = 34.65/0.9510 = 36.44$ N

$F_{开} = F_{抽}tanα = 34.65tan18 = 34.65 × 0.3249 = 11.26$ N

5. 抽芯机构选择

外侧采用斜导柱侧抽芯机构，内侧采用斜滑块抽芯机构。

斜导柱设计

①斜导柱的截面为圆形，斜导柱材料采用45钢，许用弯曲应力为137.2MPa，斜导柱的有效工作长度 L_4 为26 mm，斜导柱直径为

$$d = \sqrt[3]{\frac{F_{弯}L_4}{0.1[\sigma_{弯}]}} = \sqrt[3]{\frac{36.44 × 26}{0.1 × 137.2}} = 4.1mm（设计时取13mm）$$

②斜导柱的长度计算

固定部分大端直径 D 为 17 mm，斜导柱固定板厚 h_a 为 40 mm，斜导柱工作部分直径 d 为 13mm，抽芯距 $S_{抽}$ 为 3.5 mm，斜面导柱的长度计算为

$$L = l_1 + l_2 + l_4 + l_5 = l_1 + l + l_3 + l_4 + l_5$$

$$= \frac{D}{2}\tan\alpha + \frac{h_a}{\cos\alpha} + \frac{d}{2}\tan\alpha + \frac{S_{抽}}{\sin\alpha} + (5 \sim 10) \text{ mm}$$

$$= 8.5\tan18 + 40/\cos18 + 6.5\tan18 + 3.5/\sin18 + 7 = 65 \text{mm}$$

6. 三维设计图

三维设计图如图 9-32 所示。

(a) 侧滑块　　　　　　　　(a) 外侧型芯

(c) 外侧型芯与滑块的连接　　　　(d) 斜导柱

(e) 内侧型芯　　　　(f) 内侧型芯与斜顶机构的连接

图 9-32　三维设计图

习题与思考题

1. 在什么情况下需要注射模具有斜导柱的侧向抽芯机构？
2. 影响抽芯力的因素有哪些？

3. 斜导柱侧分型与抽芯机构的主要组成零件有哪些？
4. 斜导柱侧分型与抽芯机构的抽芯距如何确定？
5. 在实际生产中，如何确定斜导柱的尺寸？
6. 楔紧块的作用是什么？
7. 为什么会产生干涉现象？应采取什么措施加以克服？
8. 手动侧抽芯机构有何特点？适用于什么场合？
9. 液压侧抽芯机构有何特点？适用于什么场合？
10. 试为如图 9-33、图 9-34 所示塑件设计侧抽芯机构。

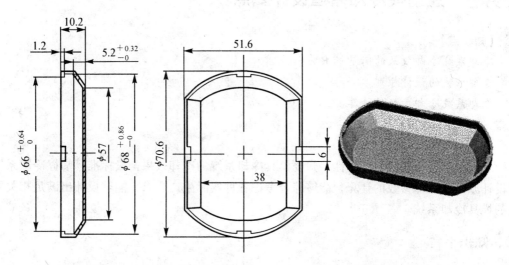

图 9-33　零件名称：罩盖　材料：PS

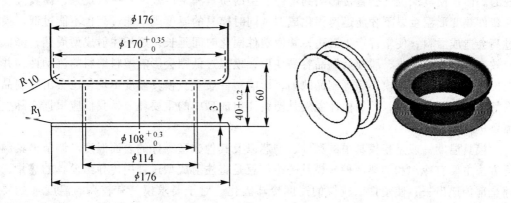

图 9-34　零件名称：骨轮　材料：POM

模块十 温度调节系统

任务一 注射模冷却通道设计要点

【知识点】
冷却系统冷却效果的衡量标准
冷却系统的设计原则
冷却系统冷却参数的计算

一、任务目标

了解温度调节系统的重要性,知晓模具冷却系统的冷却效果衡量标准,掌握冷却系统的设计原则和冷却参数的计算,能够综合考虑各种实际生产要求,能够设计出满足相关要求的模具冷却系统。

二、知识平台

(一) 温度调节系统简介

在塑料固化成型过程中,由熔融状态冷却到固化状态是由熔料温度和模具的温差来实现的。而且模具的温度会直接影响到塑件成型的质量和生产效率。一般说来,模具温度应在塑件热变形温度以下才能迅速固化成型,同时模具的温度既不能过高也不能过低。模温过高会造成溢料,使塑件产生溢边,并使塑件固化时间延长,延长注射成型周期,降低生产效率,且脱模困难,脱模后制品容易变形;模温过低则会影响塑料熔料的流动性,并可能出现熔接痕、及充模不满等制品缺陷,影响塑件质量。模具温度不均匀也会出现制品变形等诸多问题。因此,控制模体温度是塑料注射成型中的重要环节,我们应根据实际生产需要进行设计。

模具温度一般是指模具中的型腔、型芯以及其他成型零件的表面温度。调节模具温度的方法主要有冷却和加热两种。模具的冷却就是将注射成型过程中传导给模具的热量,迅速全部传递出去,使塑件以较快的速度冷却固化。对于要求模具有较高的温度(如要求模温在80℃以上时),或大型模具的预热、热流道系统的加热等需要对模具进行整体加热和局部加热。

用冷却方法来调节模温是最常用的一种方法。

1. 模具温度与塑料成型温度的关系

模具温度直接影响塑件的冷却速度和冷却效果。为了提高成型效率,一般通过缩短冷却时间来缩短成型周期。虽然模具温度越低,冷却时间就越短,但是这种规则不能适用于所有的塑料。由于塑料自身的性质及制件要求的性能各不相同，要求的模具温度也各不相同，表 10-1 是各种塑料的成型温度与模具温度，我们必须根据不同的要求，选择适当的温度。

表 10-1　　　　　　　　　　各种塑料的成型温度与模具温度

塑料名称	成型温度/℃	模具温度/℃	塑料名称	成型温度/℃	模具温度/℃
ABS	200~270	40~80	PMMA	170~270	20~90
AS	220~280	40~80	POM	180~220	60~120
HDPE	210~270	20~60	PP	200~270	20~60
LDPE	190~240	20~60	PS	170~280	20~70
PA6	230~290	40~60	软 PVC	170~190	20~40
PC	250~290	90~110	硬 PVC	190~215	20~60

2. 温度调节对塑件质量的影响

质量优良的塑料制件应满足六个方面的要求：收缩率小、变形小、尺寸稳定、冲击强度高、耐应力开裂性好和表面光洁。

采用较低的模温可以减小塑料制件的成型收缩率。

模温均匀、冷却时间短、注射速度快可以减小塑件的变形。其中均匀一致的模温尤为重要，但是由于塑料制件形状复杂、壁厚不一致、充模顺序先后不同，通常会出现冷却不均匀的情况。为了改善这一状况，从理论上考虑，可以在冷却快的地方通温水，在冷却慢的地方通冷水，使得模温均匀，塑件各部位能同时凝固，但是实际上模具结构复杂，要完全达到理想的调温往往是很难实现的。

对于结晶型塑料，为了使塑件尺寸稳定应该提高模温，使结晶在模具内尽可能地达到平衡。否则，塑件在存放和使用过程中，由于后结晶会造成尺寸和力学性能的变化（特别是玻璃化温度低于室温的聚烯烃类塑件），但模具温度过高对制件性能也会产生不好的影响。

结晶型塑料的结晶度还影响塑件在溶剂中的耐应力开裂能力，结晶度愈高该能力愈低，故降低模温是有利的。但是对于聚碳酸酯一类的高粘度非结晶型塑料，耐应力开裂能力和塑件的内应力关系很大，故提高充模速度、减少补料时间及采用高模温是有利的。

上述六点要求在实际生产中有互相矛盾的地方，因此应充分考虑生产实际情况，侧重于满足塑件的主要要求来选择合适的模温。

3. 对温度调节系统的要求

设计温度调节系统时，需要满足下列要求：

（1）根据塑料的品种，确定温度调节系统是采用加热方式还是冷却方式。

（2）尽量使模温均匀，塑件各部同时冷却，以提高塑件质量和生产率。

（3）温度调节系统要尽量做到结构简单、加工容易、成本低廉。

（4）一般采用低的模温，大流量、快速通水冷却的效果比较好。

总之，温度调节（冷却或加热）既关系到塑件的质量（包括塑件的力学性能、尺寸精度和表面质量等),又关系到生产率。因此必须根据要求使模具温度控制在一个合理的范围内,以得到高品质的塑件和高的生产率。

(二) 冷却系统冷却效果的衡量标准

调节模具温度最常用的方法是冷却,那么冷却效果对实现正常注塑成型加工起决定性的作用。冷却效果通常是指塑件冷却固化过程中,在限定的时间内,冷却系统带出热量的多少和模具温度的均匀程度,它主要受以下因素的影响:

1. 冷却通道与成型区域的接近程度,即实际导热面积的大小和导热路程的长短;
2. 冷却通道的直径;
3. 冷却水道的长度和设计布局;
4. 冷却介质的流动状态及用量;
5. 从入口到出口冷却介质的温差,一般入口到出口的冷却介质的温差,以不超过5℃为宜;
6. 熔融塑料与模具的温差。

所有这些都是由冷却回路的设计来决定的。提高冷却效果,就从以上各项入手,以取得良好的模温调节系统。

(三) 冷却系统的设计原则

根据塑件的形状、壁厚及塑料的品种等具体情况和实践经验模具冷却系统的设计原则归纳如下。

1. 冷却水道至型腔表面距离应尽量相等,并使水道的排列与成型面的形状相符

当塑件壁厚均匀时,冷却水孔与型腔表面各处最好有相同的距离,如图10-1(a)所示。但当塑件壁厚不均匀时,塑件厚壁处的冷却水道要到型腔表面的距离应近一些,间距也可适当小一些,如图10-1(b)所示。一般水道孔边至型腔表面的距离大于10mm,常用12~15mm。如图10-1(c)的布局形式,使模具冷却不均匀,容易产生塑件变形。

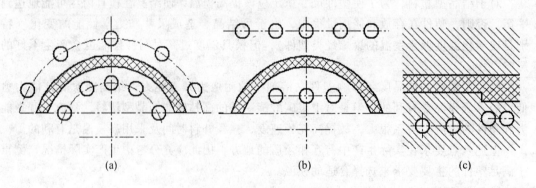

图10-1 冷却水孔的位置

2. 冷却水道数量应尽量多,尺寸尽量大

模腔表壁的温度与冷却水道的数量、截面尺寸以及冷却水的温度有关。如图10-2所示是成型同一种塑件,采取不同数量的冷却水道和不同截面尺寸条件下,向模具内通入不同温度(45℃和59.83℃)的冷却水后,模具内同一截面上的等温曲线分布情况。图10-2(a)是设置两条较小直径的水道,通入45℃的冷却水时,模腔表壁温度分布的均匀性变

差，温差达 6.67℃ 左右（分型面附近的温度约 60℃，模腔表壁的温度约 53.33℃）。这 6.67℃ 的温度误差对精度要求不严的塑件，也许问题不大，但对于精度要求严格的塑件，则可能因为型腔温度不均匀而产生内部残余应力，或引起塑件的变形。而图 10-2（b）则设置 5 条直径较大的水道，通入 59.83℃ 的冷却水时，模腔表壁的温度分布比较均匀，温差只有 0.05℃ 左右（分型面附近的温度约 60.05℃，模腔表壁温度约 60℃），这对于成型精密塑件是非常有利的。

据此可知，为了使模腔表壁的温度分布趋于均匀，防止制件出现温度不均以及由此而产生的不均匀性收缩和制件残余应力，在模具结构和尺寸允许的情况下，应尽量多设冷却水道，并使用较大的截面尺寸。

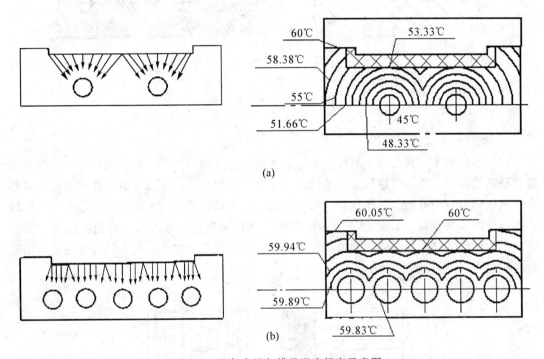

图 10-2　冷却布局与模具温度梯度示意图

成型区域内冷却水道的直径太小不容易加工和清理，而直径过大，对冷却效果也有不利的影响。故成型区域内冷却水道的直径一般取 $\phi 8 \sim 12 mm$。

在非成型区内，水道的直径不受以上的限制。比如起分配作用的主干水道，以及进口、出口的水道的直径，可以选得大一些，应使它们的流速不超过成型区内冷却介质的流速。

3. 冷却水道间的距离应适当

如果水道直径为 d，冷却水道与成型面的距离为 $3d$ 较为合适，距离太远，则冷却效率低，而距离太近，则冷却不均匀，并可能影响成型零件的强度。考虑制品质量的原因，水道孔边与成型面的距离应不能小于 10mm。冷却水道的间距根据具体情况而定：一般采用的距离为 $5d$，如图 10-3（a）所示。当同一成型面上塑件厚度加厚时，可以使水道的距离逐渐缩短，并靠近型腔，以取得局部冷却的效果。

当成型大型塑件时，由于料流行程较长，料温随之逐渐降低，这时应适当改变冷却水道的排列密度，促使排列的间距逐渐变稀，如图10-3（b）所示，以取得整个塑件大致相同的冷却速度。而在浇注系统的末端和塑件壁薄处，水道变稀也是为了控制模温的变化，有利于物料在浇注末端的流动。

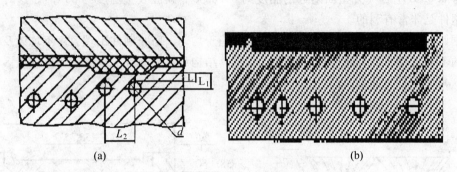

冷却水道直径 $d = 8 \sim 12\text{mm}$ $L \geqslant 10\text{mm}$ $L_1 = (1 \sim 2)d$ $L_2 = (3 \sim 5)d$

图 10-3　冷却水道的距离

4. 浇口处加强冷却

浇注部位由于经常接触注射机喷嘴，而熔料首先从浇口注入，所以浇口部位是模具上温度最高的部位，距浇口越远温度越低。为了达到模温均衡，冷却水道应首先通过浇口部位，而熔融料流的方向，也往往是冷却水道流动的方向，即冷却水道应该从模温高的区域向模温低的区域流动，如图10-4所示。因此，浇口附近要加强冷却，可通入冷水，而在温度低的外侧通经过热交换了的温水即可。具体方法是将冷却水道的入口设置在浇口的附近。

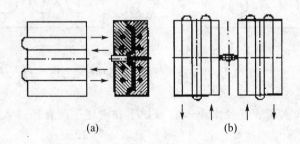

图 10-4　冷却水道应优先通过模温高的部位

一般说来，主流道比较粗大，再由于模温较高，其冷却速度往往滞后于成型件。为提高成型速度，必要时可考虑在主流道处单独设置冷却回路。

5. 冷却水道应畅通无阻

冷却水道不应有存水和产生回流的部位，应畅通无阻，要避免过大的压降。

6. 进出水嘴应设在不影响操作的方位

通常将进出水嘴同时设在注射机操作位置的对面或模具的下方。

7. 冷却水道的布置应避开塑件容易出现熔接痕的部位

塑件容易产生熔接痕的地方，本身的温度就比较低，若在该处再设置冷却水道，就会更加促使熔接痕的产生，从而造成制件因熔接不牢而降低塑件强度，如图10-5所示，冷却水道布置在远离容易产生熔接痕处。

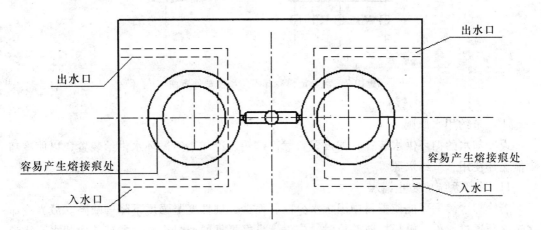

图10-5　冷却水道应避开熔接痕

8. 在循环式冷却水道中的冷却路线距离应相等

如图10-6（a）所示由于两侧流程的不同，流动阻力和流速也不同，其冷却效果也有差异，容易造成塑件冷却不均，而造成制件变形；而图10-6（b）的形式较为合理。

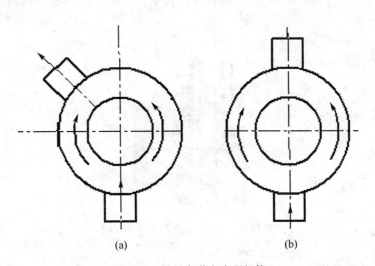

图10-6　循环水道应流程相等

9. 动模和定模应分别单独设置冷却系统

如图10-7所示，当定模冷却较差时，动模一侧的塑件因模温较低，就先固化成型。顶出后，塑件在模外冷却时，温度较高的定模一侧的塑件，将继续冷却收缩，使塑件产生如图10-7所示的弯曲现象。所以，动模和定模应分别单独设置冷却系统，尤其是在成型平板类塑件时，动模、定模的冷却应达到均衡状态。

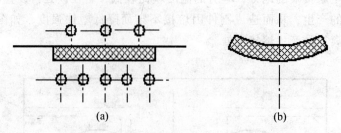

图 10-7　动、定模冷却不均衡使塑件弯曲

10. 节约用水原则

设冷却水的循环供水装置，如设置自然冷却箱、冷却塔等循环水供给装置，以使冷却水能循环使用，节约水源。

11. 冷却系统应防止漏水

若冷却水渗漏可能使塑料中因含水分高，而造成制件变脆强度下降等缺陷。故当冷却水道必须通过镶件、模板接缝部位时，应设置良好可靠的密封措施，尤其是冷却水不能渗透到成型区域内。如图 10-8 所示，冷却水从支承板流入通过中心进入型芯内的螺旋槽冷却，在型芯侧面出水。在这里有两处渗漏面，水道镶件与支承板间采用 O 形密封圈，出水口则是镶件与型芯间将加长的出水嘴直接安装在型芯上，并用密封垫密封。值得注意的是镶件与模板的配合精度要求是非常高的。如果间隙过大、密封圈由于没有足够的正压力会发生密封不严，而间隙过小，则在组装时会切断密封圈（因为密封圈的厚度必须高出镶件表面）。

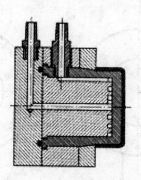

图 10-8　冷却系统防渗漏结构实例

12. 降低入水与出水的温度差

如果入水温度和出水温度差别太大，对于流动距离很长的大型制件，料温会愈流愈低，使模具的温度分布不均匀。为取得整个制件大致相同的冷却速度，可以改变冷却水通道排列的形式，如图 10-9 所示。对于型腔比较长等大型塑件，图 10-9（b）比图 10-9（a）所示的形式好，降低了出水、入水的温差，提高了冷却效果。

冷却系统的设计应根据具体情况而定。一般情况下，由于受外界环境和具体情况的影响和限制，设计出符合理论要求、十分完美的冷却系统是十分困难的。而且在模具总体

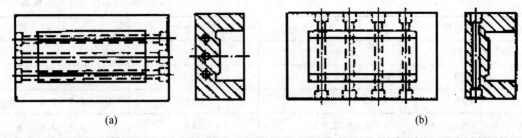

图 10-9 冷却水道排列形式

设计过程中,应兼顾考虑冷却水道的设置方案,并给冷却水道留出足够的空间。因此应根据实际情况,设计出较为实用的冷却系统。

首先看塑件的生产批量多少及后续性来考虑模具的制造成本。虽然理想的冷却系统能提高塑件的成型效率,但是势必会增加设计和制造的成本,因此应做好充分地比较,在两者兼顾的情况下,设计出简繁相宜的冷却系统。

其次,应充分考虑地域差别。在气温较高的地区,环境温度较高,成型冷却很直观具体地影响着成型效率和塑件质量,故在模具设计中对冷却系统是非常重视和讲究的。因此,除看塑件的生产批量外,还应结合当地的气候状况,设计符合地域特点的冷却系统。

(四)冷却系统冷却参数的计算

冷却回路的设计应做到:冷却回路系统内流动的介质必须能充分吸收成型塑件所传导给模具的热量,使模具成型表面温度稳定地保持在所需要的温度上。

如果忽略模具因空气对流、热辐射以及与注射机机体接触所散失的热量,即假定塑料熔体在模内释放的热量全部由冷却水带走。

1. 所需冷却水体积的计算

通常所需冷却水的体积计算公式如下

$$V = \frac{G \cdot \Delta_i}{60C \cdot \rho(t_1 - t_2)} \tag{10-1}$$

式中:V——所需冷却水的体积流量,m^3/min;

G——单位时间内注入模具内塑料熔体的质量,kg/h;

Δ_i——成型时单位质量塑料释放的热量(查表10-2),J/kg;

C——冷却水的比热容,$J/(kg \cdot K)$;

ρ——冷却水的密度,kg/m^3;

t_1——出口处冷却水的温度,℃;

t_2——入口处冷却水的温度,℃。

表 10-2 各种塑料成型时单位质量释放的热量

塑料名称	Δ_i	塑料名称	Δi
ABS	3~4	PMMA	2.1
AS	3.35	POM	4.2

续表

塑料名称	Δ_i	塑料名称	Δ_i
HDPE	6.9~8.2	PP	5.9
LDPE	5.9~6.9	PS	2.7
PA6	56	PVC	1.7~3.6
PC	2.9	SAN	2.7~3.6

2. 冷却水道导热总面积的计算

冷却水道导热总面积的计算公式为

$$A = \frac{G \cdot \Delta_i}{3600\alpha(T_w - T_Q)} \tag{10-2}$$

式中：A——冷却水道导热总面积，m^2；

　　G——单位时间内注入模具内塑料熔体的质量，kg/h；

　　Δ_i——成型时单位质量塑料释放的热量（查表10-2），J/kg；

　　α——冷却水的导热率。在成型模板钻孔加工冷却通道时，取 $\alpha = 0.64$；在模具垫板钻孔加工冷却通道时，取 $\alpha = 0.5$；当镶嵌铜管冷却通道时，取 $\alpha = 0.1$；

　　T_W——模具成型零件表面温度，℃；

　　T_Q——冷却水的平均温度，℃。

3. 冷却水孔直径的确定

计算出冷却水的体积流量后，可以根据冷却水处于最佳流动状态下流速与通道的关系，确定冷却水道的直径 d，如表10-3所示。

表10-3　　　　　　　　　　冷却水道直径

直径 项目	8mm	10mm	12mm	15mm
最低流速 v /（m/s）	1.66	1.32	1.10	0.87
冷却水体积流量 V /（m/min）	5.0×10^{-3}	6.2×10^{-3}	7.4×10^{-3}	9.2×10^{-3}

注：在雷诺数 Re > 10000，10℃条件下。

确定冷却水道的直径时应注意，无论多大的模具，水孔的直径不能大于14mm，否则冷却水难以处于最佳流动状态，以致降低热交换效率。一般水孔直径可以根据塑件的平均壁厚来确定。平均壁厚为2mm时，水道直径可以取10~14mm。

4. 冷却水道总长度的计算

由 $A = \pi dL$，则

$$L = \frac{100A}{\pi d} \tag{10-3}$$

式中：L——冷却水道总长度，m；

A——冷却水道导热总面积，m^2；

d——冷却水道直径，mm；

5. 冷却水道数目的计算

由于受模具尺寸的限制，每根水路的长度由模具尺寸决定。设每条水路的长度为 l，则冷却水道的数目为 $n = \frac{L}{l}$。

三、知识应用

根据所给案例进行模具温度调节系统设计，借助计算机辅助设计来设计注射模具

1. 遥控器后盖零件图，如图 10-10 所示，材料为 ABS 塑料。

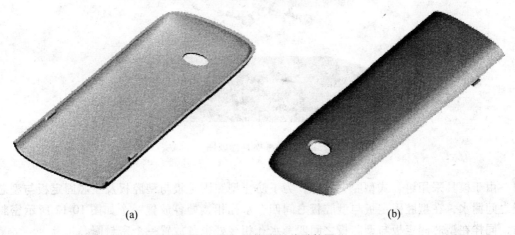

(a)　　　　　　　　　　　　　　　　　(b)

图 10-10　遥控器后盖零件图

2. 确定模具结构

如图 10-11 所示，该模具一模二腔，采用侧浇口浇注系统的分流道开设在镶块上，分流道镶块嵌入在型芯中。

3. 根据冷却系统设计原则确定冷却水道尺寸

根据冷却系统设计原则确定冷却水孔直径取 12mm，冷却水孔中心至型腔表面的距离为 18mm，冷却水道间的距离取 50mm。

4. 模具冷却系统的密封

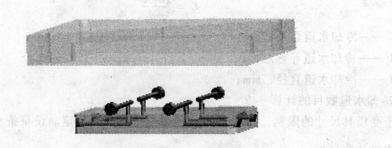
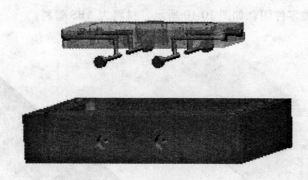

图 10-11 模具爆破图

由于模具采用组合式型腔、型芯，为了防止型腔固定板与型腔板及型芯固定板与型芯板之间漏水，在型腔固定板与型腔板之间四个水孔相接处各放置一个如图 10-12 所示密封圈，同样在型芯固定板与型芯板之间四个水孔相接处也各放置一个密封圈。

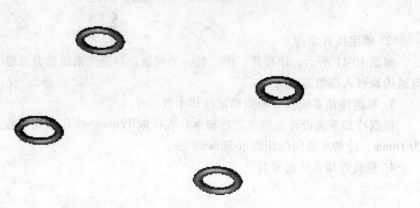

图 10-12 密封圈

任务二 冷却系统的结构形式

【知识点】
冷却系统水道形式
冷却回路布置
常见冷却系统的结构

一、任务目标

了解冷却系统的水道形式，掌握冷却水道的连通方式，能够布置出合理的冷却回路；掌握常见冷却系统的结构，能够对不同形状的塑件选择出合理的模具冷却系统。

二、知识平台

冷却模具通常以水、油或压缩空气等为冷却介质。由于水的热容量大、传热系数大、成本低、使用方便、冷却效果好等特点，所以普遍采用水作冷却介质。

（一）冷却水道形式

冷却系统的水道形式大体分为以下几类：

1. 沟道式冷却

沟道式冷却是直接在模具或模板上钻孔或铣槽，然后通入冷却介质的方法，如图10-13 所示。沟道式冷却特点是冷却介质直接接触模体，传导热量快，结构简单，冷却效果较好，其热传导系数 $\alpha = 0.64$。

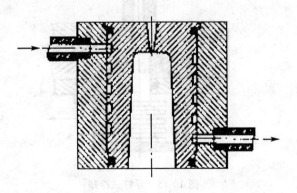

图 10-13 沟道式冷却

2. 管道式冷却

管道式冷却是在模具上钻孔或铣槽，在孔内嵌入导热性较好的铜管，用低熔点合金固定铜管的冷却方式，如图10-14 所示。由于铜管与成型零件的接触面积很小，其导热效果不好。一般仅用于所要求的冷却回路较难加工时，在通常情况下很少采用。

3. 导热杆式冷却

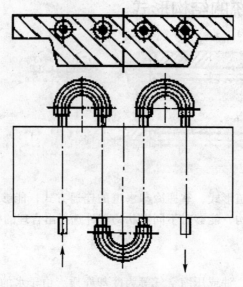

图 10-14 管道式冷却

导热杆式冷却是在型芯内插入导热率较高的铍铜合金,在其端部通冷却水进行冷却。如图 10-15 所示,该方法一般适用于不能打冷却水孔的细长成型芯的冷却。

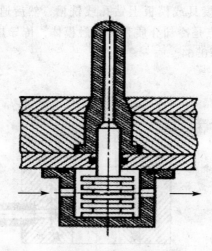

图 10-15 导杆式冷却

实践中采用什么冷却形式应根据实际的具体情况而定,但总的原则应该是冷却效率高,冷却的均衡性好且便于加工。

(二) 冷却回路布置

冷却水道的连通方式有串联和并联两种。

1. 串联连通回路

冷却介质从入口处流入直径始终相等的水道,并依次串联并通过成型区带走热量。具体结构如图 10-16 所示。冷却介质的流动取决于进出口之间的压力差和通道的阻力，通道越长，阻力越大；通道直径越大，其阻力越小。

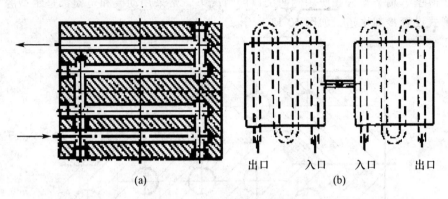

图 10-16 串联连通的基本形式

冷却介质流经通道时，从温度较高的模体中吸收热量，并使其本身温度升高。在入口处附近，由于冷却介质与模具间存在较大的温差，因此冷却介质吸收的热量也多，从而冷却效率高；而在出口处附近，模具处于浇注系统的末端，模温较低，再加上冷却介质已吸收了前段的热量而使温度升高，造成两者温差变小，从而冷却效率也相应地降低，因此要提高冷却效率，就应使冷却介质的温差在较小的范围内变化，即其温差应控制在 5℃ 左右比较理想。在串联连通的布局里尤其应该注意。

2. 并联连通回路

冷却介质从入口处流入主干水道后，分若干分支水道，并分别并联流过成型区，带走热量后，同时流入出水主干水道排出。具体结构如图 10-17 所示。

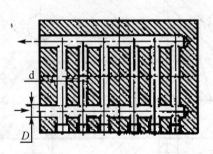

图 10-17 并联连通的基本形式

冷却水道的并联布局中非常重要的一点就是：进出口主干水道的横截面积 S_D 必须大于各支路的横截面积的总和 S_d，由于冷却介质总是沿阻力最小的方向流动，因此会引起冷却介质从近处的分支冷却水道走捷径流过，而远处分支冷却水道没有冷却水通过则起不到冷却的作用，这样会使制件冷却不均而产生变形。

（三）常见冷却系统的结构

冷却水道的开设应该尽可能按照型腔的形状，对于不同形状的塑件，冷却水道位置也不同。

1. 浅型腔扁平塑件的冷却水道

对于薄壁、扁平塑件在使用侧面浇口的情况下，常采用动模和定模都是距型腔等距离钻孔的形式设置冷却水道，如图10-18所示。

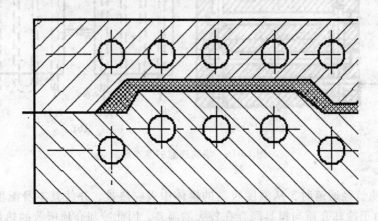

图10-18 浅型腔扁平塑件的冷却水道

2. 中等深度的塑件的冷却水道

采用侧浇口进料的中等深度的壳形件，如图10-19所示，可以在型腔底部采用与型腔表面等距离钻孔的形式设置冷却水道1。在型芯中，由于容易储存热量，所以要加强冷却，按照塑件形状在动模上铣出矩形截面的冷却环形水槽2。

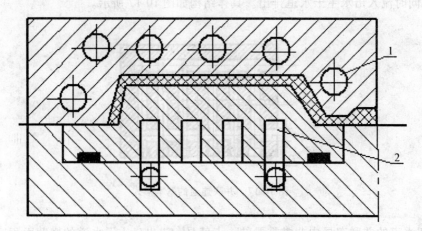

1—冷却水道；2—冷却环形水槽
图10-19 中等深度塑件的冷却水槽

3. 深型腔塑件的冷却水道

型芯的冷却问题是深型腔塑件模具的最大困难之一。对于深度浅的情况钻通孔并堵塞得到和塑件形状类似的回路，如图10-20所示。对于深腔的大型塑件模具，如图10—21

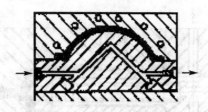

图 10-20　深型腔的冷却水槽

所示，可从定模浇口附近通入冷却水，流经沿矩形截面水槽 1 后流出；其侧部开设圆形截面冷却水道 2，围绕模腔一周后从出口排出；在型芯的底部如 A—A 断面所示加工出的螺旋状槽 3，在型芯中打出一定数量的盲孔，并在其中放入如图所示的隔板，从而形成能从型芯中心进水、型芯外侧出水的冷却回路。

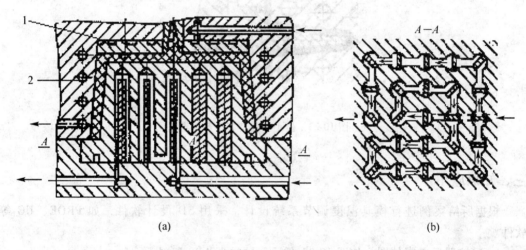

1—水槽；2—冷却水道

图 10-21　深型腔大型塑件的冷却水槽

对于非常深的塑件冷却，为了达到较好的冷却效果，也可以分别从型芯中心及定模中心引入冷却水，通过螺旋水道绕型芯及型腔周边流过，从下方流出。

4. 狭窄的、薄的、小型制件的冷却水道

小型塑件模具的型芯细，如图 10-22 所示可在型芯中心开盲孔，放进管子，由管中进入的水喷射到浇口附近，进行冷却，然后经过管子与型芯的间隙从出口处流出。

当型芯非常细，型芯内部没有运水空间不能开孔时，可以选用导热性好的铍铜合金作为型芯的材料，如图 10-23 所示，冷却效果也很好。但由于铍铜其强度和耐磨性较差，型芯应有较大的脱模斜度，以防止摩擦损伤。

对于壁较厚的小制件，为加强冷却扩大散热面积，可将铍铜芯棒一端加工成翅片状。

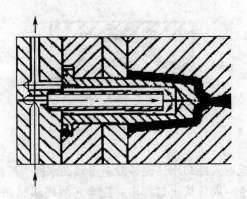

图 10-22　小型塑件的冷却水道

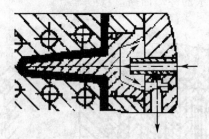

图 10-23　极小塑件型芯冷却水道

三、知识应用

根据所给案例进行模具温度调节系统设计，采用 3D 设计软件，如 PROE、UG 等软件。

1. 遥控器后盖零件图，如图 10-24 所示。材料为 ABS 塑料。

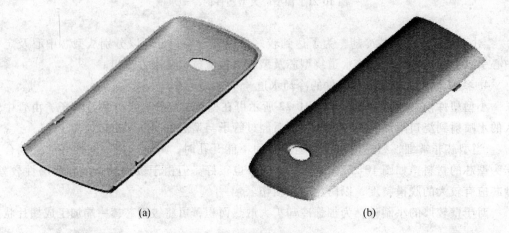

(a)　　　　　　　　　　　　　(b)

图 10-24　遥控器后盖零件图

2. 模具冷却系统工作原理

如图 10-25 所示为模具冷却系统工作原理图。冷却水由 2、4 进水管进入，在模具中按黑色箭头所指方向进行流动，然后分别由 8、6 出水管流出。

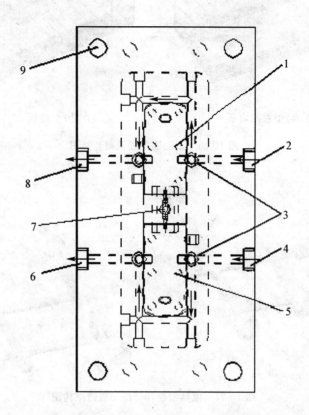

1、5—产品外形；2、4—进水管；3—水道密封圈；6、8—出水管；7—主流道；9—导柱

图 10-25 模具冷却系统工作原理图

3. 确定冷却系统结构

（1）模具型腔部分冷却系统结构

在图 10-26（a）型腔固定板中开设两组进出水的孔道（图中未画出），在图 10-26（b）型腔板中开设两组水的流动通道。冷却水的流动由型腔固定板上的进水孔进入，然后流入到型腔板中，再流入到型腔固定板中，最后由型腔固定板上的出水孔流出。该部分冷却水道结构示意图如图 10-27 所示。

（2）模具型芯部分冷却系统结构

模具型芯采用组合式主型芯（整体嵌入式）结构，在图 10-28（a）型芯固定板中开设两组进出水的孔道，在图 10-28（b）型芯板中开设两组水的流动通道。冷却水的流动由型芯固定板上的进水孔进入，然后流入到型芯板中，再流入到型芯固定板中，最后由型芯固定板上的出水孔流出。该部分冷却水道结构示意图如图 10-29 所示。

(a) 型腔固定板　　　　　(b) 型腔板

图 10-26　型腔固定板及型腔板图

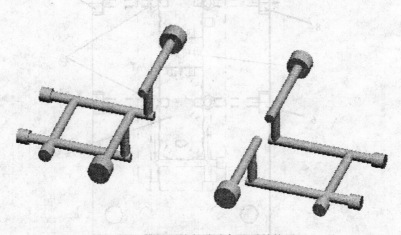

图 10-27　模具型腔部分冷却流道结构图

 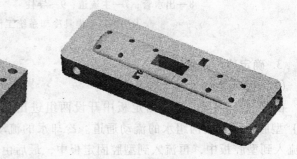

(a) 型芯固定板　　　　　(b) 型芯板

图 10-28　型芯固定板及型芯板图

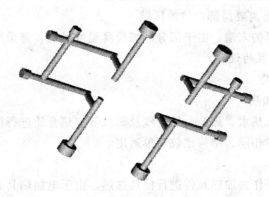

图 10-29　模具型芯部分冷却流道结构图

任务三　模具的加热装置

【知识点】
　　模具加热的必要性
　　加热装置的设计
　　模具加热应注意的问题

一、任务目标

了解加热模具的必要性，能够选择出合理的加热方式，掌握模具加热中出现的问题，从而设计出正确的加热装置。

二、知识平台

在一般情况下只需要对模具通入冷却介质即可达到模具调节温度的目的，但是在实践中有的时候则需要对模具进行整体加热和局部加热。

（一）模具加热的必要性

有如下情况时，必须设置模具加热装置，对模具进行加热。

1. 对要求模具温度在 80℃ 以上的塑料成型

对流动性较差的塑料（如聚碳酸酯、聚甲醛、聚砜、聚苯醚等）的成型均要求模具具有较高的温度。对要求模具温度在 80℃ 的塑料成型时要对模具加热，否则会影响熔料的流动性，使其难以成型。同时会产生较大的流动剪切力。其塑件内应力增大，并可能出现熔接痕或缺料等塑件缺陷。

2. 对大型模具的预热

大型模具在初始成型时其模温是室温，靠熔融塑料的传导达到热变形温度是十分困难的，因为在这个阶段模具温度低，将很难成型或出现多种成型缺陷。只有在成型前对模具进行预热才能使成型顺利进行。

3. 热流道系统的局部加热

热流道注射模是对浇注系统进行加热的浇注方式。

4. 在模具的局部有需要局部加热的区域

比如在注射的行程的末端，由于部分区域模具温度过低，需采用局部加热等。

（二）模具加热装置的设计

1. 模具的加热方式

（1）用加热介质加热

利用冷却水道通入热水、热油、热空气及蒸汽等加热介质进行模具加热。其装置和调节方法与冷却水路基本相同，结构比较简单适用。

（2）电流加热

用电热棒或电热环作为加热元件进行模具加热。由于电加热具有清洁、简便、可随时调节温度等优点，在大型模具和热流道模具中逐渐得到广泛的应用。

模具中可以使用的电加热装置有两大类型，一种是电阻加热，另一种是感应加热。由于感应加热装置结构复杂，体积又大，通常很少采用。下面是三种常用的电阻加热方式：

① 电阻丝直接加热

这种方式将事先绕制好的螺旋弹簧状电阻丝作为加热元件，外部穿套特制的绝缘瓷管后，装入模具中的加热孔道，一旦通电，便可对模具直接加热。这种方式的特点是加热结构简单、价格低廉；但电阻丝与空气接触后容易氧化损耗、使用寿命不长、耗电量也比较大，并且也不大安全，必须注意模具加热部分与其他部分的绝缘问题。

② 电热环加热

电热环也称为筒式加热元件，该元件是将电阻丝绕制在云母片上之后，再装夹进一个特制框套内而制成的。如果框套为金属材料，则框套与电阻丝之间须用云母片绝缘。

电热环式加热的特点是框架结构简单，制造容易，使用和更换方便，必要时也可按照模具加热部分的形状进行制造，如果模具中不便使用电热环，也可以采用平板框套构成的电热板；缺点是耗电量较大。

③ 电热棒加热

电热棒是一种标准加热元件，该元件由具有一定功率的电阻丝和带有耐热绝缘材料的金属密封管构成。使用时，只要将其插入模具或加热板中的加热孔内进行通电即可电热棒式加热的特点是使用和安装方便；但是开设加热孔时，受型芯、成型镶块和推出脱模零件安装位置限制。

2. 电加热装置的功率计算

（1）计算法

电加热装置加热模具需用的总功率可以用下式计算

$$P_{总} = 0.24G(T_2 - T_1) \tag{10-4}$$

式中：G——模具质量，kg；

T_2——塑件成型温度，℃；

T_1——模具的初始温度（室温），℃；

（2）经验法

计算模具电加热装置所需的总功率是一项很复杂的工作，生产中为了方便起见，也可以根据加热方式和模具的大小，采用下面经验数据计算单位质量模具的电加热功率 P_u。

① 电热环加热小型模具：
$$P_u = 40\text{W/kg}；大型模具 P_u = 60\text{W/kg}$$
② 电热棒加热
$$小型模具（40\text{kg}以下）：P_u = 35\text{W/kg}；$$
$$中型模具（40 \sim 100\text{kg}）：P_u = 30\text{W/kg}；$$
$$大型模具（100\text{kg}以上）：P_u = 20\text{W/kg}。$$

（三）模具加热应注意的问题

在选择和安装加热元件时应注意的问题如下：

1. 如果没有所计算出来的电功率的电热元件，可以选用稍大于计算电功率的电热元件（尽量选用标准件）。在实践中可以采取降低电压的方法将所用电热元件的电功率调节到所需要的数值，或采取缩短加热时间的方法进行调节。

2. 电热元件应摆布均匀，以利于模具的均衡加热。

3. 当模具温度升高时会使模具局部区域产生热膨胀现象，特别是相对滑动的部位的间隙过小时，会因为热膨胀造成无法滑动的现象。因此在模具设计时应注意在滑动部位预留出热膨胀的滑动间隙。

4. 注意绝缘措施，防止漏电、漏水等现象的发生。

三、知识应用

例 10.1 模具总质量为 600kg，动模部分质量 $G_1 = 400\text{kg}$，定模质量 $G_2 = 200\text{kg}$，需对模具做预热升温，模具从室温 20℃升至 80℃时，定模、动模各需要多少电功率的加热元件？

解：定模所需电功率：

由公式 $P = 0.24G(T_2 - T_1)$ 得
$$P_{动} = 0.24 \times 400 \times (80 - 20) = 5760\text{W}$$
$$P_{定} = 0.24 \times 200 \times (80 - 20) = 2880\text{W}$$

习题与思考题

1. 注射模冷却系统的设计原则有哪些？
2. 冷却系统水道形式有哪些？各有何优、缺点？
3. 在注射模中，模具温度调节的作用是什么？
4. 简述模具冷却系统的常见结构。
5. 模具加热方式有哪些？并简述各自的特点。
6. 流动性较差的聚碳酸酯注射的模具温度为 80 ~ 110℃，为了便于成型，需对模具做预热升温，模具从室温 20℃升至 90℃时，求定模、动模各需要多少电功率的加热元件？已知定模质量 $G_1 = 150\text{kg}$ 模具的动模部分质量 $G_2 = 280\text{kg}$。

模块十一 注塑模与注塑机的关系

任务一 注塑机的基本结构及规格

【知识点】
注塑机的分类
注塑机的基本结构
注塑机的规格及工艺参数

一、任务目标

掌握注塑机常用的几种分类方法、基本组成部分以及各部分的名称和作用。熟悉注塑机的规格及主要的工艺参数。

二、知识平台

(一) 注塑机的分类

注塑机为塑料注射成型所用的主要设备,近年来塑料注射机发展很快,其种类日益增多。注塑机有许多不同的分类方法,下面介绍常用的四种。

1. 按注塑机的成型能力分

一部通用注塑机的成型能力主要由合模力和注塑能力所决定的,因此,通用注塑机有大、中、小型之分,如表 11-1 所示。

表 11-1　　　　　　　　　注塑机的成型能力分类

类　　型	合模力 / (kN)	理论注射量 / (cm^3)
超小型	< 160	< 16
小　型	160 ~ 2000	16 ~ 630
中　型	2500 ~ 4000	800 ~ 3150
大　型	5000 ~ 12500	4000 ~ 10000
超大型	> 16000	> 16000

注:在实际生产中可以根据注塑机的成型能力来选择使用所需设备。

2. 按塑化方法分

根据塑化方法(即塑化用的零部件)不同,注射机可划分为许多不同类型,但从原则上讲,主要有柱塞式和螺杆式两大类别。

(1) 柱塞式注塑机

柱塞是直径约为20~100mm的金属圆杆,在料筒内仅作往复运动,将熔融塑料注入模具。分流梭是装在料筒靠前端的中心部分,形如鱼雷的金属部件,其作用是将料筒内流经该处的塑料分成薄层,使塑料分流,以加快热传递。同时塑料熔体分流后,在分流梭表面流速增加,剪切速率加大,剪切发热使料温升高、黏度下降,塑料得到进一步混合和塑化。柱塞式注塑机示意图如图11-1所示。

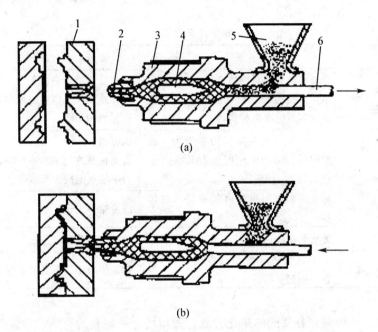

1—注射模;2—喷嘴;3—料筒;4—分流梭;5—料斗;6—注射柱塞

图11-1 柱塞式注塑机示意图

(2) 螺杆式注塑机

螺杆的作用是送料、压实、塑化与传压。当螺杆在料筒内旋转时,将料斗中的塑料卷入,并逐步将其压实、排气、塑化,不断地将塑料熔体推向料筒前端,积存在料筒前部与喷嘴之间,螺杆本身受到熔体的压力而缓缓后退。当积存的熔体达到预定的注射量时,螺杆停止转动,并在液压油缸的驱动下向前移动,将熔体注入模具。螺杆式注塑机示意图如图11-2所示。

螺杆式注射机中螺杆既可以旋转又可以前后移动,因而能够胜任塑料的塑化、混合和注射工作。

在实际生产中如何选择适当的塑化方法,可以参照表11-2中两种不同的塑化性能的比较进行综合考虑。

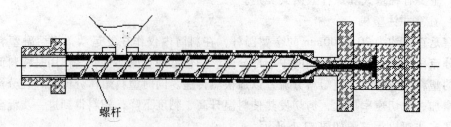

图 11-2　螺杆式注塑机示意图

表 11-2　塑化方法的对比

使用性能	柱塞式	螺杆式
塑化能力 塑化均匀性	分流锥改善塑化能力有限 熔体只受推挤，流动形式表现为层流，不可能有良好的均匀性。	螺杆旋转增大塑化能力 螺杆旋转产生强烈的搅拌混合作用，塑化相当均匀。
注射压力	由于分流锥部位的压力损失大，成型同样制品时，注射压力必须为螺杆式的 2~3 倍。	压力损失小，成型同样制品时注射压力仅为柱塞式的 30%~50%，相同的合模力下能成型较大的制品。
熔体滞留	分流锥表面与机筒内壁滞留的熔体多。	滞留熔体少。
分色环	无法利用分色环。	能快速换色。
制品质量	由于制品质量误差或者残余应力，容易引起变形。	残余应力小，不易引起变形。

综上所述，可以判定柱塞式的塑化方法与适用场合：塑料的导热性差，若料筒内塑料层过厚，塑料外层熔融塑化时，塑料的内层尚未塑化，若要等到内层熔融塑化，则外层就会因受热时间过长而分解。因此，柱塞式注射机的注射量不宜过大，一般为 30~60g，且不宜用来成型流动性差、热敏性强的塑料制件。而螺杆式注塑机的使用范围及性能要远远优于柱塞式注塑机，所以也较为通用。

3. 按外形特征分

主要根据注射机的合模装置和注射装置的相对位置进行分类。

（1）立式注塑机

立式注塑机最常见的类型如图 11-3 所示。合模装置与注射装置的轴线呈一线垂直排列。具有占地面积小，模具装拆方便，嵌件安装容易,自料斗落入物料能较均匀地进行塑化等优点。缺点是顶出制品不易自动脱落，常需人工或其他方法取出,不易实现全自动化操作和大型制品注射；机身高，加料、维修不便，这类注射机的注射量一般在 $60cm^3$ 以下。

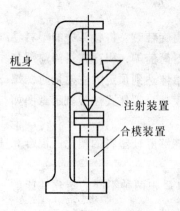

图 11-3　立式注塑机

(2) 卧式注塑机

卧式注塑机是最常见的类型（如图 11-4）。其合模装置与注射装置的轴线呈一线水平排列。卧式注塑机具有机身低，易于操作和维修，自动化程度高，安装较平稳等特点。目前大部分注塑机采用这种形式。

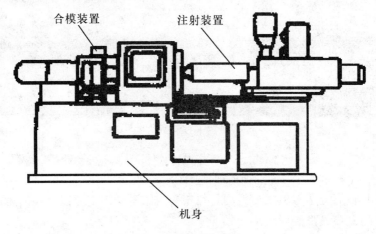

图 11-4　卧式注塑机

(3) 角式注塑机

注射装置和合模装置的轴线互成垂直排列（如图 11-5）。角式注塑机特别适合于加工中心部分不允许留有浇口痕迹的平面制品。其优点是比卧式注塑机占地面积小，其缺点是放入模具内的嵌件容易倾斜落下。这种形式的注塑机仅适宜小型机。

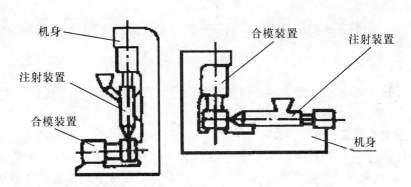

图 11-5　角式注塑机

(二) 注塑机的基本结构

以最常用的卧式注塑机为例。注塑机主要由注射系统、合模系统、液压系统和控制系统四部分组成，如图 11-6 所示。

1. 注射系统

组成：料斗、料筒、加热器、计量装置、螺杆（柱塞式注射机为柱塞和分流梭）及驱动装置、喷嘴等部件。

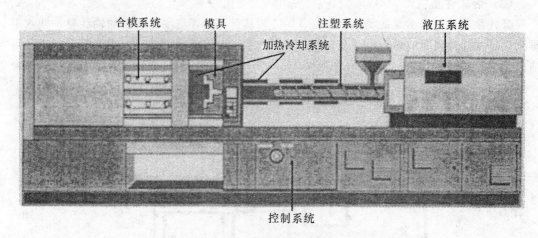

图 11-6 注塑机结构示意图

主要作用：使高分子粒料或粉料均匀地塑化成熔融状态，并以足够的压力和速度将一定量的熔料注射到模具型腔内。

2. 合模系统

组成：模板、拉杆、合模机构、制品顶出装置和安全门等。

主要作用：①实现模具的开闭动作，②在成型时提供足够的夹紧力使模具锁紧，③开模时推出模内制件。

锁紧装置类型：机械式，液压式或者液压机械联合作用方式。

推出机构类型：机械式和液压式推出。液压式推出有单点推出、多点推出。

3. 液压系统

主要作用：是注塑机的油路供应和循环系统，为注塑机的各执行机构提供压力和速度回路。

4. 控制系统

主要作用：负责控制注塑机的各种程序和动作，以及对各种过程变量的控制和调解，包括时间、位置、压力、速度和转速等。

(三) 注塑机的规格及主要技术参数

注塑机的规格主要用机器的注射量（即注射能力）与合模力的大小来表征。国际上趋于用欧洲标准来制定注塑机的规格，即用"注射容量/合模力"来表示注塑机的主要特征。这里所指的注射容量是指注射压力为 100MPa 时的理论注射容量。

我国目前主要是采用合模力作为主要参数来规定注塑机的型号。根据国家标准《橡胶塑料机械产品型号编制方法》（GB/T12783—2000）中的规定，注塑机型号采用大写印刷体汉语拼音字母和阿拉伯数字表示。第一个字母 S 表示塑料机械，第二个字母 Z 表示注射成型机械，第三个字母表示注塑机品种，其中 L、J、Z、F、N、P、A、G、E、M、S 和 H 分别表示立式、角式、柱塞式、低发泡、精密、排气式、反应式、热固性塑料、鞋用转盘、多模、双色和混色注塑机，卧式螺杆式预塑注塑机不标；后面的一组数字为合模力，表示注塑机规格参数。如 SZ—16000 表示合模力为 16000 千牛普通注塑机，SZS—800

表示合模力为800千牛的双色注塑机。

注射机的主要技术参数包括注射、合模、综合性能等三个方面，如公称注射量、螺杆直径及有效长度、注射行程、注射压力、注射速度、塑化能力、合模力、开模力、开模合模速度、开模行程、模板尺寸、推出行程、推出力、空循环时间、机器的功率、体积和质量等。

任务二　注射成型过程及其工艺

【知识点】
注射成型过程
注射成型工序

一、任务目标

了解注塑机注射成型过程中的原理及其基本工序，熟悉注射成型的工艺过程及影响该过程的主要因素和控制方法。

二、知识平台

（一）注射成型过程

注塑机工作过程如图11-7所示。注塑机工作的原始状态是动模板在开启位置使模具的动模和定模分开，注塑座在后退位置，料筒的喷嘴和定模呈非接触状态。注塑周期开始后，动模板在合模机构的作用下向前移动，使模具的动模与固定在前模板上的模具定模相闭合，此过程称合模。当限位行程开关确认闭模到位后，即发出信号使注塑座向定模板方向移动、使料筒上的喷嘴和模具的主浇套相接触，于是就接通了喷嘴——模具浇道——成型模型系统的通道，这一过程为射台前进过程。当注塑座到位，喷嘴与主浇套压紧后，行程开关或位移检测装置就发出信号，便接通注塑程序，进行射料。注塑程序完成后，整个模腔被熔体所充满，注塑螺杆已行至最前位置，为了防止模腔中的熔体反压倒流和补偿收缩作用，注塑油缸内必须继续保持一定压力，推动螺杆持续向模具中的熔料施加压力一直到浇口处熔体冷却封口为止，这一过程称为保压。浇口封死后，取消保压过程，制品在模具内自然冷却定型；同时，驱动预塑油马达使螺杆转动，将来自料斗的粒状塑料向前输送，进行塑化。当原料塑化达到预定计量值后，为了防止已熔化的塑料溢出喷嘴，需要将螺杆向后移动一定距离，即进行防涎处理。为了使喷嘴不至于因长时间和冷模接触而形成冷料等，通常需要将喷嘴撤离模具，即进入射台退工况。该动作是否执行，以及执行的先后程序，可供选择。一旦制品冷却定型后就开模，并自动顶出制品。

（二）注射成型工艺

注射成型工艺过程包括：成型前的准备，注射过程，制件的后处理。

1. 成型前的准备

（1）原料的检验和预处理

在成型前应对原料进行外观和工艺性能检验，内容包括色泽、粒度及均匀性、流动性（熔体流动速率、粘度）、热稳定性、收缩件、水分含量等。有的制品要求个同颜色或透

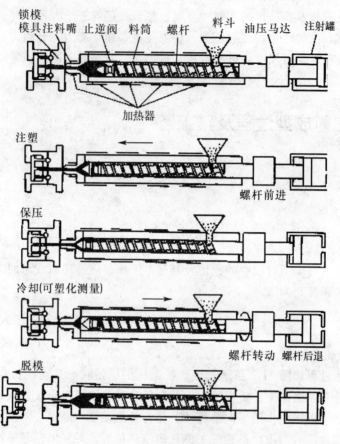

图 11-7 注塑机的工作过程

明度，在成型前应先在原料中加入所需的着色剂，若在原料中加入颜色母料则效果更好。

对于吸水性强的塑料（如聚碳酸酯、聚酰胺、聚砜、聚甲基丙烯酸甲酯等），在成型前必须进行干燥处理，否则塑料制品表面将会出现斑纹、银丝和气泡等缺陷，甚于导致高分子在成型时产生降解，严重影响制品的质量。而对不易吸水的塑料（如聚乙烯、聚丙烯、聚甲醛等赖料）只要包装、运输、贮存良好，一般可以不必干燥处理。对于聚苯乙烯、ABS 塑料往往也进行干燥处理。

干燥处理的方法应根据塑料的性能和生产批量等条件进行选择。小批量生产用塑料，大多用热风循环干燥烘箱和红外线加热烘箱进行干燥；大批量生产用塑料，宜采用负压沸腾干燥或真空干燥，其效果好、时间短。干燥效果与温度和时间关系很大，一般来说，温度高、时间长，干燥效果好。但温度不宜过高，时间不宜过长，如果温度超过玻璃化温度或熔点，会使塑料结块，造成成型时加料困难，对于热稳定性差的塑料，还会导致变色、降解、干燥后的塑料应马上使用，否则要加以妥善贮存，以防再受潮。

（2）嵌件的预热

为了满足装配和使用强度的要求，塑料制品内常要嵌入金属嵌件，由于金属和塑料收缩率差别较大，因而在制品冷却时，嵌件周围产生较大的内应力，导致嵌件周围强度下降和出现裂纹。因此，除了在设计塑料制品时加大嵌件周围的壁厚外，成型前对金属嵌件进行预热也是一项有效措施。

嵌件的预热应根据塑料的性能和嵌件大小而定，对于成型时容易产生应力开裂的塑料（如聚碳酸酯、聚砜、聚苯醚等），其制品的金属嵌件，尤其较大的嵌件一般都要预热、对于成型时不易产生应力开裂的塑料，且嵌件较小时，则可以不必预热。预热的温度以不损坏金属嵌件表面所镀的锌层或铬层为限，一般为 110～130℃。对于表面无镀层的铝合金或钢嵌件预热温度可达150℃。

(3) 清洗料筒

生产中如遇下列情况均应对注射机的料筒进行清洗：改变塑料品种、更换物料、调换颜色，或发现成型过程中出现了热分解或降解反应。

清洗方法：

① 柱塞式机筒存料量大，须将机筒拆卸清洗。

② 螺杆式机筒，可采用对空注射法清洗。

③ 最近研制成功了一种机筒清洗剂，是一种粒状无色高分子热弹性材料，100℃时具有橡胶特性，但不熔融或粘结，将它通过机筒，可以像软塞一样把机筒内的残料带出，这种清洗剂主要适用于成型温度在 180～280℃ 内的各种塑性塑料以及中小型注射机。

采用对空注射清洗螺杆式机筒时，应注意下列事项。

① 欲换料的成型温度高于机筒内残料的成型温度时，应将机筒和喷嘴温度升高到欲换料的最低成型温度，然后加入欲换料或其回头料，并连续对空注射，直到全部残料除尽为止。

② 欲换料的成型温度低于机筒内残料的成型温度时，应将机筒和喷嘴温度升高到欲换最高成型温度，切断电源，加入欲换料的回头料后，连续对空注射，直到全部残料除尽为止。

③ 两种物料成型温度相差不大时，不必变更温度，先用回头料，后和欲换料对空注射即可。

④ 残料属热敏性塑料时，应从流动性好、热稳定性高的聚乙烯、聚苯乙烯等塑料中选黏度较高的品级作为过渡料对空注射。

(4) 选择脱模剂

注射成型时，塑料制品的脱模主要是依赖于合理的工艺条件和正确的模具设计，但由于制品本身的复杂性或工艺条件控制不稳定，可能造成脱模困难，所以在实际生产中通常使用脱模剂。

常用的脱模剂有三种：硬脂酸锌，除聚酰胺外，一般塑料均可用；液体石蜡（白油），用于聚酰胺塑料件的脱模，效果较好；硅油，润滑效果良好，但价格较贵，使用较麻烦，需配制成甲苯溶液，涂抹在模腔表面，还要加热干燥。使用脱模剂时，喷涂应均匀、适量，以免影响塑料制品的外观及性能，尤其注射成型透明塑料时更应注意。

为了克服手工涂抹不均匀的问题，目前研制成了雾化脱模剂，其适应性较强，如表11-3 所示。

表 11-3　　雾化脱模剂的种类及性能

种类	脱模效果	制件表面处理的适应性
甲基硅油（TG 系列）	优	差
液体石蜡（TB 系列）	良	良
蓖麻油（TBM 系列）	良	优

2. 注射过程

完整的注射成型工艺过程可以分为塑化计量、注射充模和冷却定型三个阶段。

（1）塑化计量

成型物料在注射成型机料筒内经过加热、压实以及混合等作用以后，由松散的粉状或粒状固体转变成连续的均化熔体的过程称为塑化。对塑化的要求是塑料在进入模腔之前应达到规定的成型温度，且温度应均匀一致，并能在规定的时间内提供足够数量的熔融塑料，不发生或极少发生热分解，以保证生产连续进行。物料塑化好，才能保证塑料熔体在下一阶段的注射充模过程中具有良好的流动性（包括可挤压性和可模塑性），才有可能最终获得高质量的塑料制件。

计量是指能够保证注射机通过柱塞或螺杆，将塑化好的熔体定温、定压、定量地输出（即注射出）机筒所进行的准备动作，这些动作均需注射机控制柱塞或螺杆在塑化过程中完成。

影响计量准确性的因素：①注射机控制系统的精度；②机筒（即塑化室）和螺杆的几何要素及其加工质量影响。

计量精度越高，获得高精度制品的可能性越大，计量在注射成型生产中十分重要。

（2）注射充模

指塑化良好的熔体在柱塞（或螺杆）推挤下注入模具的过程。这一过程所经历的时间虽短，但是熔体在其间所发生的变化却不少，而且这种变化对制品的质量有着重要的影响。这个过程主要分为三个阶段：流动充模、保压补料、倒流。

① 流动充模

这一阶段以柱塞（或螺杆）开始向前移动起直至塑料充满模腔为止。充模开始一段时间里模腔中没有压力，待模腔充满时，料流压力迅速上升而达到最大值。充模时间与模塑压力有关，充模时间长（慢速充模），先进入模内的塑料已经冷却，粘度增高，后面的塑料就需要在较高的压力下才能进入模具；反之，所需的压力较低。

② 保压补料

这一阶段是指形体自充满模腔起至柱塞（或螺杆）撤回时为止。这段时间内，塑料熔体会因受到冷却而发生收缩，但因塑料仍然处于柱塞（或螺杆）的恒压下，料筒内的熔料必然会向模具内继续流入以补足因收缩而出现的空隙。如果柱塞（或螺杆）停在原位不动，压力略有下降；如果柱塞（螺杆）保持压力不变，也就是随着熔料入模的同时，向前作少许移动，则模内压力维持不变。压实阶段对于提高制品的密度、降低收缩和克服制品表面缺陷部有影响。

③ 倒流

这一阶段是从柱塞（成螺杆）后退时开始到浇口处熔料冻结时为止，这时模腔内的压力比流道内高，因此就会发生塑料熔体的倒流，从而使模腔内压力迅速下降。倒流将一直进行到浇口处的熔料冻结时为止。如果柱塞（或螺杆）后退时浇口处的熔料已冻结，或者在喷嘴中装有止逆阀，则倒流阶段就不存在，也就不会出现压力下降的现象。因此，倒流的多少与有无，是由压实阶段的时间所决定的。但是不管浇口处熔料的冻结是在柱塞（或螺杆）后退以前或以后，冻结时的压力和温度对制品收缩率有重要影响。即压实阶段时间较长，模内封口压力高，倒流少，收缩率较小。

（3）冷却定型

这一阶段是从浇口的塑料完全冻结时起到制品从模腔小顶出时止。模内塑料在这一阶段内主要是继续进行冷却，以便制品在脱模时具有足够的刚度而不致发生扭曲变形。在这一阶段内，虽无塑料从浇口流出或流进，但模内还可能有少量的流动，依然能产生少量的分子取向。模内塑料的温度、压力和体积在这一阶段中均有变化，到制品脱模时，模内压力不一定等于外界压力，模内压力与外界压力的差值称为残余压力。残余压力的大小与压实阶段的时间长短有密切关系。残余压力为正值时，脱模比较困难，制品容易被刮伤或破裂；残余压力为负值时。制品表面容易产生凹陷或内部有真空泡。因此，只有在残余压力接近零时脱模才较顺利，并获得满意的制品。

3. 制件的后处理

成型过程中塑料熔体在温度和压力作用下的变形流动行为非常复杂，再加上流动前塑化不均及充模后冷却速度不同，制件内经常出现不均匀的结晶、取向和收缩，导致制件内产生相应的结晶、取向和收缩应力，除引起脱模后时效变形外，还使制件的力学性能、光学性能及表观质量变坏，严重时还会开裂。为了解决这些问题，可对制件进行一些适当的后处理。

后处理方法：退火和调湿。

（1）退火

将制品加热到 $\theta_g \sim \theta_f$（θ_m）间某一温度后，进行一定时间保温的热处理过程。其原理是利用退火时的热量，加速塑料中大分子松弛，消除或降低制件成型后的残余应力，（a）结晶形塑料制件，利用退火对它们的结晶度大小进行调整，或加速二次结晶和后结晶的过程；（b）对制品进行解取向，降低制件硬度和提高韧度。

退火温度：制件使用温度以上 10~20℃ 至热变形温度以下 10~20℃ 间选择和控制。

保温时间：与塑料品种和制件厚度有关，如无数据资料，也可按每毫米厚度约需半小时的原则估算。

退火热源或加热保温介质：红外线灯、鼓风烘箱以及热水、热油、热空气和液体石蜡等。

注意：退火冷却时，冷却速度不易过快，否则还有可能重新产生温度应力。

（2）调湿

调湿处理是一种调整制件含水量的后处理工序，主要用于吸湿性很强且又容易氧化的聚酰胺等塑料制件，它除了能在加热和保温条件下消除残余应力之外，还能促使制件在加热介质中达到吸湿平衡，以防它们在使用过程中发生尺寸变化。

调湿处理所用的加热介质为沸水或醋酸钾溶液（沸点为121℃），加热温度为 100~

120℃（热变形温度高时取上限，反之取下限），保湿时间与制件厚度有关，通常约取 2~9h。

应指出，并非所有塑料制件都要进行后处理，通常，只是对于带有金属嵌件、使用温度范围变化较大、尺寸精度要求高和壁厚大的制品才有必要。

任务三　注塑机的技术规范及工艺参数校核

【知识点】
注塑机的技术规范
注塑机的工艺参数校核

一、任务目标

熟练掌握注塑机的技术规范，及主要工艺参数的校核方法。

二、知识平台

（一）注塑机的技术规范

注塑模是安装在注塑机上使用的成型工艺装备，任何注射模只有安装在注射机上才能使用，所以二者在注射成型生产中是一个不能分割的整体。任何模具设计人员在开始工作之前，除了必须了解注射成型工艺规程之外，还应该详细了解注塑机的技术规范。只有这样，才能正确处理注射模与注塑机之间的关系，以便设计出符合要求的模具。

从模具设计角度考虑，注塑机技术规范主要包括：最大注塑量、最大注射压力、最大合（锁）模力、模具安装尺寸以及开模行程等。

在设计模具时，最好查阅注塑机生产厂家提供的"注塑机使用说明书"上标明的技术规格。因为同一规格的注塑机，生产厂家不同，技术规格略有不同。常用国产注塑机的主要技术规范可以参阅相关技术资料。

1. 最大注塑量

最大注塑量有注塑容量、注塑质量两种表示法。

（1）最大注塑容量

注塑容量是指注塑机对空注塑时，螺杆一次最大行程所射出的塑料体积，以 cm^3 表示。理论注塑容量 V_c 为

$$V_c = \frac{\pi}{4}D_s^2 S \tag{11-1}$$

式中：V_c——理论注塑容量，cm^3；
　　　D_s——螺杆直径，cm；
　　　S——最大注塑行程，cm。

在注塑过程中，随着温度和压力的变化，塑料的密度也发生变化，加上成型物料的漏损等因素，注塑机的最大注塑容量（公称注塑容量）为：

$$V = \alpha V_c = \alpha \frac{\pi}{4}D_s^2 S \tag{11-2}$$

式中：V——注塑机的公称注塑容量，cm^3；
　　　α——注塑系数（通常在 0.7~0.9 范围内选取。α 包括塑料密度变化和物料漏损等因素。密度变化系数；无定型料约 0.93，结晶型塑料约 0.85）。

（2）最大注塑质量

注塑机对空注塑时，螺杆作一次最大注射行程所能射出的聚苯乙烯塑料质量，以 g 表示。由于各种塑料的密度及压缩比不同，在使用其他塑料时，按下述公式对最大注塑量进行换算：

$$G_{max} = G \frac{\rho_1}{\rho_2} \cdot \frac{f_2}{f_1} \tag{11-3}$$

式中：G_{max}——注塑某种塑料时的最大注塑量，g；
　　　G——以聚苯乙烯为标准的注塑机的公称注塑量，g；
　　　ρ_1——所用塑料在常温下的密度，g/cm^3；
　　　ρ_2——聚苯乙烯在常温下的密度，g/cm^3（通常为 1.06 g/cm^3）；
　　　f_1——所用塑料的体积压缩比，与塑料的粒度及其规整性有关，由实验测定；
　　　f_2——聚苯乙烯的压缩比，通常可取为 2。

2. 最大注射压力

注塑机螺杆对塑料施加的压力称为注射压力，用以克服喷嘴、流道和模腔等处的流动阻力。注塑机注射塑料时，油路系统提供最大压力下所获得的注射压力称为最大注射压力。一台注塑机的最大注射压力（P_{max}）及最大油路压力（P_{0max}）在技术规格中已经标明。当注塑机油压为 P_0 时，被加工塑料所获得的注射压力可由下式计算：

$$P = \frac{P_{max} P_0}{P_{0max}} \tag{11-4}$$

式中：P——油路系统压力（表压）为 P_0 时获得的注射压力，MPa；
　　　P_{max}——注塑机的最大注射压力，MPa；
　　　P_{0max}——油路系统最大压力，MPa；
　　　P_0——注塑机工作时的油路压力，MPa。

（二）工艺参数校核

为使注塑成型过程顺利进行，须对以下工艺参数进行校核。

1. 最大注塑量的校核

为确保塑件质量，注塑模一次成型的塑料质量（塑件和流道凝料质量之和）应在公称注塑量的 35%~75% 范围内，最大可达 80%，最小应不小于 10%。为保证塑件质量，充分发挥设备的能力，选择范围常在 50%~80%。

2. 注射压力的校核

所选用注塑机的注射压力须大于成型塑件所需的注射压力。成型所需的注射压力与塑料品种、塑件形状及尺寸、注塑机类型、喷嘴及模具流道的阻力等因素有关。根据经验，成型所需注射压力大致如下：

（1）塑料熔体流动性好，塑件形状简单，所需注射压力一般小于 70MPa。

（2）塑料熔体粘度较低，塑件形状复杂度一般，精度要求一般，所需注射压力通常选为 70~100MPa。

(3) 塑料熔体具有中等粘度（改性 PS、PE 等），塑件形状复杂度一般，有一定精度要求，所需注射压力选为 100～140MPa。

(4) 塑料熔体具有较高粘度（PMMA、PPO、PC、PSF 等），塑件壁薄、尺寸大，或壁厚不均匀，尺寸精度要求严格，所需注射压力约在 140～180MPa 范围。

实际上，热塑性塑料注塑成型所需注射压力，可通过理论分析，如用澳大利亚的 Mold—flow 软件、美国的 C-mold 软件及国内郑州大学的 Z—MOLD 软件、或华中科技大学的 HS—FLOW 软件等，进行流动模拟分析确定更为合理、准确。

3. 合（锁）模力校核

高压塑料熔体充满模腔时，会产生使模具沿分型面分开的胀模力，此胀模力的大小等于塑件和流道系统在分型面上的投影面积与型腔内压力的乘积。胀模力必须小于注塑机额定锁模力，如图 11-8 所示。图 11-8 中型（模）腔压力 P_c 可以按下式粗略计算

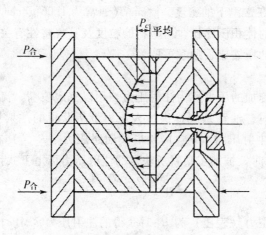

图 11-8 合模力示意

$$P_c = kP \quad (\text{MPa}) \tag{11-5}$$

式中：P_c——型（模）腔压力，MPa；

P——注塑压力，MPa；

k——压力损耗系数。随塑料品种、浇注系统结构、尺寸、塑件形状、成型工艺条件以及塑件复杂程度不同而异，通常在 0.25～0.5 范围内选取。

根据经验，型腔压力 P_c 常取 20～40MPa。通常根据塑料品种及塑件复杂程度，或精度的不同，选用的型腔压力可从相关的工程手册中查得。

型腔平均压力 P_c 决定后，可以按下式校核注塑机的额定合模力

$$T > kP_c A \tag{11-6}$$

式中：T——注塑机额定合（锁）模力，kN；

A——塑件和流道系统在分型面上的总投影面积，mm²；

k——安全系数，通常取 1.1～1.2；

于是，注塑机的最大成型（投影）面积 $A < T/(kP_c)$。

4. 模具型腔数的校核

模具的型腔数可根据塑料制品的产量、精度高低、模具制造成本以及所选注射机的最大注射量和锁模力大小等因素确定。小批量生产，采用单型腔模具；大批量生产，宜采用多型腔模具。但塑料制品尺寸较大时，型腔数将受所选用注射机允许最大成型面积和注射量的限制。由于多型腔模的各个型腔的成型条件以及熔体到达各型腔的流程难以取得一致，所以制品精度较高时，型腔数以少为宜。

如果采用多型腔注射模，则应根据所选用注塑机的主要参数来确定型腔数 n。

（1）按注塑机的最大注射量确定型腔数，可以按下式计算

$$n = \frac{\alpha G_c - G_{流}}{G_i} \tag{11-7}$$

式中：G_c——注塑机允许的最大注射质（重）量（g）；

G_i—— 一个制品的质（重）量（g）；

$G_{流}$—— 流道凝料的质（重）量（g）。

（2）按注塑机的合模力大小确定型腔数：

在塑料制品质（重）量相同条件下，薄壁板形的塑料制品以合模力确定型腔数为宜，即按下式计算

$$n = \frac{T \cdot p' A_{浇}}{p' A_t} \tag{11-8}$$

式中：p'—— 单位投影面积所需的锁模力（MPa），其值等于注射机最大锁模力与最大成型面积之比；

$A_{浇}$—— 浇注系统及飞边在分型面上的投影面积；

A_t—— 一个制品在分型面上的投影面积。

任务四　注射模具的安装

【知识点】

模具的定位

模具安装尺寸的校核

开模行程的校核

模具的调试与修配

一、任务目标

熟悉注射模的结构组成部分及模具在安装时的注意事项，并熟练掌握模具安装尺寸及开模行程的校核，了解在模具安装调试时如何解决遇到的问题。

二、知识平台

（一）模具的定位

1. 模外定位

注射模具在使用过程中要安装在成型机器的模板上，在生产过程中模具随同机器的合

模系统一起开台,这样模具就要求有严格的导向,使得模具内各嵌件精确定位,动定模紧密合拢。如果模具不能合理的定位,则在高合模压力作用下将会损坏模具。除此之外,不精确的导向,还将引起模具动定模错位,塑件壁厚变化,而达不到产品尺寸要求。

为便于模具在机床模板上安装以及模具主流道衬套与机床喷嘴精确定位,应在模具定模或动模上加工一定位圈,用以与机床模板上的开孔匹配。有时,定位圈可加工到模具的底板上,但更多的情况是将其分成两体加工,然后装配到模板上。而这些模具零件有标准件,可以很容易地取得。这些标准件一般由表面淬火钢及水冷淬火非合金工具钢制成。定位圈除完成主流道衬与喷嘴孔的定位外,还可用以防止流道衬套滑出,模具的另外半模通常不带定位圈。

定位圈以较轻的压配装入模具,而以较紧的滑配装入机器模板,图11-9中所示结构尤其适合于在模具与定位圈之间装一绝热片,装绝热片的目的是为了在加工热固性或热塑性塑料时,保持高温以生产出高精度塑件。

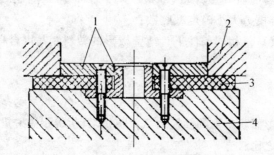

1—定位环;2—注射机模板;3—绝热片;4—模具底板
图11-9 定位圈的安装

当模具由注塑机合模系统锁紧,并通过定位圈定位后,或者通过螺钉将模具直接固定在注塑机模板上,或者由压板把模具装在注塑机模板上。

2. 模内定位及联锁

模具动定模本身同样需要导向以保证精确定位。在小模具,尤其是在薄板模具中,一般使用导柱导向。具体方法是将导柱导套分别精确地配入模板,在模具闭合过程中从一半模凸出的导柱准确进入固定在另一块模板的导套孔内,并进行精确地间隙配合这样就能确保动定模在注射生产过程中准确定位而不产生偏移。

图11-10中表示出导柱导套的定位及固定方法。4个导向系统(导柱和导套)通常需要适当的定位。为便于安装、动定模准确合拢定位,通常将其中一组导柱导套相对其他偏移开来,或将4组导柱导套做成不同的尺寸。从加工方面考虑,一般常使用后一种方法。将其中一对角导柱加长,以便于在模具自身安装或固定在注塑机上时,导向定位。导柱孔的位置应尽可能靠近边缘。这样可为型腔和冷却道提供更大的空间。

关于模具定位,只要导柱与其相应的孔的配合公差紧一点就能保证。但过紧的配合还将会引起较大的磨损,因此与导柱相滑配的孔不能直接加工到模板,而应使用导套。一方面导套可以抗磨损,另一方面还便于磨损后的更换。导套和导柱一样,由表面淬火钢制造,其表面硬度要求达到 HB 625—650。各种形状、大小的导柱、导套已标准化,并可以在市场上买到。导柱、导套使用二硫化铝润滑,可进一步减少磨损。为此,应在导柱中开设油槽。对于无润滑槽的导柱,只能用于小模具或特种导向系统中。

3. 大模具定位

像生产水桶及箱体类的模具,可不使用导柱导套。可由机器上的拉杆导向。由于这种定位精确度不够,所以还应采取特殊措施。这种模具的导向特性是:在模具合模之前的一段时间,模具才开始导向。当模具合模后,动定模彼此支撑。

在所有的结构中,以止口结构及其变异结构为最好。它不仅可以定位,同样可阻抗由型腔膨胀所产生的力。止口结构装配如图 11-11 所示。

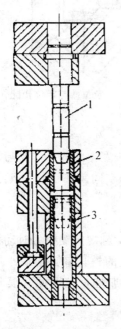

1—导柱;2—导套;3—定位杆
图 11-10 导柱的装配

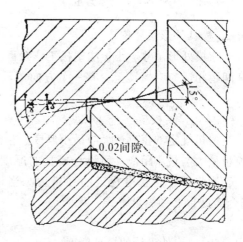

图 11-11 止口结构装配

(二) 模具安装尺寸的校核

校核的目的:因为不同型号和规格的注射机,其安装模具部位的形状和尺寸各不相同,为了使注射模具能顺利地安装在注射机上并生产出合格的制件,在设计模具时必须校核注射机上与模具安装有关的尺寸。主要的校核项目有:喷嘴尺寸、定位圈尺寸、模具外形尺寸及模具厚度等。

1. 喷嘴尺寸校核

喷嘴尺寸示意图如图 11-12 所示。注塑模主流道衬套始端凹坑的球面半径 R_2 应大于注塑机喷嘴球头半径 R_1,以利用同心和紧密接触,通常取 $R_2 = R_1 + (0.5 \sim 1)$ mm 为宜,否则主流通内凝料无法脱出。如图所示。主流道的始端直径 d_2 应大于注塑机喷嘴孔直径 d_1,通常取 $d_2 = d_1 + (0.5 \sim 1)$ mm,以利于塑料熔体流动。

2. 定位圈尺寸校核

为了使主流道的中心线与喷嘴的中心线相重合,模具定模板上凸出的定位圈(见图

11-13 中 b 处)与注射机固定模板上的定位孔(见图 11-13 中 a 处)呈较松动的间隙配合 H11/h11。定位圈的高度一般小型模具为 8~10mm,大型模具为 10~15mm。

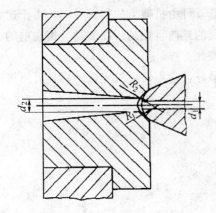

图 11-12 喷嘴尺寸示意图

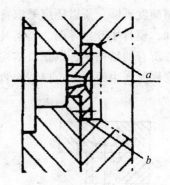

图 11-13 定位圈与定位孔配合

3. 模具外形尺寸校核

注塑模外形尺寸应小于注塑机工作台面的有效尺寸。模具长宽方向的尺寸要与注塑机拉杆间距相适应,模具至少有一个方向的尺寸能穿过拉杆间的空间装在注塑机工作台面上。

4. 模具厚度校核

注射机规定的模具最大与最小厚度:指注射机模板闭合后达到规定锁模力时动模板和定模板最大与最小距离。所设计模具的厚度应落在注射机规定的模具最大与最小厚度之内,否则将不可能获得规定的锁模力。当模具厚度小时,可加垫板。因此,模具厚度(闭合高度)必须满足下式:

$$H_{\min} \leq H_m \leq H_{\max} \tag{11-9}$$

式中:H_m——所设计的模具厚度,mm;

$H_{\min}$——注塑机允许的最小模具厚度,mm;

$H_{\max}$——注塑机允许的最大模具厚度,mm。

5. 模具安装尺寸校核

注塑机的动模板、定模板台面上有许多不同间距的螺钉孔或 T 形槽,用于安装固定模具。表 11-4 为模板螺孔与 T 形槽排列尺寸,图 11-15 为模板孔与 T 形槽排列尺寸示意图。模具安装固定方法有两种:螺钉固定、压板固定。采用螺钉直接固定时(大型注塑模多用此法),模具动、定模板上的螺孔及其间距,必须与注塑机模板台面上对应的螺孔一致;采用压板面固定时(中、小模具多用此法),只要在模具的面定板附近有螺孔就行,有较大的灵活性。图 11-14 为模具压板安装示意图。

模板上不设螺孔(或 T 形槽)部分的中心圆尺寸、模具定位孔尺寸与喷嘴球径及拉杆内间距的尺寸有关,如表 11-5 所示。

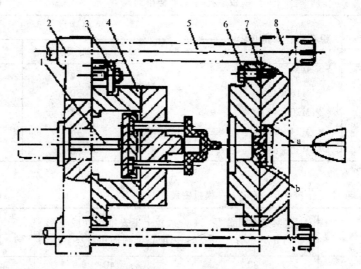

1—注射机顶杆；2—注射机动模固定板；3—压板；4—动模；5—注射机拉杆；6—螺钉；7—定模；8—注射机定模固定板

图 11-14　模具压板安装示意图

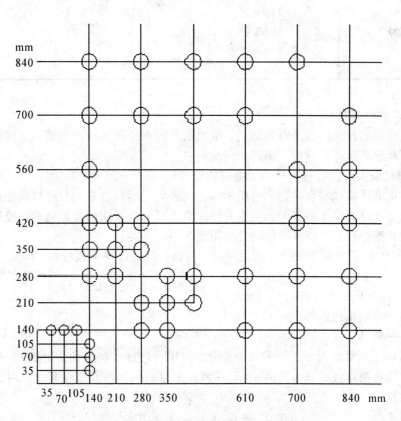

图 11-15　模板孔与 T 形槽排列尺寸示意图

表11-4　　　　　　　　　模板螺孔与T形槽排列尺寸　　　　　　　（单位：mm）

最大线距	螺孔直径×深度	T形槽尺寸		
		槽宽	底宽	总深度
≤245	M12×30	14	23	28
>245	M16×40	13	30	36
>350	M20×45	22	37	47
>630	M24×50	28	46	56
>840	M30×65	36	56	71

表11-5　　　　　　　　　　　模板安装尺寸　　　　　　　　　　（单位：mm）

拉杆有效间距	模具定位孔直径（公差H）	模板上不安排孔（或T形槽）的圆面积直径，D	喷嘴球半径
>200	80	140	
>224	100	160	
>280	125	200	
>355	125	250	10，15，20
>450	160	315	
>600	160	400	
>710	200	500	
>900	250	630	

（三）开模行程校核

各种注塑机的开模行程是有限制的，取出制品所需的开模距离必须小于注塑机的最大开模距离。开模距离可以分成下面两类情况校核。

1. 注塑机最大开模行程与模厚无关时的校核

这主要指液压机械联合作用的合模机构，其最大开模行程是由肘杆机构的最大行程所决定的，而不受模具厚度的影响，当模具厚度变化时可由其调模装置调整。校核时只需使注射机最大开模行程大于模具所需的开模距离。

如图11-16所示，对于单分型面注射模，开模行程可以按下式校核：

$$S \geq H_1 + H_2 + (5 \sim 10\text{mm}) \tag{11-10}$$

式中：S——注塑机最大开模行程（mm）；

H_1——脱模顶出距离（mm）；

H_2——制品高度与浇注系统之和（mm）。

如图11-17所示，对于三板式双分型面注射模（带针点浇口的注射模），开模距离需要增加定模板与浇口板的分离距离 a，此距离应足以取出浇注系统凝料。这时，开模行程可以按下式校核

$$S \geq H_1 + H_2 + a + (5 \sim 10\text{mm}) \tag{11-11}$$

脱模顶出距离 H_1 常等于模具型芯的高度，但对于内表面为阶梯状的制品，有时不必顶出型芯的全部高度，即可取出制品。故脱模距离 H_1 需视具体情况而定，以制品能顺利取出为宜。如图11-18所示。

模块十一　注塑模与注塑机的关系

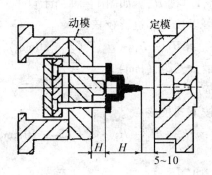

图 11-16　单分型面模具开模行程的校核

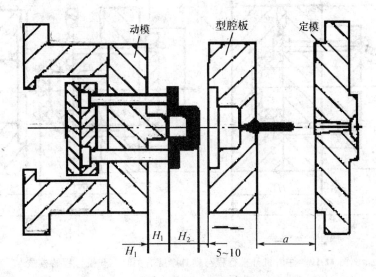

图 11-17　双分型面模具开模行程的校核

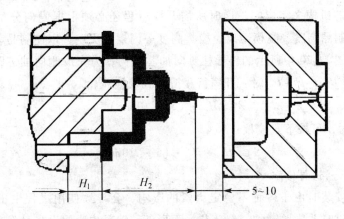

图 11-18　阶梯状分型面开模行程的校核

2. 注塑机最大开模行程与模具厚度有关时的校核

这主要指的是全液压的合模机构，其最大开模行程等于注塑机移动模板与固定模板之

间的最大开距 S_K 减去模具闭合厚度 H_M。如图 11-19 所示。

对于单分型面注射模，可以按下式进行校核：

$$S_K \geq H_M + H_1 + H_2 + (5 \sim 10\text{mm}) \tag{11-12}$$

式中：S_K——注塑机模板的最大开距（mm）；

H_M——模具厚度（mm）。

对于双分型面注射模，按下式校核：

$$S_K \geq H_M + H_1 + H_2 + a + (5 \sim 10\text{mm}) \tag{11-13}$$

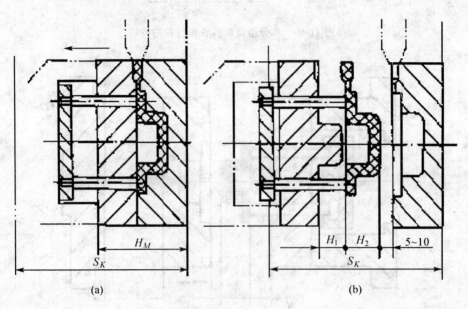

图 11-19 注射机开模行程与模具厚度有关时，开模行程的校核

有的模具侧向分型或侧向抽芯的动作是利用注射机的开模动作，通过斜导柱（齿轮齿条等）分型抽芯机构来完成的。这时所需开模行程还必须根据侧向分型抽芯的抽拔距离，再综合考虑制品高度、脱模距离、模具高度等因素来决定，以使制品和浇注系统能方便地取出为准。图 11-20 中所示的斜导柱侧向抽芯机构，为完成侧向抽芯距离 I 所需的开模行程为 H_C，当 $H_C > H_1 + H_2$ 时，开模行程按下式校核：

$$S \geq H_C + (5 \sim 10\text{mm}) \tag{11-14}$$

当 $H_C \leq H_1 + H_2$ 时，可按下式校核：

$$S \geq H_1 + H_2 + (5 \sim 10\text{mm}) \tag{11-15}$$

（四）模具的调试与修配

注射模具在安装时由于各种不稳定因素的影响，会导致使用过程中出现一些不良现象，因此安装调试是非常关键的一个环节。下列各种情况均为假设：材料在注塑机内已完全塑化，如注射压力、保压压力、增压压力、注射速率、合模力等参数，均为最佳。在试运行过程中会出现的一些常见故障及解决方法有：

1. 喷嘴与主流道衬套之间漏料：

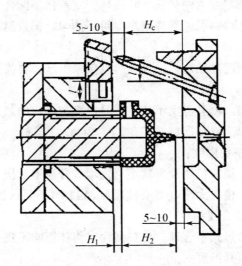

图 11-20 有侧向抽芯时开模行程的校核

(1) 喷嘴口与主流道衬套同心性不良。校查定位环，使其对齐。
(2) 喷嘴与主流道衬套间的接触压力不足，增加压力。
(3) 用一张薄纸检测其压力的均一性。适当地接触，可均匀定位。
(4) 喷嘴与主流道衬套球面半径不配。喷嘴孔大于主流道衬套孔。

2. 主流道料把不能脱出或拉断：

主流道有侧凸凹的原因：
(1) 主流道衬套与喷嘴的球形半径不匹配。
(2) 喷嘴与主流道衬套错位。
(3) 喷嘴孔口大于主流道衬套孔口。
(4) 主流道衬套抛光不良，具有横向槽纹。

主流道不凝的原因：
(1) 主流道衬套太大，主流道太粗。
(2) 主流道衬套区域冷却不够，测试模具温度。

3. 零件不能脱出：

(1) 塑件粘附于型腔：主流道或浇注系统具有侧凸凹。检测喷嘴及主流道衬套球径。检测型腔表面，对于不光滑者重新抛光，并对死角导圆。型腔温度太低。在型腔内形成真空。测试斜度。考虑补气。

(2) 在脱模过程中塑料损坏：侧凸凹太大。顶出杆设置在不利于脱模力正确传递的地方，这会引起不可接受的压力最大值。检查有缺陷地方的型腔表面。在型腔内形成真空。测试料度。

4. 充模不足：

分流道太长或太小或两者兼备。增大浇注系统，型腔内的料流受长度及薄厚的影响阻碍。开大浇口。型芯漂移。模具排气效果不良，模温太低。

5. 塑件出现飞边：

分型面配合欠佳，相配面由例如残留物损坏，重新修整配合表面。合模力不足，塑件成型投影面积太大。型芯偏移引起塑件壁厚严重不均匀。模具温度太高。

6. 塑件上出现灼点：

塑料在狭窄浇口处引起过热烧灼。模具排气效果不佳，料流受阻。

7. 塑件变形：

浇口位置及形状不当。模具温度不均。模具温度与相应的加工材料不符。塑件壁厚相差很大的模具需要两个以上冷却回路。

8. 塑件出现粗糙或条状皮纹：

模具表面抛光不良。浇口位置及形状不当。增大分流道及浇口尺寸，并对其相应表面进行抛光。开设冷料井。模具太冷（含有冷凝），因排气不足或流程开设不当而引起。

9. 塑件带有明显的熔合线：

浇口位置不当。浇口形式不合理。浇口截面对熔体影响不良，加大浇口。模具排气不足，冷却不均匀。提高模具温度。

10. 塑件表面出现鳞片：

熔体与校具之间温差太大。增加模具温度，加大分流道及浇口。

11. 塑件表面光洁度不佳：

检测模具温度。加大分流道及浇口。打圆死角。对模具再次抛光。

12. 塑件浇口区域变色：

模具温度太高。增大分流道及浇口。开设冷料井。

13. 塑件变脆：

检测模具温度。增大分流道及浇口，开设冷料井。

14. 塑件表面出现皱褶：

降低模具温度。

三、知识应用

将遥控器后盖模具与注射机安装调试好。

图 11-21 为遥控器后盖零件图，图 11-22 为遥控器后盖模具。图 11-23 为卧式螺杆注塑机示意图。

 安装步骤简述如下：

1. 根据模具的大小选择适当的注塑机：在本例中可选择 125KN 的卧式螺杆注塑机；

2. 对模具的安装尺寸进行校核：喷嘴、定位圈、模具外形及厚度、安装孔的尺寸计算校核；

3. 开模行程的校核；

4. 安装时注意导柱定位；

5. 用压板分别将注射模具的动、定模板固定在注塑机的移动、固定模板上；

6. 对已安装好的模具进行安装调试。

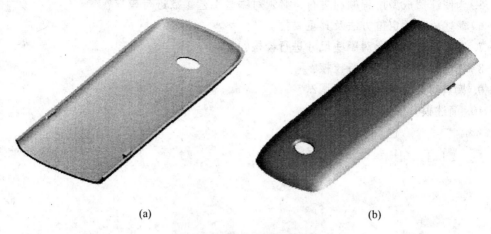

(a)   (b)

图 11-21 遥控器后盖零件图

图 11-22 遥控器后盖模具

图 11-23 卧式螺杆注塑机

习题与思考题

1. 注塑机的分类方法有哪几种？各有何用处？
2. 怎样确定注塑机的规格？注塑机中主要的工艺参数有哪些？
3. 简述注射成型过程及注射成型工艺过程。
4. 注塑机的技术规范有哪些？对模具设计有何作用？

5. 为使注塑成型过程顺利进行,必须对哪些工艺参数进行校核?
6. 简述模具的定位方法及其重要性。
7. 在模具安装时要对哪些尺寸进行校核?
8. 怎样对开模行程进行校核?
9. 模具安装完后如何进行调试?
10. 简述模具安装的步骤。

模块十二　其他塑料成型工艺与模具设计简介

任务一　压缩模与压注模

【知识点】
　　压缩模、压注模的分类、组成及工作原理
　　压缩模成型零部件的设计和脱模机构设计

一、任务目标

　　掌握压缩模的总体结构和成型零部件、脱模机构的设计方法。掌握压注模的总体结构和设计方法。

二、知识平台

（一）压缩模及其工作原理

1. 压缩模的工作原理

压缩成型原理：模具开启时，热固性塑料的粉料或粒料，经计量后放在加料室内，此时上模和下模经加热达到了成型温度。油压机油缸驱动上凸模，以一定速度与下模闭合。塑料在高温和加压下熔融流动，充满型腔后保压一定时间。物料在物理和化学作用下交联固化定型，塑料由原来的线形分子结构变为三维体形结构。上模开启后，油压机机身下部的顶出杆，推动模具下模的顶出机构将塑件顶出凹模型腔。有的模具有成型侧向孔的侧型芯，必须在顶出机构动作前旋退。

压缩成型优点：与注射成型相比，压缩成型生产控制、使用设备的模具都比较简单，适用于流动性差的塑料，宜于成型大型塑料制件，制件的收缩率小，变形较小，各向异性性能比较均匀。

一般热塑性塑料不采用压缩或压注成型，因加热过程较长，流动充模后，需冷却固化。压缩成型效率低，特别是厚壁塑件的生产周期更长。带有侧孔和深孔等形状复杂塑件难以成型，且常因边厚度的不同影响塑件高度尺寸的精度。

2. 压缩模的组成

压缩模一般由型腔、加料室、导向机构、侧向分型与抽芯机构、脱模机构和加热系统等组成。

（1）型腔

型腔是直接成型塑件的部位，型腔与加料室共同起装料的作用。

（2）加料室

由于塑料原料与塑件相比具有较大的比容，塑件成型前单靠型腔往往无法容纳全部原料，因此在型腔上方设有一段加料腔。

（3）导向机构

导向机构用来保证上下模合模的对中性。保证推出机构上下运动平稳。

（4）侧向分型与抽芯机构

在成型带有侧向凹凸或侧孔的塑件时，模具必须设有各种侧向分型与抽芯机构，塑件才能抽出。

（5）脱模机构

固定式压缩模在模具上必须有脱模机构（推出机构）。

（6）加热系统

热固性塑料压缩成型需在较高的温度下进行，因此模具必须加热，常见的加热方式有电加热、蒸汽加热、煤气或天然气加热等，但以电加热为普遍。加热板圆孔中插入电加热棒。在压缩热塑性塑料时，在型腔周围开设温度控制通道，在塑化和定型阶段，分别通入蒸汽进行加热或通入冷水进行冷却。

3. 压缩模典型结构

分为固定于压机上压板的上模和下压板的下模两大部分。如图 12-1 所示为压缩模典型结构。

4. 压缩模分类

（1）按固定方式分类

① 移动式压缩模

如图 12-2 所示，该模具不固定在压机上面，成型后将模具移出压机，先抽出侧型芯，再取出塑件，清理加料室后，将模具重新组合好放入压机内进行下一个循环的压缩成型。特点是模具结构简单，制造周期短，但加料、开模、取件等工序手工操作，模具易磨损，劳动强度大，模具质量不能太大。

② 半固定式压缩模

半固定式压缩模如图 12-3 所示。开、合模在机内进行，一般将上模固定在压机上。下模可沿导轨移动，用定位块定位，合模时靠导向机构定位。也可按需要采用下模固定的形式，工作时则移出上模。用手工取件或卸模架取件。该结构便于放嵌件和加料，用于小批量生产，减小劳动强度。

③ 固定式压缩模

固定式压缩模如图 12-1 所示。固定式压缩模上下模都固定在压机上，开模、合模、脱模等工序均在压机内进行，生产效率高，操作简单，劳动强度小，开模振动小，模具寿命长。但其结构复杂，成本高，且安放嵌件不方便。适用于成型批量较大或形状较大的塑件。

（2）按加料室形式分类

① 溢式压缩模

溢式压缩模又称敞开式压缩模，如图 12-4 所示。这种模具无加料室，型腔即可加料，型腔的高度 h 基本上就是塑件的高度。型腔闭合面形成水平方向的环形挤压边 B，以减薄塑件飞边。压塑时多余的塑料极易沿着挤压边溢出，使塑料具有水平方向的毛边。模具的

模块十二 其他塑料成型工艺与模具设计简介 **275**

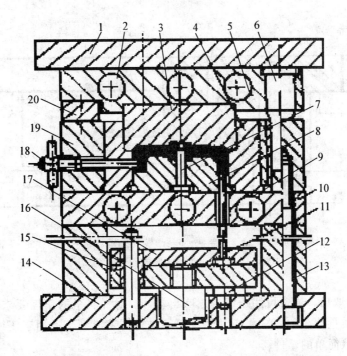

1—上模板；2—加热棒；3—上凸模；4—凹模；5—加热板；6—导柱；7—型芯；8—下凸模；9—导套；10—加热板；11—顶杆；12—挡钉；13—垫板；14—底板；15—顶板；16—拉杆；17—顶杆固定板；18—侧型芯；19—型腔固定板；20—承压板

图 12-1 压缩成型模具的结构

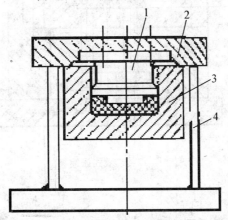

1—凸模；2—凸模固定板；3—凹模；4—U 形支架

图 12-2 移动式压缩模

凸模与凹模无配合部分，完全靠导柱定位，仅在最后闭合后凸模与凹模才完全密合。压缩时压机的压力不能全部传给塑料。模具闭合较快，会造成溢料量的增加，既造成原料的浪费，又降低了塑件密度，强度不高。溢式模具结构简单，造价低廉、耐用（凸凹模间无

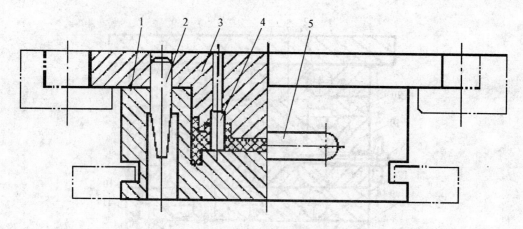

1—凹模（加料室）；2—导柱；3—凸模（上模）；4—型芯；5—手柄
图 12-3 半固定式压缩模

摩擦），塑件易取出，通常可用压缩空气吹出塑件。对加料量的精度要求不高，加料量一般稍大于塑件质量的 5%~9%，常用预压型坯进行压缩成型，适用于压缩成型厚度不大、尺寸小、且形状简单的塑件。

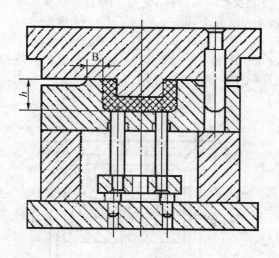

图 12-4 溢式压缩模

② 不溢式压缩模

不溢式压缩模又称封闭式压缩模，如图 12-5 所示。这种模具有加料室，其断面形状与型腔完全相同，加料室是型腔上部的延续。没有挤压边，但凸模与凹模有高度不大的间隙配合，一般每边间隙值约 0.075 mm 左右，压制时多余的塑料沿着配合间隙溢出，使塑件形成垂直方向的毛边。模具闭合后，凸模与凹模即形成完全密闭的型腔，压制时压机的压力几乎能完全传给塑料。

不溢式压缩模的特点：

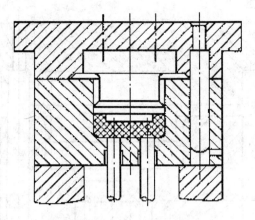

图 12-5 不溢式压缩模

(a) 塑件承受压力大，故密实性好，强度高。

(b) 不溢式压缩模由于塑料的溢出量极少，因此加料量的多少直接影响着塑件的高度尺寸，每模加料都必须准确称量，所以塑件高度尺寸不易保证，故流动性好、容易按体积计量的塑料一般不采用不溢式压缩模。

(c) 凸模与加料室侧壁摩擦，不可避免地会擦伤加料室侧壁，同时，加料室的截面尺寸与型腔截面相同，在顶出时带有伤痕的加料室会损伤塑件外表面。

(d) 不溢式压缩模必须设置推出装置，否则塑件很难取出。

(e) 不溢式压缩模一般不应设计成多腔模，因为加料不均衡就会造成各型腔压力不等，而引起一些制件欠压。不溢式压缩模适用于成型形状复杂、壁薄和深形塑件，也适用于成型流动性特别小、单位比压高和比容大的塑料。例如用它成型棉布、玻璃布或长纤维填充的塑料制件效果好，这不仅因为这些塑料流动性差，要求单位压力高，而且若采用溢式压缩模成型，当布片或纤维填料进入挤压面时，不易被模具夹断而妨碍模具闭合。造成飞边增厚和塑件尺寸不准，去除困难。而不溢式压缩模没有挤压面，所得的飞边不但极薄，而且飞边在塑件上呈垂直分布，去除比较容易，可以用平磨等方法去除。

③ 半溢式压缩模

半溢式压缩模又称为半封闭式压缩模，如图 12-6 所示。这种模具具有加料室。但其断面尺寸大于型腔尺寸。凸模与加料室呈间隙配合。加料室与型腔的分界处有一环形挤压面。其宽度为 4~5 mm。挤压边可限制凸模的下压行程，且保证塑件的水平方向毛边很薄。

半溢式压缩模的特点：

(a) 模具使用寿命较长。因加料室的断面尺寸比型腔大，故在顶出时塑件表面不受损伤。

(b) 塑料的加料量不必严格控制，因为多余的塑料可通过配合间隙或在凸模上开设的溢料槽排出。

(c) 塑件的密度和强度较高，塑件径向尺寸和高度尺寸的精度也容易保证。

(d) 简化加工工艺。当塑件外形复杂时，若用不溢式压塑模必造成凸模与加料室的

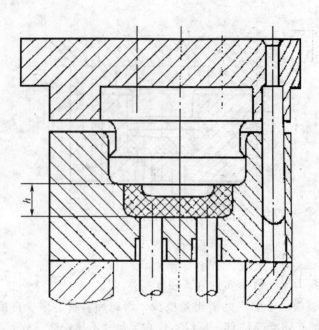

图 12-6 半溢式压缩模

制造困难。而采用半溢式压塑模则可将凸模与加料室周边配合而简化。

半溢式压缩模由于有挤压边缘,在操作时要随时注意清除落在挤压边缘上的废料,以免此处过早地损坏和破裂。由于半溢式压缩模兼有溢式压缩模和不溢式压缩模的特点,因而被广泛用来成型流动性较好的塑料及形状比较复杂、带有小型嵌件的塑件,且各种压制场合均适用。

(二) 压注模及其工作原理

1. 压注模的工作原理

压注成型的一般过程是,先闭合模具,然后将塑料加入模具加料室内,使其受热成熔融状态,在与加料室配合的压料柱塞的作用下,使熔料通过设在加料室底部的浇注系统高速挤入型腔。塑料在型腔内继续受热受压而发生交联反应并固化成型。然后打开模具取出塑件,清理加料室和浇注系统后进行下一次成型。压注成型和压缩成型都是热固性塑料常用的成型方法。压注模与压缩模的最大区别在于前者设有单独的加料室。

2. 压注模的组成

压注模由以下几部分组成:

(1) 型腔

成型塑件的部分,由凸模、凹模、型芯等组成,分型面的形式及其选择与注射模、压缩模相似。

(2) 加料室

由加料室和压柱组成,移动式压注模的加料室和模具本体是可分离的,开模前先取下加料室,然后开模取出塑件。固定式压注模的加料室是在上模部分,加料时可以与压柱部分定距分型。

(3) 浇注系统

多型腔压注模的浇注系统与注射模相似，同样分为主流道、分流道和浇口，单型腔压注模一般只有主流道。与注射模不同的是加料室底部可开设几个流道同时进入型腔。

(4) 导向机构

一般由导柱和导柱孔（或导套）组成。在柱塞和加料室之间，型腔分型面之间，都应设导向机构。

(5) 侧向分型抽芯机构

压注模的侧向分型抽芯机构与压缩模和注射模基本相同。

(6) 脱模机构

由推杆、推板、复位杆等组成，由拉钩、定距导柱、可调拉杆等组成的两次分型机构是为了加料室分型面和塑件分型面先后打开而设计的，也包括在脱模机构之内。

(7) 加热系统

固定式压注模由压柱、上模、下模三部分组成，应分别对这三部分加热，在加料室和型腔周围分别钻有加热孔，插入电加热元件。

移动式压注模加热是利用装于压机上的上、下加热板，压注前柱塞、加料室和压注模都应放在加热板上进行加热。

3. 压注模的典型结构

如图 12-7 所示，压注模由压柱、上模、下模三部分组成，打开上分型面 $A—A$ 取出主流道凝料并清理加料室，打开下分型面 $B—B$ 取出塑件和分流道凝料。

4. 压注模的分类

(1) 按固定方式分类

① 移动式压注模；

② 固定式压注模。

(2) 按加料室形式分类

① 罐式压注模

(a) 移动式罐式。

如图 12-8 所示，移动式罐式压注模的加料室与模具本体是可以分离的。模具闭合后放上加料室，将定量的塑料加入加料室内，利用压机的压力，通过压柱将塑化的物料高速挤入型腔，硬化定型后，开模时先从模具上取下加料室，再分别进行清理和脱出塑件，用手工或专用工具。

(b) 固定式罐式。

② 柱塞式压注模

柱塞式压注模没有主流道，主流道已扩大成为圆柱形的加料室，这时柱塞将物料压入型腔的力已起不到锁模的作用。因此柱塞式压注模应安装在特殊的专用压机上使用，锁模和成型需要两个液压缸来完成。可分为下面两种形式的压注模。

(a) 上加料室柱塞式压注模

上加料室柱塞式压注模所用压机其合模液压缸（称主液压缸）在压机的下方。自下而上合模；成型用液压缸（称辅助液压缸）在压机的上方，自上而下将物料挤入模腔。合模加料后，当加入加料室内的塑料受热成熔融状时，压机辅助液压缸工作。柱塞将熔融

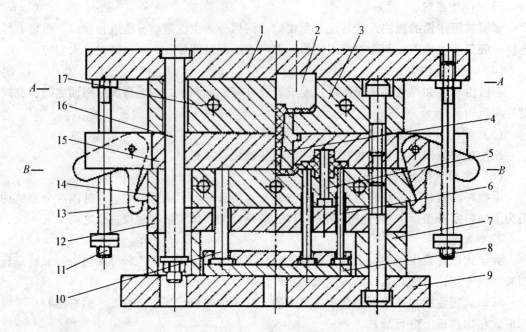

1—上模座板;2—压柱;3—加料室;4—浇口套;5—型芯;6—推杆;7—垫块;8—推板;
9—下模座板;10—复位杆;11—拉杆;12—支承板;13—拉钩;14—下模板;15—上模板;
16—定距导柱;17—加热器安装孔

图 12-7 压注模的结构

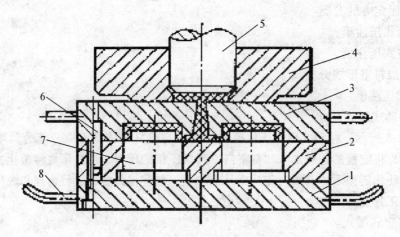

1—下模板;2—凸模固定板;3—凹模;4—加料室;5—压柱;
6—导柱;7—型芯;8—把手

图 12-8 移动式罐式压注模

物料挤入型腔,固化成型后,辅助液压缸带动柱塞上移,主液压缸带动工作台将模具下模部分下移开模,塑件与浇注系统留在下模。顶出机构工作时,推杆将塑件从型腔中推出。如图 12-9 所示。

(b) 下加料室柱塞式压注模

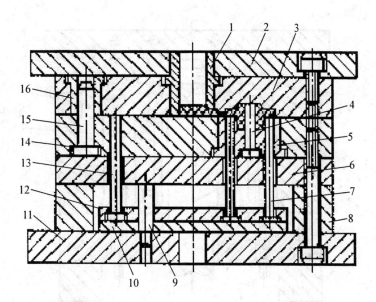

1—加料室；2—上模座板；3—上模板；4—型芯；5—凹模镶块；
6—支承板；7—推杆；8—垫块；9—推板导柱；10—推板；11—
下模座板；12—推杆固定板；13—复位杆；14—下模板；15—导
柱；16—导套

图 12-9　上加料室柱塞式压注模

这种模具所用压机合模液压缸（称主液压缸）在压机的上方，自上而下合模；成型用液压缸（称辅助液压缸）在压机的下方，自下而上将物料挤入模腔。该模具与上加料室柱塞式压注模的主要区别在于：是先加料，后合模，最后压注；而上加料室柱塞式压注模是先合模，后加料，最后压注。如图 12-10 所示。

5. 压注模成型零件设计

压注模的结构包括型腔、加料室、浇注系统、导向机构、侧抽芯机构、推出机构、加热系统等七部分，压注模的结构设计原则与注射模、压缩模基本相似。压注模零部件的设计也与注射模、压缩模基本相似，本节只介绍压注模特有的结构零件的设计。

（1）加料室结构设计

压注模与注射模不同之处在于它有加料室。压注成型之前塑料必须加入到加料室内，进行预热、加压，才能压注成型。由于压注模的结构不同，所以加料室的形式也不相同。固定式压注模和移动式压注模的加料室具有不同的形式，罐式和柱塞式的加料室也具有不同的形式。

加料室断面形状常见的有圆形和矩形，应由制品断面形状决定，例如圆形塑件采用圆形断面加料室。多腔模具的加料室断面，一般应尽可能盖住所有模具的型腔，因而常采用矩形断面。

① 固定式压注模加料室

固定式压注模的加料室与上模连成一体，在加料室底部开设一个或数个流道通向型腔。当加料室和上模分别加工在两块板上时可在通向型腔的流道内加一主流道衬套。

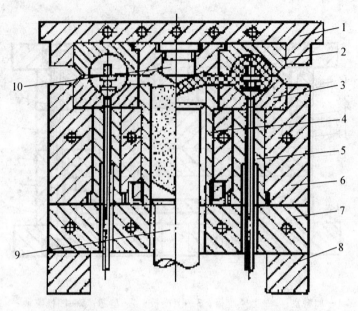

1—上模座板；2—上凸模；3—下凹模；4—加料室；5—推杆；
6—下模板；7—支承板；8—垫块；9—柱塞；10—分流锥
图 12-10　下加料室柱塞式压注模

② 移动式压注模加料室

移动式压注模加料室可单独取下，并有一定的通用性，加料室底部为一带有 40°～45°角的台阶，其作用在于当压柱向加料室内的塑料加压时，压力也作用在台阶上，从而将加料室紧紧地压在模具的模板上，以免塑料从加料室的底部溢出。

③ 柱塞式压注模加料室

柱塞式压注模加料室截面均为圆形，由于采用专用液压机，液压机上有锁模液压缸，所以加料室的截面尺寸与锁模无关，尺寸较小，高度较大。

(2) 加料室尺寸计算

① 罐式压注模加料室截面积

可从传热和锁模两个方面考虑。

从传热方面考虑。加料室的加热面积取决于加料量，根据经验，未经预热的热固性塑料每克约 1.4 cm^2 的加热面积，加料室总表面积为加料室内腔投影面积的两倍与加料室装料部分侧壁面积之和。为了简便起见，可将侧壁面积略去不计，因此，加料室截面积为所需加热面积的一半。

从锁模方面考虑。加料室截面积应大于型腔和浇注系统在合模方向投影面积之和，否则型腔内塑料熔体的压力将顶开分型面而溢料。根据经验，加料室截面积必须比塑件型腔与浇注系统投影面积之和大 10%～25%。

② 柱塞式压注模加料室截面积

$$A \leq 10^{-2} \times (F_P/A) \geq P \tag{12-1}$$

式中：F_P——压机辅助缸的额定压力；p——不同塑料所需单位挤压力。

(3) 压柱结构

① 罐式压注模的压柱

如图 12-11 所示为罐式压注模几种常见的压柱结构。图 12-11 (a) 为简单的圆柱形，加工简便省料，常用于移动式压注模；图 12-11 (b) 为带凸缘的结构，承压面积大，压注平稳，移动式和固定式罐式压注模都能应用；图 12-11 (c) 为组合式结构，用于固定式模具，以便固定在压机上；图 12-11 (d) 在压柱上开环形槽，在压注时，环形槽被溢出的塑料充满并固化在其中，继续使用时起到了活塞环的作用，可以阻止塑料从间隙中溢出。

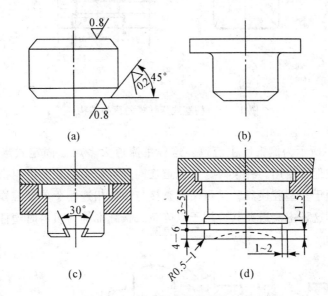

图 12-11　罐式压注模的压柱结构

② 柱塞式压注模的压柱

如图 12-12 所示为柱塞式压注模的压柱结构。图 12-12 (a) 中，其一端带有螺纹。直接拧在液压缸的活塞杆上，图 12-12 (b) 中，在柱塞上加工出环形槽以便溢出的料固化其中，起活塞环的作用。

6. 浇注系统设计

(1) 主流道

在压注模中，常见的主流道有正圆锥形的、带分流锥的、倒圆锥形的等。

图 12-13 (a) 所示为正圆锥形主流道，其大端与分流道相连，常用于多型腔模具，有时也设计成直接浇口的形式，用于流动性较差的塑料的单型腔模具。主流道有 6°~10° 的锥度，与分流道的连接处应有半径为 3mm 以上的圆弧过渡。

图 12-13 (b) 所示为带分流锥的主流道，这种流道用于塑件较大或型腔距模具中心较远时以缩短浇注系统长度，减少流动阻力及节约原料的场合。分流锥的形状及尺寸按塑件尺寸及型腔分布而定。型腔沿圆周分布时，分流锥可采用圆锥形；当型腔两排并列时，分流锥可做成矩形截面的锥形。分流锥与流道间隙一般取 1~1.5mm 流道可以沿分流锥整个表面分布，也可在分流锥上开槽。

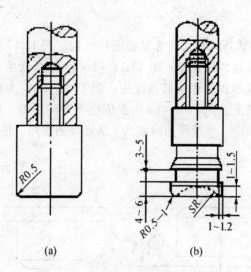

图 12-12　柱塞式压注模的压柱结构

图 12-13（c）所示为倒锥形主流道。这种主流道大多用于固定式罐式压注模,与端面带楔形槽的压柱配合使用。开模时,主流道连同加料室中的残余废料由压柱带出再予清理。这种流道可用于多型腔模具,又可使其直接与塑件相连用于单型腔模具或同一塑件有几个浇口的模具,这种主流道尤其适用于以碎布、长纤维等为填料时塑件的成型。

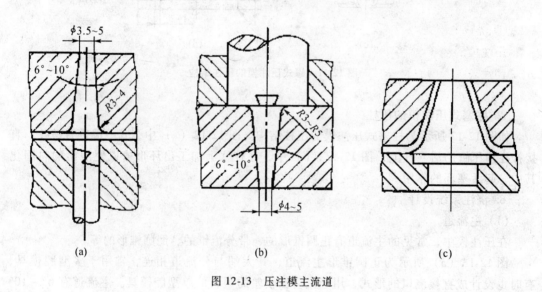

图 12-13　压注模主流道

（2）分流道

为了达到较好的传热效果,分流道（分浇道）一般都比较浅而宽,但若过浅,会使塑料因散热而早期硬化,降低其流动性。一般小型件分流道深度取 2~4 mm,大型件深度取 4~6mm,最浅应不小于 2 mm。最常采用梯形断面的分流道,其尺寸如图 12-14 所示,梯形每边应有 5°~15°的斜角;也有半圆形分流道的。其半径可取 3~4mm。以上两种截面加工容易、受热面积大，但隅角部容易过早交联固化。圆形截面的分流道为最合理的截面，流动阻力小，但加工有些麻烦。

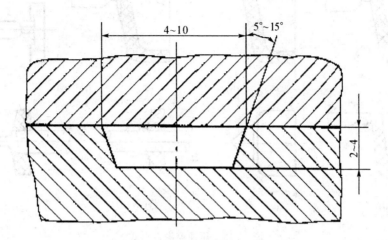

图 12-14　梯形分流道的截面形式

（3）浇口

浇口是浇注系统中的重要组成部分，浇口与型腔直接相连，其位置形状及尺寸大小直接影响熔料的流速及流态，对塑件质量、外观及浇注系统的去除都有直接影响，因此，浇口设计应根据塑料特性、塑件形状及要求和模具结构等因素来考虑。

① 浇口的形式

压注模的浇口与注射模基本相同，可以参照注射模的浇口进行设计。由于热固性塑料的流动性较差，所以设计压注模浇口时，其浇口应取较大的截面尺寸。常见的压注模的浇口形式有圆形点浇口、侧浇口、扇形浇口、环形浇口以及轮辐式浇口等。如图 12-15 所示，图 12-15（a）、（b）、（c）、（d）为侧浇口，图 12-15（e）为扇形浇口，图 12-15（f）、（g）为环形浇口。截面形状有圆形、半圆形、梯形三种形式。

图 12-15（a）为外侧进料的侧浇口，是侧浇口中最常用的形式。

图 12-15（b）所示的塑件外表面不允许有浇口痕迹，所以用端面进料。

图 12-15（c）所示的结构可保证浇口折断后，断痕不会伸出表面，不影响装配，可降低修浇口的费用。

如果塑件用碎布或长纤维做填料，侧浇口应设在附加于侧壁的凸台上。这样在去除浇口时就不会损坏塑件如图 12-15（d）所示；对于宽度较大的塑件可用扇形浇口，如图 12-15（e）所示。

② 浇口位置选择

压注模浇口位置和数量的选择应遵循以下原则：

（a）由于热固性塑料流动性较差，故浇口开设位置应有利于流动，一般浇口开设在塑件壁厚最大处，以减少流动阻力，并有助于补缩。

（b）浇口的开设位置应避开塑件的重要表面，以不影响塑件的使用、外观及后加工工

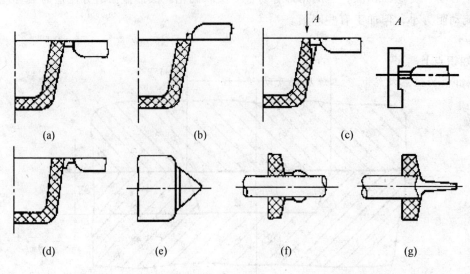

图 12-15 压注模浇口形式

作量,同时应使塑料在型腔内顺序填充,否则会卷入空气形成塑件缺陷。

(c) 热固性塑料在型腔内的最大流动距离应尽可能限制在 100 mm 内,对大型塑件应多开设几个浇口,减少流动距离。

(d) 热固性塑料在流动中会产生填料定向作用,造成塑件变形、翘曲甚至开裂,应注意浇口位置。

(4) 溢料槽和排气槽

① 溢料槽

成型时为防止产生熔接痕或使多余料溢出,以避免嵌件及模具配合中渗入更多塑料,有时需要在产生熔接痕的地方及其他位置开设溢料槽。溢料槽尺寸应适当,过大则溢料多,使塑件组织疏松或缺料,过小时溢料不足,最适宜的时机应为塑料经保压一段时间后才开始将料溢出,一般溢料槽宽取 3~4 mm,深 0.1~0.2 mm,制作时宜先取薄,经试模后再修正。

② 排气槽

压注成型时,由于在极短时间内需将型腔充满,不但需将型腔内气体迅速排出模腔外,而且需要排除由于聚合作用产生的一部分低分子(气体),因此,不能仅依靠分型面和推杆的间隙排气,还需开设排气槽。

压注成型时从排气槽中不仅逸出气体,还可能溢出少量前端冷料,因此需要附加工序去除,但这样有利于提高排气槽附近熔接痕的强度。排气槽的截面形状一般为矩形或梯形。对于中小型塑件,分型面上排气槽的尺寸为深度取 0.04~0.13 mm,宽度取 32~64 mm,视塑件体积和排气槽数量而定。

任务二 挤出模

【知识点】
挤出模的组成及结构；工作原理及动作过程
挤出模与挤出机的关系；挤出模的设计步骤和设计方法

一、任务目标

通过本章节学习掌握挤出模的组成和工作原理，掌握各种挤出机头的总体结构和设计方法。

二、知识平台

（一）挤出成型原理

热塑性塑料的挤出成型原理如图 12-16 所示（以管材的挤出为例）。首先将颗粒状或粉状的塑料加入挤出机料筒内，在旋转的挤出机螺杆的作用下，加热的塑料通过沿螺杆的螺旋槽向前方输送。在此过程中，塑料不断地接受外加热和螺杆与物料之间、物料与物料之间及物料与料筒之间的剪切摩擦热，逐渐熔融呈粘流态，然后在挤出系统的作用下，塑料熔料通过具有一定形状的挤出模具（机头）口模以及一系列辅助装置（定型、冷却、牵引、切割等装置），从而获得截面形状一定的塑料型材。

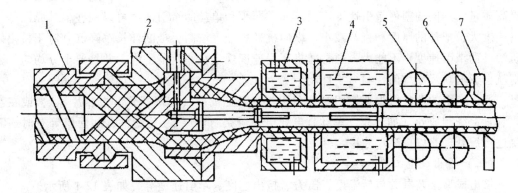

1—挤出机料筒；2—机头；3—定径装置；4—冷却装置；5—牵引装置；6—塑料管；7—切割装置
图 12-16 挤出成型原理

（二）挤出成型工艺过程

热塑性塑料的挤出成型工艺过程可分为四个阶段。

1. 塑化阶段

经过干燥处理的塑料原料由挤出机料斗加入料筒后，在料筒温度和螺杆旋转、压实及混合作用下，由固态的粉料或粒料转变为具有一定流动性的均匀熔体，这一过程称为塑化。

2. 挤出成型阶段

均匀塑化的塑料熔体随螺杆的旋转而向料筒前端移动,在螺杆的旋转挤压作用下,通过一定形状的口模而得到截面与口模形状一致的连续型材。

3. 冷却定型阶段

通过适当的处理方法,如定径处理、冷却处理等,使已挤出的塑料连续型材固化为塑料制件。

大多数情况下,定型和冷却是同时完成的,只有在挤出各种棒料和管材时,才有一个独立的定径过程,而挤出薄膜、单丝等无需定型,仅通过冷却即可。挤出板材与片材,有时还通过一对压辊压平,也有定型与冷却作用。管材的定型方法可用定径套、定径环或定径板等,也有采用能通水冷却的特殊口模来定径的,不论采用哪种方法,都是使管坯内外形成压力差,使其紧贴在定径套上而冷却定型。

冷却一般采用空气冷却或水冷却,冷却速度对塑件性能有很大影响。硬质塑件(如聚苯乙烯、低密度聚乙烯和硬聚氯乙烯等)不能冷却得过快,否则容易造成残余内应力,并影响塑件的外观质量;软质或结晶型塑料件则要求及时冷却,以免塑件变形。

4. 塑件的牵引、卷取和切割

塑件自口模挤出后,一般都会因压力突然解除而发生离模膨胀现象,而冷却后又会发生收缩现象,从而使塑件的尺寸和形状发生改变。此外,由于塑件被连续不断地挤出,自重量越来越大,如果不加以引导,会造成塑件停滞,使塑件不能顺利的挤出。因此,在冷却的同时,要连续均匀的将塑件引出,这就是牵引。

牵引过程由挤出机辅机之一的牵引装置来完成。牵引速度要与挤出速率相适应,一般是牵引速度略大于挤出速率,以便消除塑件尺寸的变化值,同时对塑件进行适当的拉伸可提高质量。不同的塑件牵引速度不同。通常薄膜和单丝的牵引速度可以快些,其原因是牵引速度大,塑件的厚度和直径减小,纵向抗断裂强度增高,扯断伸长率降低。对于挤出硬质塑件的牵引速度则不能大,通常需将牵引速度规定在一定范围内,并且要十分均匀,否则就会影响其尺寸均匀性和力学性能。

通过牵引的塑件可根据使用要求在切割装置上裁剪(如棒、管、板、片等),或在卷取装置上绕制成卷(如薄膜、单丝、电线电缆等)。此外,某些塑件,如薄膜等有时还需要进行后处理,以提高尺寸稳定性。

(三)挤出成型工艺参数

挤出成型工艺参数包括温度、压力、挤出速度、牵引速度等,如表 12-1 所示。

1. 温度

温度是挤出成型中的重要参数之一。塑料从加入料斗到最后成为塑件,经历了一个较复杂的温度变化过程。料筒中塑料熔体温度在较大程度上取决于料筒和螺杆的温度,这是由于塑料熔体的热量除一部分来源于料筒中混合时产生的摩擦热以外,大部分是筒外部加热器所提供的,因此,实际生产中经常用料筒温度近似表示成型温度。

2. 压力

在挤出过程中,由于物料流动阻力、螺杆槽深度变化、过滤网和口模产生阻碍等原因,塑料内部形成一定压力,该压力是使塑件达到均匀而密实的重要条件。和温度相似,压力随时间的变化而产生周期性波动。为减小压力波动,应合理控制螺杆转速,保证加热和冷却装置的温控精度。

3. 挤出速度

挤出速度是指单位时间内，从挤出机头的口模中挤出塑化好的物料量或塑件长度。它表征着挤出生产能力的高低。在挤出机结构和塑料品种及塑件类型确定的情况下，挤出速度与螺杆转速有关。因此，调整螺杆转速是控制挤出速度的主要措施。为保证挤出速度均匀，应设计与生产的塑件相适应的螺杆结构和尺寸，严格控制螺杆转速等。

4. 牵引速度

从机头和口模中挤出的成型塑件，在牵引力作用下将会发生拉伸取向。拉伸取向程度越高，塑料沿取向方位上的拉伸强度也越大，冷却后长度收缩也大。一般来说，牵引速度应略大于挤出速度。

表12-1　　　　　　　　几种塑料管材的挤出成型工艺参数

工艺参数 \ 塑料管材		硬聚氯乙烯（HPVC）	软聚氯乙烯（LPVC）	低密度聚乙烯（LDPE）	ABS	聚酰胺-1010（PA-1010）	聚碳酸脂（PC）
管材外径/mm		95	31	24	32.5	31.3	32.8
管材内径/mm		85	25	19	25.5	25	25.5
管材壁厚/mm		5±1	3	2±1	3±1		
料筒温度/℃	后段	80~100	90~100	90~100	160~165	250~260	200~240
	中段	140~150	120~130	110~120	170~175	260~270	240~250
	前段	160~170	130~140	120~130	175~180	260~280	230~255
机头温度/℃		160~170	150~160	130~135	175~180	220~240	200~220
口模温度/℃		160~180	170~180	130~140	190~195	200~210	200~210
螺杆转速/r·min^{-1}		12	20	16	10.5	15	10.5
口模内径/mm		90.7	32	24.5	33	44.8	33
芯模外径/mm		79.9	25	19.1	26	38.5	26
定径套长度/mm		300	—	160	250	—	250
拉伸比		1.04	1.2	1.1	1.02	1.5	0.97
真空定径套内径/mm		96.5	—	25	33	31.7	33
定径套与口模间距/mm		—	—	—	25	20	20
稳流定型段长度/mm		120	60	60	50	45	87

注：稳流定型段由口模和芯模的平直部分构成。

（四）挤出成型设备及其工艺参数

挤出机主要由螺杆、机筒、加热冷却系统、传动系统和控制系统等组成，如图12-17所示。其中螺杆是挤出机最关键的功能部件，它担负了对物料的输送、压实、塑化、均化、加压和泵出等挤出过程中主要的功能。

1. 螺杆直径

290 塑料模具设计基础

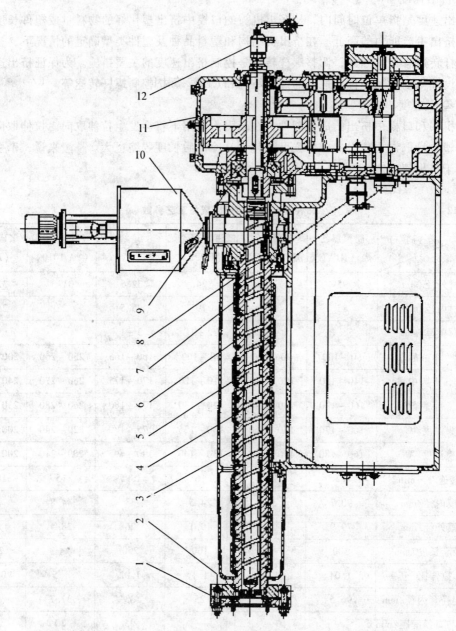

1—机头连接板；2—分流板；3—冷却管；4—加热器；5—螺杆；6—机桶；7—润滑泵；
8—测速电动机；9—推力轴承；10—料斗；11—箱体；12—螺杆冷却装置

图 12-17 单螺杆挤出机结构图

挤出机螺杆直径是指螺杆的外径，通常用来表示挤出机的规格。我国在 1988 年就制定了挤出机标准：ZB G95 009.1—1988《单螺杆挤出机基本参数》。该标准规定了挤出机规格的尺寸系列为：20mm、30mm、45mm、65mm、90mm、120mm、150 mm、200 mm。

市场上多数挤出机的规格仍然是：30mm、45 mm、65 mm、90 mm、120 mm、150 mm 等等，新标准扩充的规格很少被采用。国外大型单螺杆造粒机的螺杆直径目前已经达到

600 mm。

挤出机规格,或者说螺杆直径,是和挤出生产线的小时产量密切相关的,即和用户所要求生产的制品的横截面积有关。

2. 螺杆长径比

螺杆长径比是指螺杆的有效工作长度和螺杆直径的比值,用 L/D 表示。L/D 值越大,螺杆的有效工作长度越长,塑料在某一确定的螺杆转速下在挤出机中停留的时间越长,塑料的塑化条件也就越好。因此一般而言,高粘度、难塑化的塑料(比如 PET)需要长径比较大的螺杆;低粘度、容易塑化的塑料(比如:LDPE)可以使用长径比较小的螺杆。但是,螺杆长径比越大,螺杆的转速也可以相应提高,有利于提高挤出机的产量。

3. 螺杆压缩比

螺杆压缩比是螺杆加料段第一个螺槽的容积和计量段最后一个螺槽的容积比值,而不是螺槽的深度比值。确切地讲,螺杆压缩比是几何压缩比。螺槽容积的变化可以通过改变螺槽深度来实现,这种螺杆叫变深螺杆;也可以通过改变螺纹的螺距来实现,这种螺杆叫变距螺杆。前者在机械加工上要简单一些,因此多数螺杆是变深螺杆,只有在十分必要时才采用变距螺杆。

螺杆的压缩比不是物料的物理压缩比。物料的物理压缩比,是塑料在被螺杆输送过程中被压实、熔融后,塑料的密度和松散塑料颗粒密度之比。

显然几何压缩比要比物理压缩比大。这是因为熔融塑料在高压下还可以被压缩。除此以外,加料段物料的装填程度,挤出过程中物料的回流,以及挤出制品对产品密度的要求等因素,都影响到几何压缩比的确定。因此,在加工不同塑料时要选择不同的(几何)压缩比。在使用不同状态的物料时,比如颗粒料、粉料或者回收破碎料选择的压缩比是不同的;而在加工同一塑料时,不同设计者也许会选择不同的压缩比,这都属于正常现象。常用的螺杆压缩比为 2~5。表 12-2 是常用塑料(几何)压缩比的推荐值。

表 12-2　　　　　　　　常用塑料(几何)压缩比推荐值

塑料	压缩比	塑料	压缩比
UPVC(粉料)	3-5	PMMA	3-4
UPVC(粒料)	2-3	PET	3-4
SPVC(粉料)	3-5	ABS	2-3
SPVC(粒料)	3-4	PC	2-3
HDPE	3-4	PA6	3.5
LDPE	4-5	PA66	3.7
PP	3-4	PPO	2-3
PS	2-4	POM	3-4

4. 螺杆的输送与塑化熔融功能

(1) 螺杆的输送

塑料从料斗进入机筒,螺杆作反螺纹方向的旋转。如同轴向固定的螺栓反转,推动螺母向前运动一样,螺杆转动推动塑料向前移动。如果塑料和机筒内壁有足够的摩擦力,塑料可以完全不跟随螺杆旋转。在这种理想状态下,螺杆每转一周,塑料可以平移前进一个螺距,此时我们称螺杆的输送效率是1。但实际上这种情况是不可能的,塑料和螺杆表面也存在摩擦力,必须存在塑料跟随螺杆旋转的运动。一般情况下,在光滑机筒内壁条件下,输送效率只有0.3-0.4,因此就有了在机筒内壁拉槽增加摩擦力的作法。

(2) 塑化熔融功能

塑料在被压缩并且逐步完成充实螺槽的同时,逐渐贴紧机筒内壁。已经被加热的机筒把热量传递给塑料,最表面的塑料熔化形成熔膜。当熔膜厚度超过螺棱和机筒内壁之间的间隙时,旋转中的螺棱就会把熔膜刮向螺棱的推进面,并逐步积累形成熔池,如图12-18所示。这就是著名的Tadmor熔融理论(Z. Tadmor美国学者,1966年首先提出熔融理论的研究成果)。

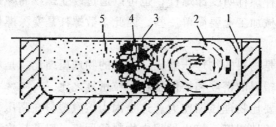

1—螺棱推进面;2—熔池;3—熔膜;4—已加热的固体;5—固态区

图12-18 熔池

(3) 主要的螺杆结构形式

分离型螺杆

这几年国内聚烯烃(主要品种:HDPE、PP-R)管材发展非常快,生产这些制品的挤出机普遍采用了分离型螺杆。

屏障型螺杆

屏障型螺杆是在螺杆上设置屏障段,使未熔化的固态物不能通过。

(4) 挤出机机筒

Tadmor熔融理论也给出了挤出机机筒的正确设计原则。原则之一就是在加料段内壁拉槽,提高螺杆的输送物料能力。原则之二就是挤出机机筒对塑料的塑化是关键部件之一,机筒除了应该配备有足够的加热功率之外,还应该有足够的壁厚,使之有比较大的热容量和热惯性;因为机筒不仅要能够提供足够的热量,并且要有足够热稳定性,在高速挤出状态下外部环境温度发生变化时,保证机筒温度不会有明显变化。

(5) 挤出机产量和功率

挤出机产量最终表现为单位时间通过挤出机口模稳定挤出的已经完全塑化的塑料数量,并且辅机的能力可以使这部分塑料冷却成型成为合格的挤出塑料制品,否则就只能被称为是挤出机的塑化能力。多数挤出机样本上所介绍的最大挤出量或最大产量,都是指塑化能力而不是实际产量。

（五）挤出塑料管材生产线及辅助成型设备

典型的塑料管材生产线一般由挤出机、机头、冷却定径、牵引、切割、收集和控制系统等部分组成，另外还有辅助设备，如上料、加料装置、在线测径、测厚仪，印字装置等。

1. 机头（口模）

塑料管材机头从大类上，可以分为支架型（见图12-19）和无熔接缝型两大类。

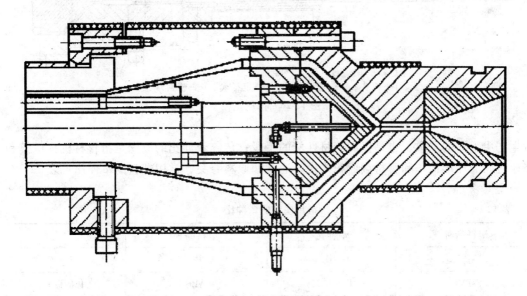

图 12-19　支架型机头

支架型机头设计和加工简单，流道短，清理容易，因此被广泛用于挤出 U-PVC 类热敏性材料的管材。

无熔接缝型机头主要被用来生产聚烯烃压力管道。

生产聚烯烃管材所采用无熔缝型机头有螺旋机头和篮式机头之分。

2. 冷却定径

管材的料坯离开机头口模以后，要经过冷却定径才成为最终的制品。我国塑料管材标准绝大多数是采用外径公差，因此生产中是外径定径。外径定径是通过定径套的内、外空气压差而实现的。定径套的内径尺寸非常重要，应该是管材所要求的最终尺寸加上塑料的径向收缩尺寸。外径定径的过程是使塑料管坯紧贴定径套的内壁完成最初冷却，可以用内压法，也可以用真空法来实现。

如图12-20所示，采用内压定径，是通过机头芯棒向尚未定型的管坯内通入压缩空气，利用气压把管坯外壁压向定径套内壁，完成定径过程。

定径套的设计首先应该考虑塑料的收缩率。塑料的收缩率，通常给出的是一个范围。比如，PP-R 的收缩率是3%，HDPE 的收缩率约为3%～4%。实际收缩率不仅和材料的品种有关，而且与管材的直径及壁厚有关，甚至在不同挤出压力和温度不同的冷却条件下收缩率也会不同。因此，改变工艺条件可以在一定范围内调整管材的最终外径尺寸。

定径套的设计除考虑塑料的收缩率外，还应该考虑管材生产时的牵伸比。牵伸比是管

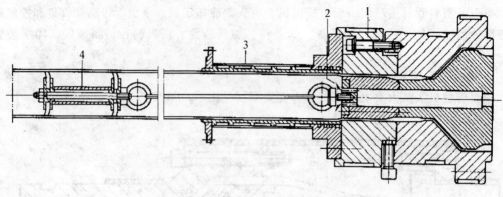

1—机头；2—气体入口；3—定径套；4—密封端子
图 12-20 内压定径

材生产中工艺的需求，也是提高管材性能的手段；传统牵伸比的概念是指管材机头口模和芯棒之间的环形面积和管材截面积之比。通常和原料有关，常用塑料的牵伸比见表 12-3。

表 12-3　　　　　　　　　　常用塑料的牵伸比

塑料品种	牵伸比	塑料品种	牵伸比
U-PVC	1.0-1.1	PP	1.1-1.3
S-PVC	1.1-1.35	ABS	1.0-1.1
LDPE	1.2-1.5	PA	1.4-3.0
HDPE	1.1-1.2		

近年来牵伸比又引入了直径牵伸比和壁厚牵伸比的概念。直径牵伸比是指口模内径与定径套内径尺寸之比。壁厚牵伸比是指口模和芯棒的间隙与管材壁厚的比值。

3. 牵引

管材料坯要依靠牵引机向前运动。牵引目的不完全在于完成管材的向前运动，更重要的是在牵引过程中对未完全定型的管材料坯形成一定的拉伸比。这是在管材挤出生产中非常重要的一个环节。合理的拉伸比使高分子的分子链定向排列，可以提高塑料管材的强度。

牵引机的主要技术参数是牵引力和牵引速度。牵引力要能够克服管材和真空定径套之间，以及管材和真空水箱密封装置之间的摩擦力，由此在机械设计上，就要考虑电动机功率大小以及履带的有效工作长度。牵引速度要能够满足管材生产时的工艺要求，最低速度是为开始生产时能顺利地拉出管材，最高速度则是为了能够在最经济的状态下生产管材。

4. 切割装置

管材生产线的切割装置要完成管材的定长切断。对切割装置的要求，首先是切口应该平整，并且与管材的轴线垂直；其次是希望噪声尽量低。常用切割装置有径向锯和行星锯，后者用在生产直径在315mm以上的大口径管材中。还有一种冲裁式切割装置是用裁刀快速切断管材，但是一般只能用在直径不超过63mm的小口径管材生产中。

5. 收集装置

管材生产中成品的收集装置不同。盘管用盘管机，直管用管架。

管材是否可以作成盘管的形式，主要取决于管材经过盘卷以后会不会产生永久变形，因此需要盘卷的管材需要预先得到比较充分冷却；另外也取决于盘管机的能力，以及盘轴能否运输。

6. 管材生产线的辅助装置

管材生产线的辅助装置主要有加料装置、在线测径、测厚装置、管材标识印字装置。

管材生产线的加料装置，首先要能够保证挤出机连续生产的需要。最简单和常用的用料斗和上料器配合使用，料斗普遍使用的是烘干料斗；用于单机的上料器主要有真空上料器和弹簧上料器等。管材生产线的在线测径，是为了严格控制管材径向壁厚的均匀以及外径公差。测径、测厚装置国内采用超声波和激光技术的最多。国外采用的有射线或者红外线测径测厚装置，结构比较简单，测量精度高达0.001mm。

任务三　气动成形模具

【知识点】

中空吹塑成形模具

真空成形模具

压缩空气成形模具

一、任务目标

通过学习三种形式的气动成形模具，即中空吹塑成形模具、真空成形模具及压缩空气成形模具，掌握三种成形方法的成形原理及其特点。

二、知识平台

(一) 中空吹塑成形模具

塑料的中空成形是指用压缩空气吹成中空容器和用真空吸成壳体容器而言。吹塑中空容器主要用于制造薄壁塑料瓶、桶以及玩具类塑件。吸塑中空容器主要用于制造薄壁塑料包装用品、杯、碗等一次性使用的容器。中空吹塑成形是把塑性状态的塑料型坯置于模具内，压缩空气注入型坯中将其吹涨，使吹涨后制品的形状与模具内腔的形状相同，冷却定型后得到需要的产品。根据成形方法的不同，可分为挤出吹塑成形、注射吹塑成形、注射拉伸吹塑成形、多层吹塑成形、片材吹塑成形等形式。

1. 中空吹塑成形工艺分类

(1) 挤出吹塑成形

挤出吹塑成形是成形中空塑件的主要方法。如图12-21所示为挤出吹塑成形工艺过程。首先挤出机挤出管状型坯；截取一段管坯趁热将其放入模具中，闭合对开式模具的同时夹紧型坯上下两端；向型腔内通入压缩空气，使其膨胀附着模腔壁而成形，然后保压；

最后经冷却定型,便可排除压缩空气并开模取出塑件。挤出吹塑成形模具结构简单,投资少,操作容易,适合多种塑料的中空吹塑成形。缺点是壁厚不易均匀,塑件需后加工去除飞边。

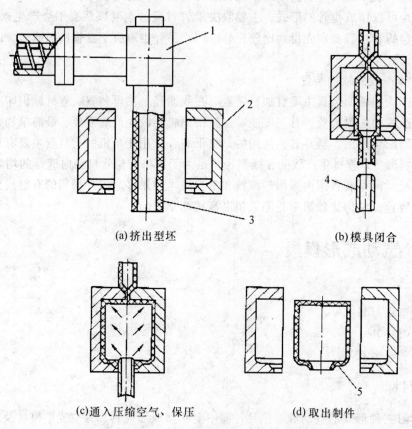

1—挤出机头;2—吹塑模;3—管状型坯;4—压缩空气管;5—塑件

图 12-21 挤出吹塑成形

（2）注射吹塑成形

如图 12-22 所示,注射吹塑成形是用注射机在注射模中制成型坯,然后把热型坯移入中空吹塑模具中进行中空吹塑。首先注射机在注射模中注入熔融塑料制成型坯;型芯与型坯一起移入吹塑模内,型芯为空心并且壁上带有孔;从芯棒的管道内通入压缩空气,使型坯吹涨并贴于模具的型腔壁上;保压、冷却定型后放出压缩空气,并且开模取出塑件。经过注射吹塑成形的塑件壁厚均匀,无飞边,不需后加工,由于注射型坯有底,因此底部没有拼和缝,强度高,生产效率高,但是设备与模具的价格昂贵,多用于小型塑件的大批量生产。

（3）注射拉伸吹塑成形

如图 12-23 所示,注射拉伸吹塑成形与注射吹塑成形比较,增加了延伸这一工序。首先注射一空心的有底的型坯;型坯移到拉伸和吹塑工位,进行拉伸;吹塑成形、保压;冷却后开模取出塑件。还有另外一种注射拉伸吹塑成形的方法,即冷坯成形法,型坯的注射

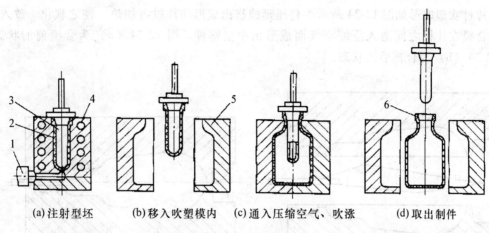

(a) 注射型坯　　(b) 移入吹塑模内　　(c) 通入压缩空气、吹涨　　(d) 取出制件

1—注射机喷嘴；2—注塑型坯；3—空心凸模；4—加热器；5—吹塑模；6—塑件

图 12-22　注射吹塑成形

和塑件的拉伸吹塑成形分别在不同设备上进行，型坯注射完以后，再移到吹塑机上吹塑，此时型坯已散发一些热量，需要进行二次加热，以确保型坯的拉伸吹塑成形温度，这种方法的主要特点是设备结构相对较简单。

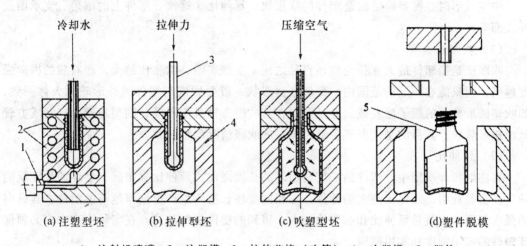

(a) 注塑型坯　　(b) 拉伸型坯　　(c) 吹塑型坯　　(d) 塑件脱模

1—注射机喷嘴；2—注塑模；3—拉伸芯棒（吹管）；4—吹塑模；5—塑件

图 12-23　注射拉伸吹塑成形

(4) 多层次吹塑成形

多层吹塑是指不同种类的塑料，经特定的挤出机头挤出一个坯壁分层而又黏结在一起的型坯，再经吹塑制得多层中空塑件的成形方法。发展多层吹塑的主要目的是解决单独使用一种塑料不能满足使用要求的问题。例如单独使用聚乙烯，但它的气密性较差，所以其容器不能盛装带有香味的食品，而聚氯乙烯的气密性优于聚乙烯，可采用外层为聚氯乙烯、内层为聚乙烯的容器，气密性好且无毒。

(5) 片材吹塑成形

片材吹塑成形如图 12-24 所示。将压延或挤出成形的片材再加热，使之软化，放入型腔，合模在片材之间通入压缩空气而成形出中空塑件。图 12-24（a）为合模前的状态，图 12-24（b）为合模后的状态。

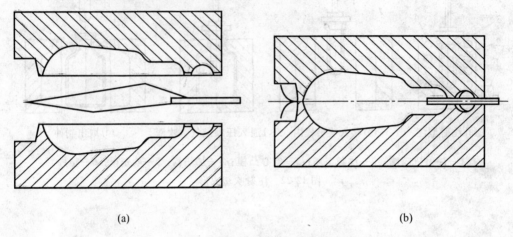

图 12-24　片材吹塑中空成形

2. 吹塑塑件设计

中空成形时，需要确定的是塑件的吹胀比、延伸比、螺纹、塑件上的圆角、支承面及外表面等。

(1) 吹胀比

吹胀比是指塑件最大直径与型坯直径之比。实践表明，吹胀比越大，塑料瓶的横向强度越高，但只能在一定的范围内。型坯断面形状一般要做成与塑件的外形轮廓大体一致，如吹塑圆形截面的瓶子型腔截面应是管形；若吹塑方桶或矩形桶，则型坯断面应制成方管状或矩形管状；其目的是使型坯各部位塑料的吹胀情况趋于一致。

(2) 延伸比

在注射拉伸吹塑中，塑件的长度与型坯的长度之比。延伸比确定后，型坯的长度就能确定。实验证明，延伸比越大的塑件，即相同型坯长度而生产出壁厚越薄的塑件，其纵向的强度越高。也就是延伸比和吹胀比越大，得到的塑件强度越高。在实际生产中，必须保证塑件的实用刚度和实用壁厚。

(3) 螺纹

吹塑成形的螺纹通常采用梯形或半圆形的截面，而不采用细牙或粗牙螺纹，这是因为后者难以成形。为了便于塑件上飞边的处理，在不影响使用的前提下，螺纹可制成断续状的，即在分型面附近的一段塑件上不带螺纹。

(4) 圆角

吹塑成形塑件的角隅处不允许设计成尖角，如其侧壁与底部的交接部分一般设计成圆角，因为尖角难以成形。对于一般容器的圆角，在不影响使用的前提下，圆角以大为好，圆角大壁厚则均匀，对于有造型要求的产品，圆角可以减小。

(5) 塑件支撑面

在设计塑料容器时，不可以整个平面作为塑件支承面。应尽量减小底部的支承面，特别要减少结合缝作为支承面，因为切口的存在将影响塑件放置平稳。

(6) 塑件的外表面

吹塑塑件大部分都要求外表面的艺术质量。如雕刻图案、文字和容积刻度等。有的要做成镜面等。这就要求对模具的表面进行艺术加工。其加工方式如下：

① 用喷砂做成镜面；

② 用镀铬抛光做成镜面；

③ 用电铸方法铸成模腔壳体然后嵌入模体；

④ 用钢材热处理后的碳化物组织形状，通过酸腐蚀做成类似皮革纹；

⑤ 用涂覆感光材料后经过感光显影腐蚀等过程做成花纹。

成形聚氯乙烯塑件的模具型腔表面，最好采用喷砂处理过的粗糙表面，因为粗糙的表面在吹塑成形过程中可以存储一部分空气，可避免塑件在脱模时产生吸真空现象。有利于塑件脱模，并且粗糙的型腔表面并不妨碍塑件的外观，表面粗糙程度类似于磨砂玻璃。

(7) 塑件收缩率

通常容器类的塑料制品对精度要求不高，成形收缩率对塑件尺寸影响不大，但对有刻度的定容量的瓶子和螺纹制品，收缩率有相当的影响。

3. 吹塑模具设计

按模具的结构及工艺方法分类，吹塑模分为上吹口和下吹口两类。

(1) 上吹口式

如图 12-25 所示是典型的上吹口模具结构，压缩空气由模具上端吹入模腔。

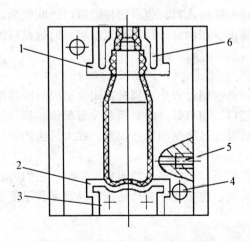

1—口部镶块；2—底部镶块；3、6—余料槽；4—导柱；5—冷却水道

图 12-25 上吹口模具结构

(2) 下吹口式

如图 12-26 所示是典型的下吹口模具结构，使用时料坯套在底部芯轴上，压缩空气由芯轴吹入。

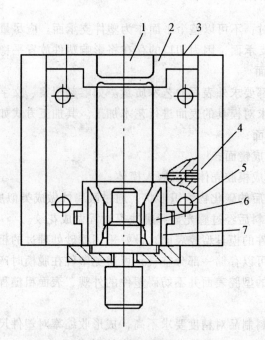

1、6—余料槽;2—底部镶块;3—螺钉;
4—冷却水道;5—导柱;7—瓶劲(吹口)镶块

图12-26 下吹口模具结构

(3) 模具设计要点:

① 模口

模口在瓶颈板上,是吹管的入口,也是塑件的瓶口,吹塑后对瓶口尺寸进行校正和切除余料。口部内径校正是由装在吹管外面的校正芯棒,通过模口的截断部分,同时进行校正和截断的。

② 夹坯口

夹坯口也称切口。挤出吹塑过程中,模具在闭合的同时需将型口将余料切除,因此在模具相应部位要设置夹坯口。切口部分的制造是关键部位,切口接合面的表面粗糙度值要尽可能地减小,热处理后要经过磨削和研磨加工,在大量生产中应镀硬铬抛光。

③ 余料槽

型坯在刃口的切断作用下,会有多余的塑料被切除,它们将容纳在余料槽内。余料槽通常设在切口的两侧,其大小应依型坯夹持后余料的宽度和厚度来确定,以模具能严密闭合为准。

④ 排气孔(槽)

模具闭合后,型腔呈封闭状态,应考虑在型坯吹胀时,模具内原有空气的排出问题。排气不良会使塑件表面出现斑纹、麻坑和成形不完全等缺陷。为此,吹塑模还要考虑设置一定数量的排气孔(槽)。一般开设在模具的分型面上和模具的"死角部位"(如在多面角部位或圆瓶的肩部)。

⑤ 冷却

吹塑模具的温度一般控制在20~50℃,冷却要求均匀。

⑥ 锁模力

锁模力的大小应使两个半模闭合严密，应大于胀模力。

（二）真空成形模具

1. 真空成型工艺分类

（1）凹模真空成型

如图 12-27 所示，首先将塑料板材置于模具上方将其四周固定，并进行加热软化，然后在模具下方抽真空，抽出板材与模具之间空隙中的空气，使软化的板材紧密地贴合在模具，当塑件冷却后，再从模具下方充入空气，取出塑件。

用凹模成型法成型的塑件外表面尺寸精度较高，一般用于成型深度不大的塑件。如果塑件深度很大时，特别是小型塑件，其底部转角处会明显变薄。多型腔的凹模真空成型比相同个数的凸模真空成型节省原料，因为凹模模腔间距可以较近，用同样面积的塑料板，可以加工出更多的塑件。

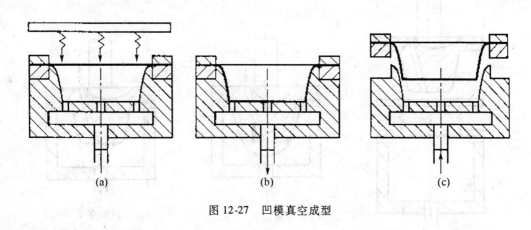

图 12-27 凹模真空成型

（2）凸模真空成型

有些要求底部厚度不减薄的吸塑件，可以用凸模真空成型，被夹紧的塑料板在加热器下加热软化，如图 12-28（a）所示。当加热后的片材首先接触凸模时，即被冷却而失去减薄能力。当材料继续向下移动，一直到完全与凸模接触，如图 12-28（b）所示；抽真空开始，边缘及四周都由减薄而成型，如图 12-28（c）所示。

凸模真空成型多用于有凸起形状的薄壁塑件，成型塑件的内表面尺寸精度较高。

（3）凹凸模先后抽真空成型

凹凸模先后抽真空成型如图 12-29 所示。首先把塑料板紧固在凹模上加热，如图 12-29（a）所示。软化后将加热器移开，然后通过凸模吹入压缩空气，而凹模抽真空使塑料板鼓起，如图 12-29（b）所示。最后凸模向下插入鼓起的塑料板中并且从中抽真空，同时凹模通入压缩空气，使塑料板贴附在凸模的外表面而成型，如图 12-29（c）所示。

该成型方法，由于将软化了的塑料板吹鼓，使板材延伸后再成型，故壁厚比较均匀，可用成型深型腔塑件。

（4）吹泡真空成型

首先将片材加热，如图 12-30（a）所示。然后向密闭箱内送压缩空气。热片材向外

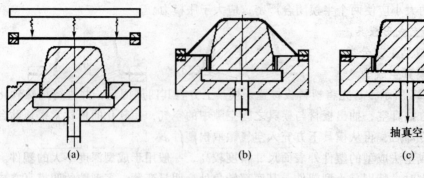

图 12-28 凸模真空成型

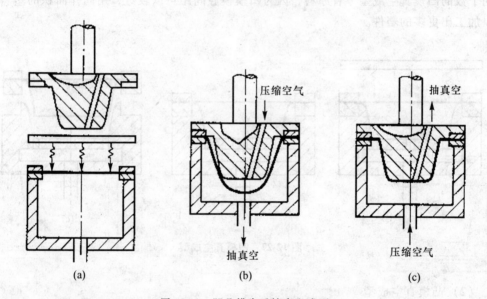

图 12-29 凹凸模先后抽真空成型

吹涨，再将凸模升起，与片材之间形成密闭状态，如图 12-30（b）所示；最后由凸模上的气孔抽真空，利用外面的大气压力使它成型，如图 12-30（c）所示。

（5）辅助凸模真空成型（柱塞下推真空成型）

辅助凸模真空成型分为下向真空成型和上向真空成型。

下向真空成型如图 12-31 所示。首先将固定于凹模的塑料板加热至软化状态；接着移开加热器，用辅助凸模将塑料板推下，这凹模里的空气被压缩，软化的塑料板由于辅助凸模的推力和型腔内封闭的空气移动而延伸；然后凹模抽真空成型。

2. 真空成型塑件设计

真空成型对于塑件的几何形状、尺寸精度、塑件的深度与宽度之比、圆角、脱模斜度、加强肋等都有具体要求。

（1）塑件的几何形状和尺寸要求

用真空成型方法成型塑件，成型后冷却收缩率较大，很难得到较高的尺寸精度。一般凸模真空成型时，塑件内部尺寸精确；而凹模真空成型时，塑件外部尺寸精确。

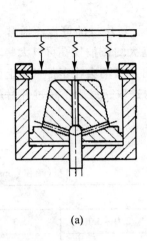 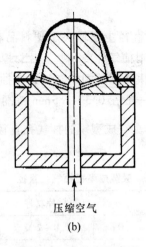 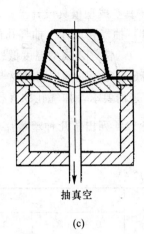

(a)　　　　　　　　(b) 压缩空气　　　　　　(c) 抽真空

图 12-30　吹泡真空成型

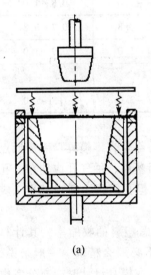 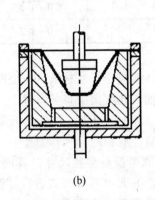 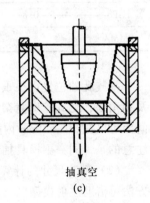

(a)　　　　　　　　(b)　　　　　　　　(c) 抽真空

图 12-31　下向真空成型

(2) 塑件的深度 H 与宽度（或直径）D 之比

塑件的深度 H 与宽度（或直径）D 之比称为引伸比，引伸比在很大程度上反映了塑件成型的难易程度。引伸比越大，成型越难。引伸比和塑件的均匀程度有关，引伸比过大会使最小壁厚处变得非常薄，这时应选用较厚的塑料来成型。引伸比和塑料品种、成型方法有关。

(3) 圆角

塑件设计时应使连接处圆滑过渡，圆角半径不小于型坯厚度。

(4) 斜度

即工艺倾斜面，以便从模具中取出制品。

(5) 加强肋

加强肋可减少型坯厚度，缩短加热时间，降低制品成本。加强肋应沿制品外形或面的方向设计。

3. 真空成型模具设计

(1) 抽气孔设计　抽气孔的直径主要取决于塑料品种及其片材的厚度。通常，成型塑料的流动性好，成型温度低，则抽气孔要小些。片材厚度大的，抽气孔可以大些。总之必须满足在很短时间内将片材与模具型面间的空气迅速抽出，又不会在塑件壁面上留下抽气孔痕迹的要求。抽气孔的直径一般在 0.3~1.5mm 范围内选取，最大不超过片材厚度的 $\frac{1}{2}$。表 12-4 列出了几种塑料片材真空成型模的抽气孔直径。

表 12-4　　　　　　　　　　吸塑成型模抽气孔直径　　　　　　　　　　（单位：mm）

塑料类型	塑料片材厚度				
	0.3~0.8	0.8~1.0	1.0~2.0	2.0~3.0	>3~5
PVC	0.4~0.5	0.6~0.8	0.8~1.0	1.0~1.5	1.0~1.5
PS	0.3~0.5	0.5~0.6	0.6~0.8	0.8~1.0	0.8~1.0
PE	0.3~0.4	0.4~0.5	0.5~0.7	0.7~0.8	0.7~0.8
ABS	0.3~0.5	0.5~0.6	0.6~0.9	0.9~1.0	0.9~1.0
HIPS	0.5~0.8	0.8~1.0	1.0~1.5		
PMMA			1.0~1.2	1.2~2.0	1.5~2.0

抽气孔的位置也很重要。一般应位于片材最后与型腔接触的部位，即模具型腔最低点及拐角处，尤其轮廓复杂处，抽气孔应集中布置。对于大的平面塑件，抽气孔应均布，孔间距可以在 30~40mm 内酌定。对小型塑件，抽气孔仍需均布，但孔间距可适当减小。应注意的是，同一副模具抽气孔直径应相同。

(2) 型腔尺寸的计算　该成型模具型腔尺寸计算同样要考虑塑料的收缩率。其计算方法可借助注射模型腔（或型芯）尺寸计算公式进行，但要求不必那么精确。一般来说，由凹模真空成型的塑件，其收缩量要比凸模成型的塑件大得多，在模具设计时应充分考虑这一点。成型温度（片材温度）是影响塑件尺寸的重要因素之一。此外，塑件的几何形状、塑料品种、模具结构等，也会影响塑件的收缩量。由此可见，要预先精确确定某一塑件的收缩率是困难的。如果生产批量较大，塑件尺寸精度要求又较高，最好还是先用石膏模具试制出一定量的产品，测得其收缩率，以此作为计算型腔尺寸的依据。

(3) 模具成型表面的粗糙度　成型表面应有一定的粗糙度，最好能形成无数的微凹，以利于塑件气推脱模（因此此类模具都不设脱模机构）。过低的粗糙度，既没有必要，又可能会使模具增加脱模机构，使模具复杂化。为此，模具型面加工达 Ra 0.8μm 后，通常都要进行喷砂处理或麻纹化。此外，为使塑件易于脱模，必须的脱模斜度不可少。通常凹模至少应有 0.5°~1°的脱模斜度，凸模增至 2°~3°。隅角与转弯处应有足够量的圆弧过度，其圆弧半径应大于 1.5mm。

(4) 边缘密封　为了防止模外空气进入真空室（片材与模具成型表面之间），在片材与模具接触的边缘上应设置密封零件。通常用橡胶密封垫即可满足要求。

(5) 加热及冷却装置　用于片材的加热方法很多，现代真空成型机大多使用红外线辐照。热板传热通常使用电热棒，既安全又省电。电热器温度可达 350～450℃。对不同塑料片材所需的成型温度，通过调节加热器和片材之间的距离，来达到控制所需加热温度的目的。常用距离为 80～120mm。模具温度对塑件质量及生产率都有影响。模温过低，塑料片材与模具一接触就会产生冷斑或内应力，以致使塑件产生裂纹。模温过高，则片材可能粘附在模具上，轻则使脱模困难，重则使塑件产生变形。根据塑料品种的不同，模温最好控制在 40～60℃ 范围内。

真空成型的塑件很少靠自然冷却。小型塑件多用风冷，大型塑件以水冷为主。其冷却水道的开设与注射模冷却系统的设计方法相似，但应注意的是，为防止塑件出现冷斑，冷却水道离模具型面的距离应在 8mm 以上为好。也可用铜管或不锈钢管铸如入模具内作为冷却水通道。小型模具管径为 8～10mm，大型模具管径为 12mm 以上。也可采用在模具上铣槽，加盖密封形成冷却系统的方式。

(三) 压缩空气成形模具

1. 压缩空气成型工艺

塑件成型过程是将塑料板材置于加热板和凹模之间，固定加热板，如图 12-32（a）所示。塑料板材只被轻轻地压在模具刃口上，然后，在加热板抽出空气的同时，从位于型腔底部的空气口向型腔中送入空气，使被加工板材紧贴加热板，如图 12-32（b）所示；这样塑料板很快被软化，达到适合于成型的温度。这时加强从加热板进出的空气，使塑料板材逐渐贴紧模具。与此同时，型腔内的空气通过其底部的通气孔迅速排出，最后使塑料板紧贴模具，如图 12-32（c）所示。待板材冷却后，停止从加热板喷出压缩空气，再使加热板下降，对塑件进行切边，如图 12-32（d）所示；在加热板回升的同时，从型腔底部进入空气使塑件脱模后，取出塑件，如图 12-32（e）所示。

压缩空气成型的方法与真空成型的原理相同，都是使加热软化的板材紧贴模具成型。所不同的是对板材所施加的成型外力由压缩空气代替抽真空。在真空成型时，很难达到对板材施加 0.1 MPa 以上的成型压力。而用压缩空气时，可对板材施加 1 MPa 以上的成型压力。由于成型压力很高，因而用压缩空气时可以获得充满模具形状的塑件及深腔的塑件。

2. 压缩空气成型模具设计

图 12-33 所示是压缩空气成型用的模具结构，该模具与真空成型模具的不同点是增加了模具型刃，因此塑件成型后，在模具上就可将余料切除，并且塑料板直接接触加热板，加热速度快。

模具设计要点：

压缩空气成型的模具型腔与真空成型模具型腔基本相同。压缩空气成型模具的主要特点是在模具边缘设置型刃。

在模具的边缘设置型刃是为了切除成型中的余料，常用的型刃是把顶端削平 0.1～0.15 mm，型刃的角度以 20°～30° 为宜，其尖端必须比型腔的端面高出板材的厚度加上 ±0.1 mm。成型时，放在凹模型腔端面上的板材同加热板之间就能形成间隙，此间隙可使板材在成型期间不与加热板接触，避免板材过热造成产品缺陷。

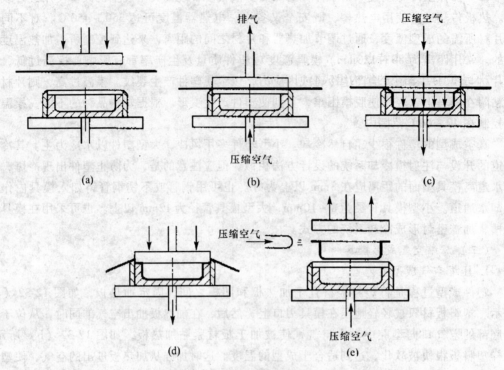

图 12-32 压缩空气成型工艺过程

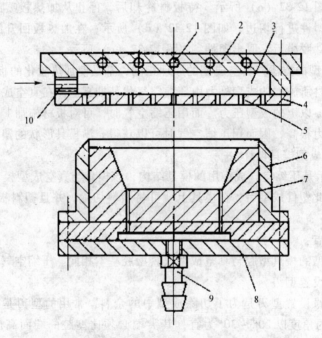

1—加热棒；2—加热板；3—热空气室；4—面板；5—空气孔；6—型刃；
7—凹模；8—底板；9—通气孔；10—压缩空气管

图 12-33 压缩空气成型模具

习题与思考题

1. 压注成型的基本特点如何？压注模的结构类型有哪些？
2. 压注模与压缩模的结构组成有何相同与不同之处？
3. 压注模常用的浇口形式有哪些？各自有何特点？
4. 挤出成型工艺过程包括哪几个主要过程？
5. 影响挤出成型件质量的主要工艺参数有哪些？应如何控制？
6. 挤出成型设备的主要工艺参数有哪些？如何合理选择？
7. 什么是挤出吹塑成型？
8. 什么是吹胀比？什么是延伸比？
9. 凸模真空成型与凹模真空成型塑件尺寸精度有何不同？
10. 什么是塑件的引伸比？如何确定？
11. 压缩空气成型用的模具结构有何特点？
12. 中空吹塑成型分为几种形式？
13. 简述中空吹塑成型过程。
14. 对吹塑塑件的设计包括哪些方面？
15. 简述真空成型过程。

模块十三　典型塑料模具设计实例及模具材料选用

任务一　注射模的设计步骤

【知识点】
模具设计任务书的基本内容
模具结构设计的一般步骤

一、任务目标

由于注射模具的多样性和复杂性，很难总结出可以普遍适用于实际情况的注射模设计步骤。所列出的设计步骤仅供在设计中参考。其主要目的是使读者对注射模的设计全过程有一个总体认识，同时也是对已学内容的一次总结。

二、知识平台

（一）设计前应明确的事项

1. 接受任务书

模具设计任务书通常由制件设计者提出，其内容如下：

（1）经过审签的正规塑件图纸，并注明所采用的塑料牌号、透明度等，若塑件图纸是根据样品测绘的，最好能附上样品，因为样品除了比图纸更为形象和直观外，还能给模具设计者许多有价值的信息，如样品所采用的浇口位置、顶出位置、分型面等。

（2）塑件说明书及技术要求。

（3）塑件的生产数量及所用注射机。

（4）塑料制件样品。

2. 收集、分析、消化原始资料

收集整理有关制件设计、成型工艺、成型设备、机械加工及特殊加工资料，以备设计模具时使用。

（1）熟悉塑件几何形状、明确使用要求

消化塑料制件图，了解制件的用途，分析塑料制件的工艺性，尺寸精度等技术要求。例如塑料制件在外表形状、颜色透明度、使用性能方面的要求是什么，塑件的几何结构、斜度、嵌件等情况是否合理，熔接痕、缩孔等成型缺陷的允许程度，有无涂装、电镀、胶接、钻孔等后加工。选择塑料制件尺寸精度最高的尺寸进行分析，看看估计成型公差是否低于塑料制件的公差，能否成型出合乎要求的塑料制件来。

（2）检查塑件的成型工艺性

确认塑件的各个细节是否符合注射成型的工艺性条件。优质的模具不仅仅取决于模具结构的正确性，还取决于塑件的结构能否满足成型工艺的要求。

(3) 明确注射机的型号和规格

设计前要确定采用什么型号和规格的注射机，模具设计中才能有的放矢，正确处理好注射模与注射机的关系。根据成型设备的种类来进行模具设计，因此必须熟知各种成型设备的性能、规格、特点。例如对于注射机来说，在规格方面应当了解以下内容：注射容量、锁模压力、注射压力、模具安装尺寸、顶出装置及尺寸、喷嘴孔直径及喷嘴球面半径、浇口套定位圈尺寸、模具最大厚度和最小厚度、模板行程等，具体见相关参数。要初步估计模具外形尺寸，判断模具能否在所选的注射机上安装和使用。

3. 在此基础上制定注射成型工艺卡，以指导模具设计工作和实际的注射成型加工。注射成型工艺卡一般应包括如下内容：

(1) 塑件的概况，包括简图、质量、壁厚、投影面积、有无侧凹和嵌件等。

(2) 塑件所用塑料概况，如品名、出产厂家、颜色、干燥情况等。

(3) 必要的注射机数据，如动模板和定模板尺寸、模具最大空间、螺杆类型、额定功率等。

(4) 压力与行程简图。

(5) 注射成型条件，包括加料筒各段温度、注射温度、模具温度、冷却介质温度、锁模力、螺杆背压、注射压力、注射速度、循环周期（注射、保压、冷却、开模时间）等。

(二) 模具结构设计的一般步骤

1. 确定型腔的数目

确定型腔数目的方法的根据有锁模力、最大注射量、制件的精度要求、经济性等，在设计时应根据实际情况决定采用哪一种方法。

2. 选定分型面

虽然在塑件设计阶段分型面已经考虑或者选定，在模具设计阶段仍应再次校核，从模具结构及成型工艺的角度判断分型面的选择是否最为合理。

3. 确定型腔的配置

实质上是模具结构总体方案的规划和确定。因为一旦型腔布置完毕，浇注系统的走向和类型便已确定。冷却系统和推出机构在配置型腔时也必须给予充分的注意，若冷却管道布置与推杆孔、螺栓发生冲突，要在型腔布置中进行协调，当型腔、浇注系统、冷却系统、推出机构的初步位置决定后，模板的外形尺寸基本上就已确定，从而可以选择合适的标准模架。

4. 确定浇注系统

浇注系统的平衡及浇口位置和尺寸是浇注系统的设计重点。需要强调的是浇注系统往往决定了模具的类型，如采用侧浇口，一般选用单分型面的两板模即可，如采用点浇口，往往就得选用双分型面的三板式模具，以便分别脱出流道凝料和塑料制件。

5. 确定脱模方式

首先要确定制件和流道凝料滞留在模具的哪一侧，必要时要设计强迫滞留的结构（如拉料杆等），然后再决定是采用推杆结构还是推件板结构。特别要注意确定侧凹塑件的脱模方式，因为当决定采用侧抽芯机构时，模板的尺寸就得加大，在型腔配置时要留出侧抽芯机构的位置。

6. 冷却系统和推出机构的细化

冷却系统和推出机构的设计计算详见有关章节。冷却系统和推出机构的设计同步进行有助于两者的很好协调。

7. 确定凹模和型芯的结构和固定方式

当采用镶块式凹模或型芯时，应合理地划分镶块并同时考虑到这些镶块的强度、可加工性及安装固定。

8. 确定排气方式

一般注射成型时的气体可以通过分型面和推杆处的空隙排出，但对于大型和高速成型的注射模，排气问题必须引起足够的重视。

9. 绘制模具的结构草图

在以上工作的基础上绘制注射模完整的结构草图，总体结构设计时应优先考虑采用简单的模具结构形式，切忌将模具结构搞得过于复杂，因为实际生产中所出现的故障，大多是由于模具结构复杂化所引起的。结构草图完成后，若有可能应与工艺、产品设计及模具制造和使用人员共同研讨直至相互认可。

10. 校核模具与注射机有关的尺寸

因为每副模具只能安装在与其相适应的注射机上使用，因此必须对模具上与注射机有关的尺寸进行校核，以保证模具在注射机上正常工作。

11. 校核模具有关零件的强度及刚度

对成型零件及主要受力的零部件都应进行强度及刚度的校核。一般而言，注射模的刚度问题比强度问题显得更重要一些。

12. 绘制模具的装配图

应尽量按照国家制图标准绘制，要清楚地表明各个零件的装配关系，便于工人装配。当凹模与型芯镶块很多时，为了便于测绘各个镶块零件，还有必要先绘制动模和定模部装图，在部装图的基础上再绘制总装图。装配图上应包括必要的尺寸，如外形尺寸、定位圈尺寸、安装尺寸、极限尺寸（如活动零件移动的起止点）。在装配图上应将全部零部件按顺序编号，并填写明细表和标题栏。一般装配图上还应标注技术要求，技术要求内容如下：

（1）对模具某些结构的性能要求，如对推出机构、抽芯机构的装配要求。

（2）对模具装配工艺的要求，如分型面的贴合间隙、模具上下面的平行度要求。

（3）模具的使用说明。

（4）防氧化处理、模具编号、刻字、油封及保管等要求。

（5）有关试模及检查方面的要求。

13. 绘制模具零件图

由模具装配图或部装图拆绘零件图的顺序为：先内后外，先复杂后简单，先成型零件后结构零件。

14. 复核设计图样

应按制品、模具结构、成型设备、图纸质量、配合尺寸、零件的可加工性等项目进行自我校对或他人审核。

任务二 典型模具设计实例

【知识点】
塑件的工艺性分析
模具结构设计

一、任务目标
通过典型模具设计实例的训练和讲解，掌握塑料模具设计的基本方法。

二、知识平台

（一）标准模架 CAD 设计

标准模架 CAD 设计过程描述如下：系统根据选择模板决策进行推理（顶出板宽度大于型腔总宽度、导柱中心距大于型腔总长度），一旦顶出板宽度确定，模板宽度随之确定。当模板长度和宽度确定后，系统可搜索到所有与模板尺寸对应的模具零件信息。用户的交互式选择结束后，模架零件被自动计算和建立，并以各自的位置和姿态组装。在模架选定，型腔周边尺寸确定后，可以利用模具 CAD 系统选用合适的模具标准件的尺寸。注射模标准件包括：导柱导套、浇口套、顶杆、回程杆、水嘴等。最后利用 CAD 系统的集合能力，将型腔、型芯、浇注系统、顶出杆、冷却水孔等与模架组合起来生成模具图。

1. 标准模架系列选择流程图

根据需要选择供应商、模架类型、尺寸规格、模板厚度以及其他参数就可以生成模架的三维模型实体→切出型腔凹孔→加入定位环→加入复位杆→创建滑块→定义斜顶机构→创建顶杆→设置冷却水道等。

2. 标准模架模具零件尺寸选择要求

标准模架系列确定后，接下来需要选择该系列中合适的模具零件尺寸。各种标准模架系列中全部模具零件尺寸，均存储在数据库中。

（1）模板类零件选择原则：
① 顶出板宽度尺寸应大于型腔的总宽度；
② 在长度尺寸上，导柱的中心距应大于型腔的总长度。

（2）杆类零件 模板尺寸确定后，各种杆类零件的长度可按注射模结构设计预定的原则选定，例如回程杆选择：回程杆长≤顶杆固定板厚度＋垫板厚度＋动模板厚度＋顶杆最大行程。杆的直径、数量、位置等可以人机交互确定。

三、知识应用

范例 1. 如图 13-1 所示塑件，材料 ABS，壁厚 2mm，批量生产，分析塑件的工艺性能，设计其模具，编制模具零件的加工工艺。

（一）塑件的工艺性分析

1. 塑件的原材料分析，如表 13-1 所示。

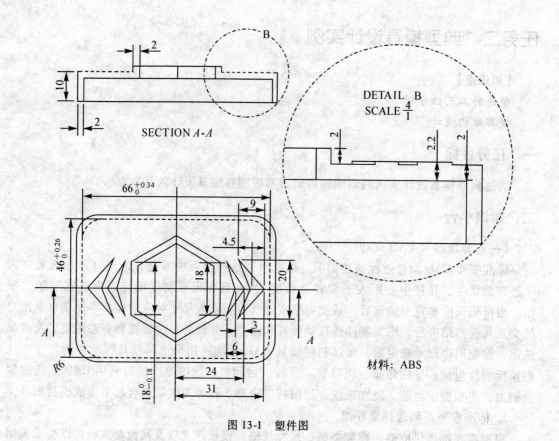

图 13-1 塑件图

表 13-1 塑件的原材料分析

塑料品种	结构特点	使用温度	化学稳定性	性能特点	成型特点
ABS 热塑塑料	线性结构非结晶型	小于 70°	较好 比较稳定	机械强度较好,有一定的耐磨性。但耐热性较差,吸水性较大	成型性能很好,成型前原料要干燥
结论	该塑料有良好的工艺性能,适宜注射成型,成型前原料要干燥处理。				

2. 塑件的尺寸精度分析

此塑件上有三个尺寸有精度要求,分别是 66 +0.34、46 +0.26、18 -0.18,均为 MT 级塑料件精度,属于中等偏高级的精度等级,在模具设计和制造中要严格保证这三个尺寸精度的要求。

其余尺寸均无特殊要求,为自由尺寸。可按 MT5 级塑料件精度查公差值。

3. 塑件表面质量分析

该塑件是某仪表外壳,要求外表美观、无斑点、无熔接痕,表面粗糙度可取 Ra1.6,而塑件内部没有较高的粗糙度要求。

4. 塑件的结构工艺性分析

塑件外形为方形壳类零件，腔体为8mm深，壁厚均为2mm，总体尺寸不大不小．塑件成型性能良好，塑件上有一六边形凸台，要求成型后轮廓清晰．成型它的模具工作零件要用线切割成型，保证正六边的尖角，塑件的两边各有一个对称的类三角形凸起标记，高0.2mm，同样要求轮廓清晰，成型的模具工作零件可以用电火花成型加工。相应的要设计出它的电极。

（二）成型设备的选择与模塑工艺参数的编制

1. 计算塑件的体积

根据零件的三维模型，利用三维软件直接可查调到塑件的体积为：$VI = 9563.66 mm^3$，浇注系统的体积：$VII = 1551.52 mm^3$。

一次注射所需的塑料总体积为：$V = VI + V2 = 11115.18 mm^3$

2. 计算塑件的质量：取密度$\rho = 1.05 \times 10^{-6} kg/mm^3$

塑件的质量：$MI = VI \times \rho = 0.010$（kg）$= 10$（g）

塑件与浇注系统的总质量：$M = V \times \rho = 0.0117$（kg）$= 11.7$（g）

3. 选用注射机：

根据塑件的形状，取一模一件的模具结构，可结合学校现有的成型设备，初步选取螺杆式注射成型机SZ-125/630。

4. 塑件注射成型工艺参数如表13-2所示，试模时，可以根据实际情况作适当调整。

表13-2　　　　　　　　　　**ABS塑料的注射成型工艺参数**

工艺参数	规格	工艺参数	规格
预热和干燥	温度：80 ~ 85℃ 时间：2 ~ 3h	成型时间 S	注射时间：20 ~ 90 保压时间：0 ~ 5 冷却时间：20 ~ 120 总周期：50 ~ 220
料筒温度/℃	后段：150 ~ 170 中段：165 ~ 180 前段：180 ~ 200	螺杆转速 r/min	30
喷嘴温度/℃	170 ~ 180	后处理	方法：红外线、烘箱 温度℃：70 时间h：2 ~ 4
模具温度/℃	~ 80 ~ 50		
注射压力/MP	60 ~ 100		

（三）模具结构方案的确定

1. 分型面的选择

分型面应选择在塑件截面最大处，尽量取在料流末端，利于排气，保证塑件表面质量，该零件的分型面取塑件的底，如图13-2所示。

2. 型控数量的确定及型腔的排列

该塑件采用一模一件成型，型腔布置在模具的中间，这样有利于浇注系统的排列和模

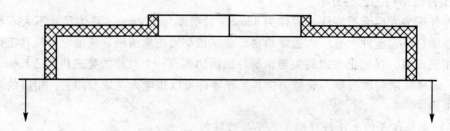

图 13-2　塑件的分型面

具的平衡.

3. 浇注系统的设计

模具浇口套主流道球面半径 R 与注射机喷嘴球面半径 R_0 的关系为：$R = R_0 + (1-2) = 15 + 2 = 17$mm；

模具浇口套主流道小端直径 d 与喷嘴出口直径 d_0 的关系为：

$$d = d_0 + 0.5 = 3. + 0.5 = 3.5 \text{mm}。$$

主流道呈圆锥形，其锥度取3°；

分流道取半圆形，其半径 $R = 3$；

浇口采用侧浇口，从塑件的上端六边形孔处进料，如图13-3所示。

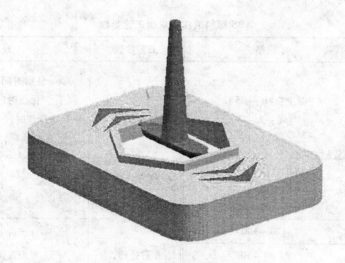

图 13-3　浇注系统的设计

4. 型芯和型腔结构的确定

考虑到加工的工艺性，型芯采用整体、直通式外形结构，如图13-4所示；型腔采用组合式，如图13-5所示。

5. 推出方式的选择

此模具的型芯在动模，开模后，塑件包紧型芯留在动模一侧，根据塑件是壳类零件的特点，采用推件板推出形式，这样推出平稳，有效保证了推出塑件的质量，模具结构也比较简单。

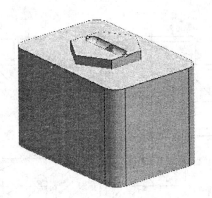

图 13-4 整体式型芯

图 13-5 组合式型腔

6. 标准模架的选择

标准模架一经选定,就可以在市场上买到,拟用现在比较流行的 FUTABA 标准,模具装配图如图 13-6 所示,根据上述分析,此模具是含推件板、大水口类型的,所以选用"FUTABA-SB 15×15 30 20 50",其中参数的含义是:

15×15——模架的长和宽分别为 150mm 和 150mm

30——定模板(A 板)厚 30 mm

20——动模板(B 板)厚 20 mm

50——垫板(C 板)厚 50mm

(四) 注射机有关工艺参数的校核

SZ-125/630 注射机的主要参数如表 13-3 所示。

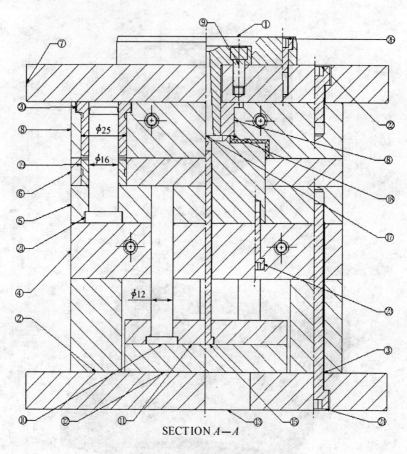

图 13-6 模具装配图

表 13-3　　　　　　　　　SZ-125/630 注射机的主要参数

理论注射容量	140cm³	定位孔直径	φ125mm
最大模具厚度	300mm	喷嘴球半径	SR15
最小模具厚度	150mm	中心顶杆直径	φ25mm
最大开模行程 S	270mm	顶出行程	0~140 mm
拉杆内间距	370×320	锁模力	630kN

1. 注射量的校核

如前所述,塑件与浇注系统的总体积为 $V = 11115.18 \text{ mm}^3 = 11.1 \text{cm}^3$ 远远小于注射机的标称注射量 140cm³。

2. 模具闭合高度的校核

由图 13-7 装配图可知模具的闭合高度:$H = 185\text{mm}$

最小装模高度 $H_{min} = 150\text{mm}$,最大装模高度 $H_{max} = 300\text{mm}$,能够满足 $H_{min} \leq H \leq H_{max}$ 的安装条件。

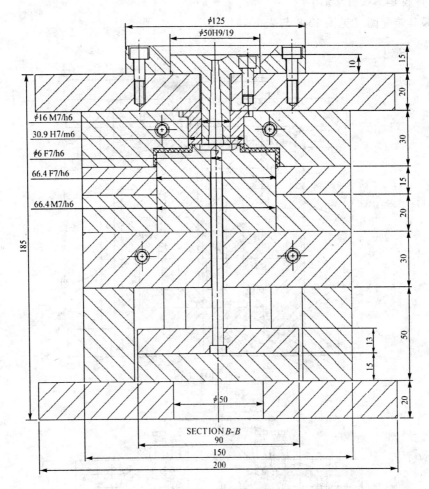

图 13-7 模具装配图

3. 模具安装部分的校核

该模具的外形尺寸为：200×150，注射机模板最大安装尺寸为 370×320，故能满足安装要求；

模具定位圈的直径为 $\phi 125$ = 注射机定位孔直径 $\phi 125$，符合安装要求；

浇口套的球面半径为 SR17 > 喷嘴球头半径 SR15，符合要求；

4. 模具开模行程的校核

如图 13-7 所示，模具的开模行程 $S_{模}$ = 塑件的高度 + 浇注系统的高度 + 顶件的高度 + $(5\sim10)$ = $12 + 45 + 8 = 65$ mm

注射机的最大开模行程 $S = 270 > S_{模} = 65$

5. 顶出部分的校核

模具上顶杆孔的直径为 $\phi 50$ > 注射机中心顶杆直径 $\phi 25$

注射机最大顶出距离为 140 > 模具上所需要的最小顶出距离 10mm

结论：根据校核 SZ-125/630 注射机完全能够满足该模具的使用要求。

(五）模具工程图总汇

1. 模具装配图（见图 13-8 与表 13-4）

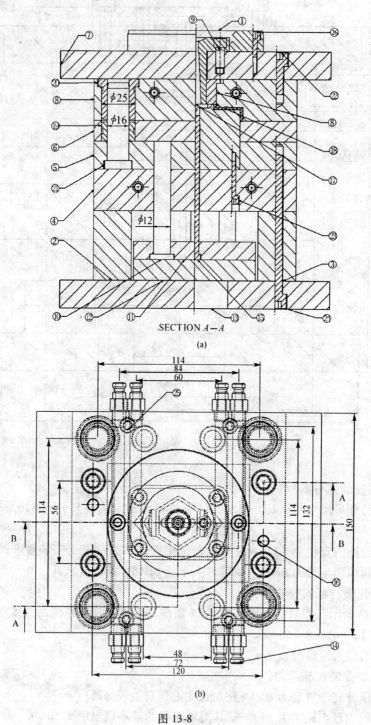

图 13-8

表 13-4

PC NO	PART NAME	DESCRIPTION	CATALOG	QTY
27	CAVITY_INSERT	型腔入子	45	1
26	RING_SCREW	定位圈紧固螺钉	M6×12	2
25	EJ_SCREW	推板紧固螺钉	M-CSM 6×20	4
24	BCP_SCREW	动模紧固螺钉	M-CSM 10×100	4
23	CORE_SCREW	型芯紧固螺钉	M6×25	4
22	TCP_SCREW	定模紧固螺钉	M-CSM 10×20	4
21	GUIDE PILLAR	导柱	8	4
20	GUIDE BUSH_A	导套 A	M-GBA 16×29	4
19	GUIDE BUSH_B	导套 B	M-GBB 16×14	4
18	KE_PARTING	塑件	ABS	1
17	CORE	型芯	45	1
16	DOWEL PIN	销钉	DME DP 8-28	4
15	EJ_PIN	拉料杆	E-EJ 6.0×150	1
14	CONNECTOR	水嘴	H81-09-M10	8
13	L_PLATE	动模座板	200×150×20	1
12	F_PLATE	推板	150×90×15	1
11	E_PLATE	推杆固定板	150×90×13	1
10	RETURN PIN	复位杆	M-RPN 12×85	4
9	SPRUE	浇口套	16×50×10×3.5	1
8	A_PLATE	定模板	150×150×30	1
7	T_PLATE	定模座板	200×150×20	1
6	S_PLATE	推件板	150×150×15	1
5	B_PLATE	动模板	150×150×20	1
4	U_PLATE	支承板	150×150×30	1
3	CR_PLATE	右垫块	150×28×50	1
2	CL_PLATE	左垫块	150×28×50	1
1	LOCATING_RING	定位圈	M_LRB 100×50	1

2. 模具零件图（见图 13-9～图 13-16）

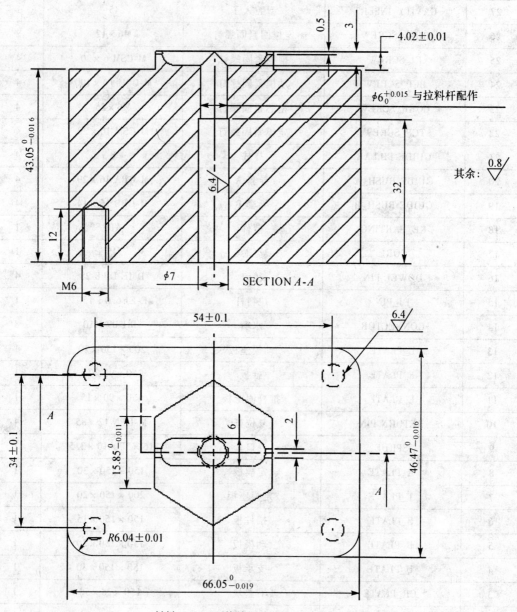

图 13-9 型芯零件图

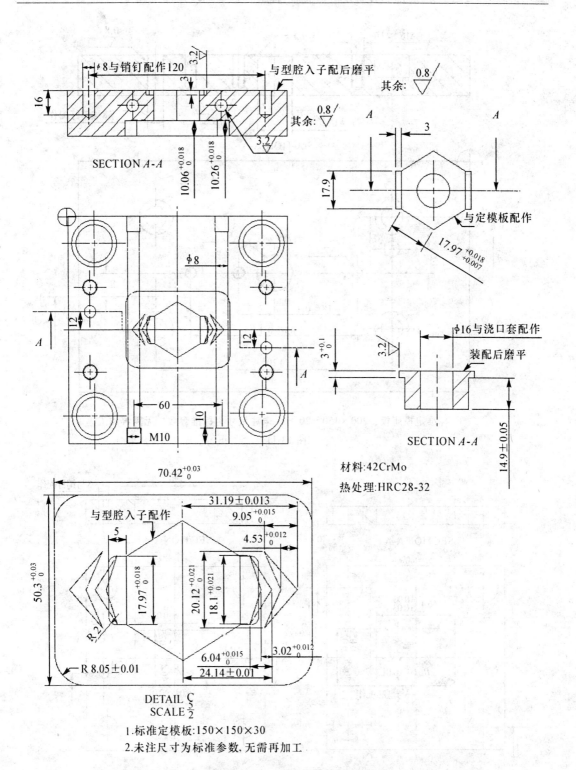

图 13-10 型腔板零件图

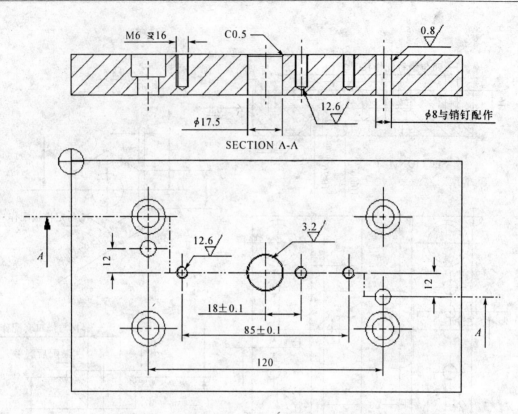

图 13-11

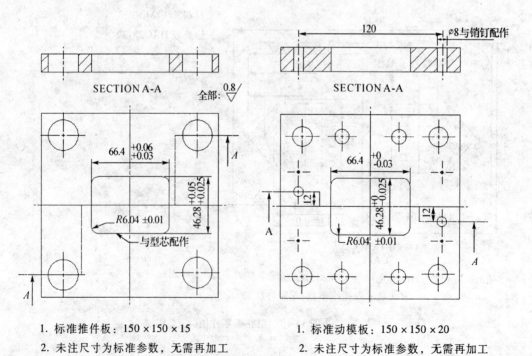

图 13-12

模块十三 典型塑料模具设计实例及模具材料选用

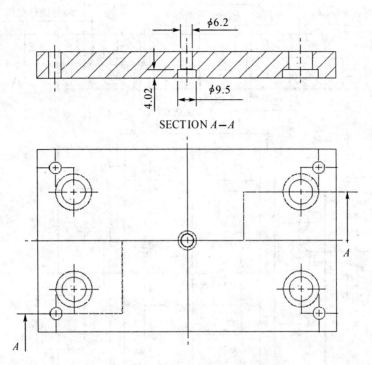

1. 标准顶杆固定板：150×90×13 2. 未注尺寸为标准参数，无需再加工

图 13-13

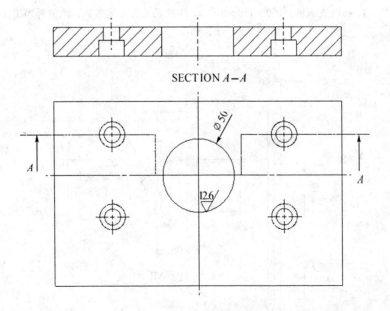

1. 标准动模座板：200×150×20 2. 未注尺寸为标准参数，无需再加工

图 13-14

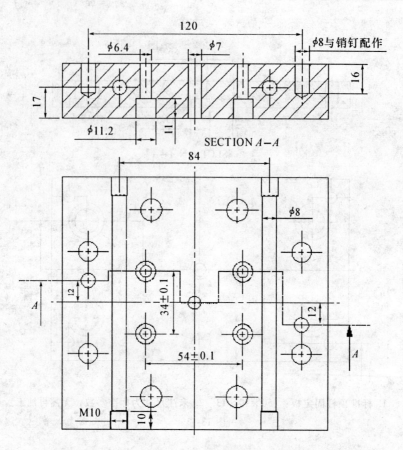

1. 标准支承板：150×150×30 2. 未注尺寸为标准参数，无需再加工

图 13-15

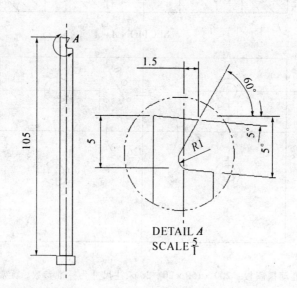

1. 标准顶杆：φ6×150 2. 未注尺寸为标准参数，无需再加工

图 13-16

范例 2. 如图 13-17 所示塑件为某打印机用塑料零件,材料 PC,批量生产,分析塑件的工艺性能,设计其模具,编制模具零件的加工工艺。

具体设计要求:

一模两件、采用潜伏式浇口。本范例可参照范例 1 来分析,这里只写出主要设计过程和全部的模具工程图。

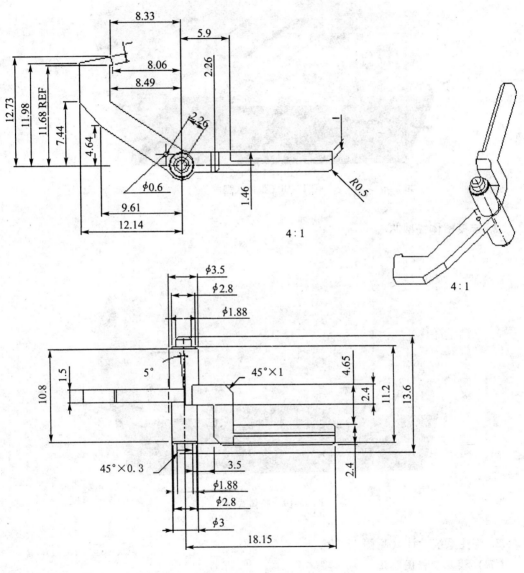

图 13-17 塑件图

确定型腔尺寸（采用一模两腔、潜伏式浇口、推杆脱模），如图13-18、图13-19所示型腔结构和型芯结构。

1. 动模整体式型腔

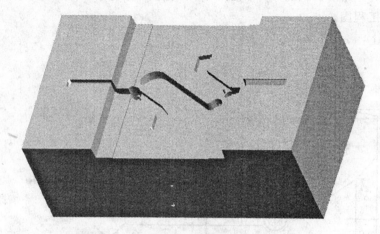

图13-18 整体式型腔

2. 定模整体式型芯

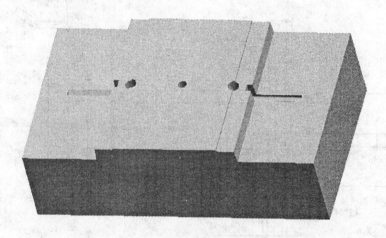

图13-19 整体式型芯

3. 浇注系统设计（见图13-20）

(五) 模具工程图总汇

1. 模具装配图（Ⅰ）（见图13-21）

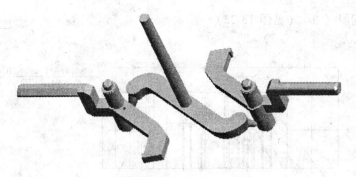

图 13-20

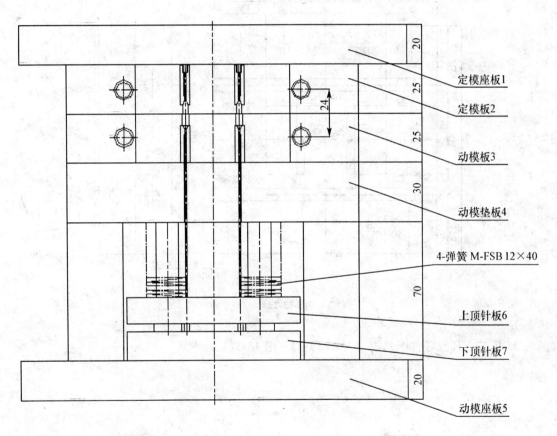

购入品：
模架：MDC SA1515 2525 70SVL　　FUTABA
圆锥定位销：TTPN16×1　　2SETS　　PUNCH
垫圈：　　　TPG16-10　　4PCS　　PUNCH
弹簧：　　　M-FSB12×40　4PCS　　FUTABA
部品材料：PC GNB-2510-N1172K　黑色
材料收缩率：0.5%

图 13-21

2. 模具装配图（Ⅱ）（见图13-22）

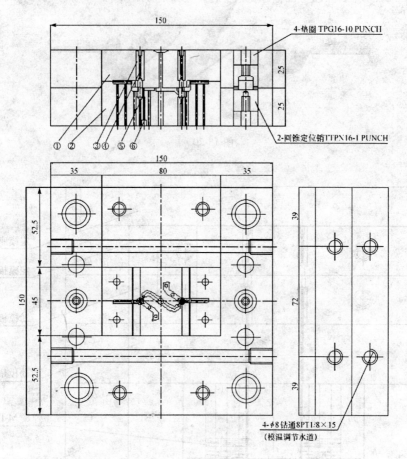

图13-22

3. 模芯、模腔零件图总汇（见图13-23～图13-27）

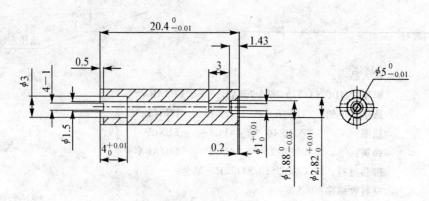

③定模模芯镶块 NAK55　2件

图13-23

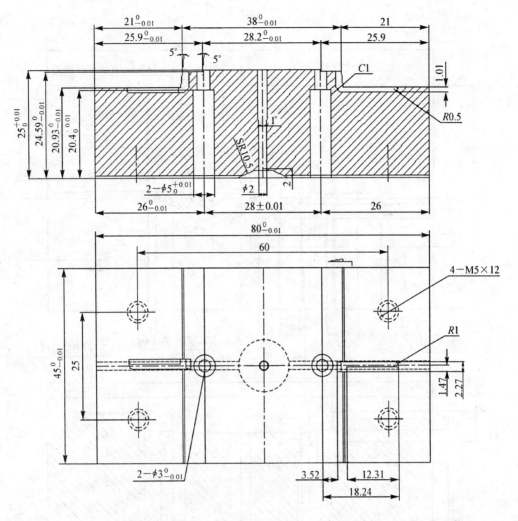

① 定模模芯　NAK55　1件

图 13-24

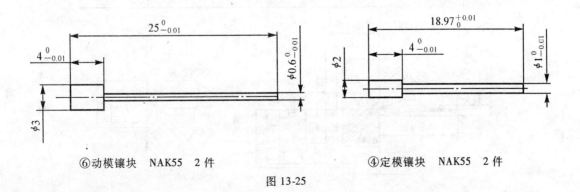

⑥ 动模镶块　NAK55　2件　　　　④ 定模镶块　NAK55　2件

图 13-25

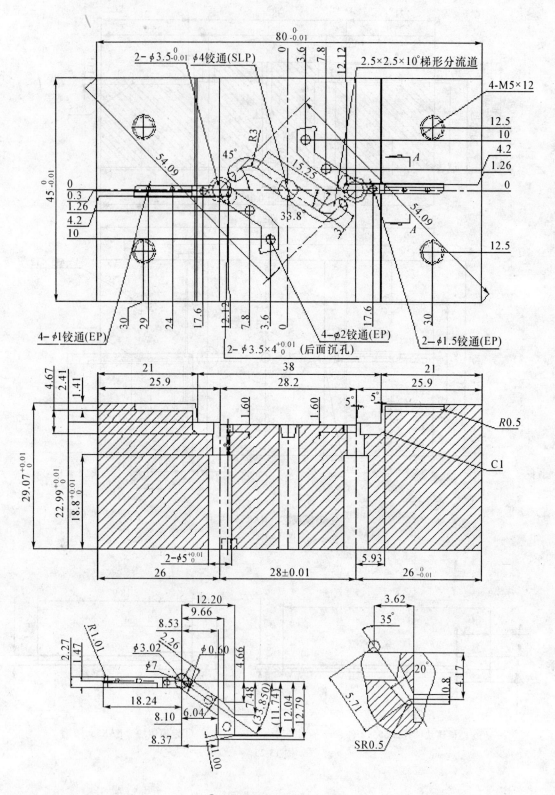

② 动模模芯　NAK55　1件

图 13-26

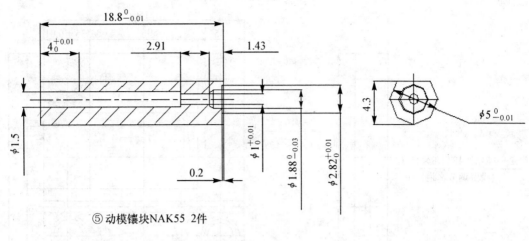

⑤ 动模镶块 NAK55 2件

图 13-27

4. 模板零件图总汇（见图 13-28 ~ 图 13-33）

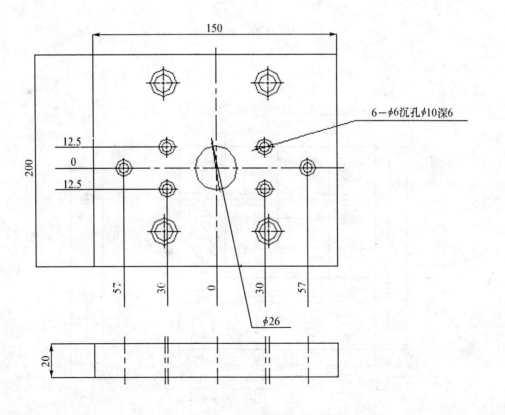

图 13-28　定模座板 1

332 塑料模具设计基础

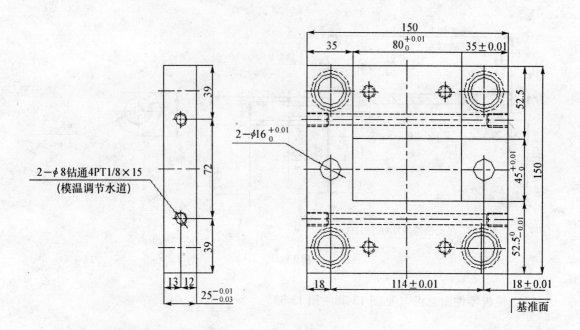

图 13-29 定模板 2

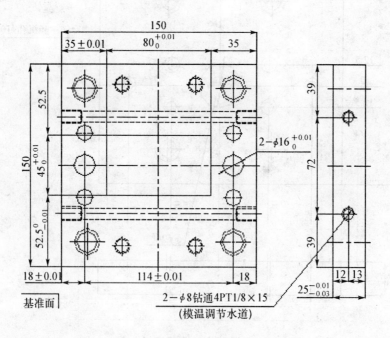

图 13-30 动模板 3

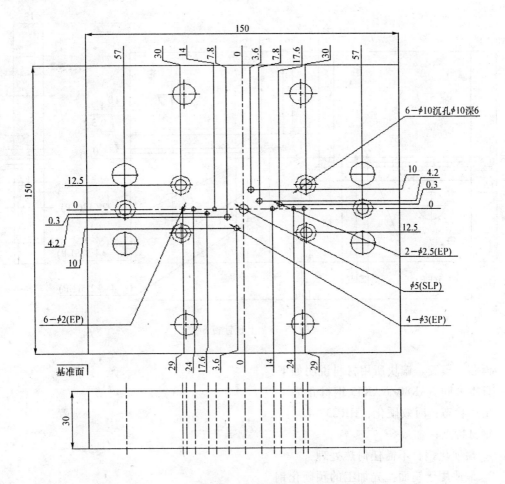

图 13-31 动模垫板 4

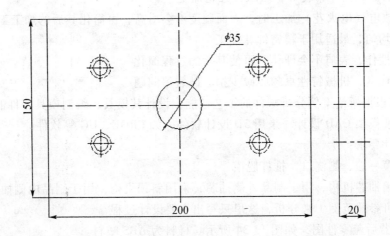

图 13-32 动模座板 5

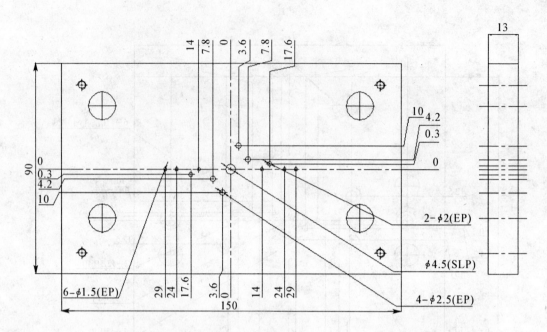

图 13-33　上顶针板 6

模芯、模腔、镶块所用材料说明如下：

日本大同 NAK80/NAK55 钢材介绍

出厂状态：时效硬化，HRC37-41

钢材特点：

1. 预硬化钢，不需任何热处理
2. 最适用于镜面抛光加工的预硬化钢
3. 放电加工特性佳。

经处理后的表面非常良好，可取代蚀花加工

在进行放电（电火花）加工时，表面硬度不会增高，可简化其后的加工工序

4. 组织均匀，最适用于精密蚀花加工
5. 焊接性佳，表屑不会硬化，可使其后的过程简化
6. 韧性优良，机械特性卓越，减少担心破裂等问题

范例 3. 根据所给案例分析塑件的工艺性能，设计其模具，编制模具零件的加工工艺。进行模具标准模架 CAD 设计，采用 3D 设计软件，如 PROE、UG 等软件。

具体设计要求：

采用一模一腔、侧浇口、推杆脱模

采用斜销抽芯机构，用于制品外侧抽芯，采用斜顶机构，用于制品内侧抽芯

本范例可参照范例 1 来分析，这里只写出主要设计过程

1. 遥控器后盖零件图，如图 13-34 所示。材料为 ABS 塑料。
2. 确定型腔尺寸，如图 13-35 所示。

模块十三　典型塑料模具设计实例及模具材料选用

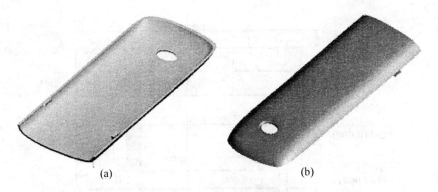

图 13-34　遥控器后盖零件图

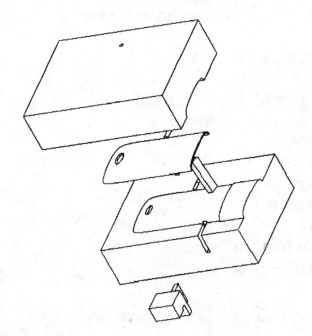

模具工件总体尺寸：$150 \times 100 \times 80$

图 13-35　型腔 3D 效果图

3. 模架规格选择与设计，最后完成效果如图 13-37、图 13-38 所示

基本设计流程（以 EMX5.0 设计模架为例说明）简介如下：

（1）创建一个模座项目；cover-moldbase

（2）将型腔导入该项目

（3）创建标准模座

根据模芯尺寸（$150 \times 100 \times 80$），并考虑斜滑块机构的安装，选择 FUTABA 标准模架的规格为 MDC4040 40 40 110 SVM。如图 13-36 所示。

（4）加入复位杆

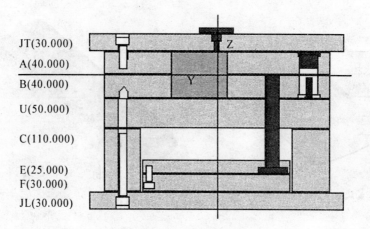

图 13-36　FUTABA 标准模架

（5）在模座中挖出放置型腔的凹槽
（6）创建顶杆
（7）创建斜销抽芯机构，用于制品外侧抽芯
（8）创建斜顶机构，用于制品内侧抽芯
（9）定义定模定位环
（10）冷却水道的设计
（11）将各元件进行分类
（12）其他细部结构设计
（13）加入注射机
（14）开模模拟注射过程
（15）生成所有的工程图

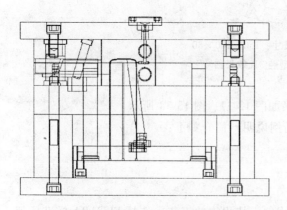

图 13-37　遥控器后盖标准模架装配图

图 13-38　遥控器后盖标准模架 3D 效果图

任务三　注射模具材料选用

【知识点】
成型零件材料选用要求
注射模具钢

一、任务目标

由于注射模具结构比较复杂，组成一套注射模具有各种各样的零部件，各个零部件在模具中所处的位置、作用不同，对材料的性能要求就有所不同。标准模架一经选定，就可以在市场上买到。而成型产品的模具成型零部件材料的选择就显得尤其重要，选择优质、合理的成型零部件材料，是生产高质量模具的保证。通过学习，达到能根据不同产品要求选用成型零部件材料的能力。

二、知识平台

(一) 成型零部件用材料的基本要求

1. 机械加工性能良好

选用易于切削，且在加工后能得到高精度零件的钢种。中碳钢和中碳合金钢最常用，这对大型模具尤其重要。对需电火花加工的零件，还要求该钢种的烧伤硬化层较薄。

2. 抛光性能优良

成型零件工作表面，多需抛光达到镜面，$Ra \leqslant 0.05\mu m$，硬度超过40HRC为宜，过硬表面会使抛光困难。钢材的显微组织应均匀致密，较少杂质，无疵瘢和针点。

3. 耐磨性和抗疲劳性能好

型腔不仅受高压塑料熔体冲刷，还受冷热交变的温度应力作用。高碳合金钢，经热处理可获得高硬度，但韧性差易形成表面裂纹，不宜采用。所选钢种应使注射模能减少抛光修模的次数，能长期保持型腔的尺寸精度，达到批量生产的使用寿命期限。对注射次数30万次以上和纤维增强塑料的注射生产尤其重要。

4. 具有耐腐蚀性能

对有些塑料品种，如聚氯乙烯和阻燃型塑料，必须考虑选用有耐腐蚀性能的钢种。

(二) 注射模具用钢材种类

1. 凹模和主型芯：以板材和模块供应，常用50或55调质钢，硬度为250~280HB，易于切削加工，旧模修复时的焊接性能较好，但抛光性和耐磨性较差。

2. 型芯和镶件：常以棒材供应，采用淬火变形小，淬透性好的高碳合金钢，经热处理后在磨床上直接研磨至镜面。常用9CrWMn、Cr12MoV和3Cr2W8V等钢种，淬火后回火HRC≥55，有良好耐磨性，也有采用高速钢基体的65Nb（65Cr4W3M02VNb）新钢种。价廉但淬火性能差的T8A、T10A也可以采用。

3. 目前，国外引进的主要有美国P系列塑料模钢种和H系列热锻模钢种，我国主要的新型塑料模钢种（以模板和棒料供应）：

(1) 预硬钢

中小型注射模：国产 P20（3Cr2Mo）钢材，模板预硬化以硬度 HRC36~38 供应，拉伸强度 1 330MPa。模具制造中不必热处理，能保证加工后获得较高的形状和尺寸精度，也易于抛光。

大型注射模：预硬钢中加入硫，能了改善切削性能，适合制造。国产 SMl（55CrNiMnMoVS）和 5NiSCa（5CrNiMnMoVSCa），预硬化后硬度为 HRC35~45，切削性能类似中碳调质钢。

(2) 镜面钢

多数属于析出硬化钢，也称为时效硬化钢，它用真空熔炼方法生产。

①国产 PMS（10Ni3CuALVS）供货硬度 HRC30，易于切削加工。这种钢在真空环境下经 500—550℃，以 5~10 h 时效处理，钢材弥散析出复合合金化合物，使钢材硬化具有 HRC40~45，耐磨性好且处理过程变形小。由于材质纯净，可做镜面抛光，并能光腐蚀精细图案，还有较好的电加工及抗锈蚀性能。工作温度达 300℃，拉伸强度 1 400MPa。

②析出硬化钢 SM2（20CrNi3AlMnMo），预硬化后加工，再经时效硬化可达 HRC40—45。

③高强度的 8CrMn（8Cr5MnWMoVS），预硬后硬度 HRC33—35，易于切削，淬火时空冷，硬度可达 HRC42~60，拉伸强度达 3 000MPa，可用于大型注射模以减小模具体积。

④可氮化高硬度钢 25CrNi3MoAl，调质后硬度 HRC23~25，时效后硬度 HRC38~42，氮化处理后表层硬度可达 HRC70 以上，用于玻璃纤维增强塑料的注射模。

(3) 耐腐蚀钢

国产 PCR（6Cr16Ni4Cu3Nb）属于不锈钢类钢种，但比一般不锈钢有更高强度，更好的切削性能和抛光性能，且热处理变形小，使用温度小于 400℃，空冷淬硬可达 HRC42~53，适用于含氯和阻燃剂的腐蚀性塑料。

选用钢种的依据：塑件的生产批量、塑料品种及塑件精度与表面质量要求，见表 13-5。

常用模具材料的适用范围与热处理方法见表 13-6。部分新型塑料模具钢的热处理及其应用见表 13-7。

表 13-5　　　　　　　　　　　注射模具钢材选用

塑料与制品	型腔注射次数/次	适用钢种	塑料与制品	型腔注射次数/次	适用钢种
PP、HDPE 等一般塑料件	10 万左右 20 万左右 30 万左右 50 万左右	50、55 正火 50、55 调质 P20 SM1、5NiSCa	精密塑料件	20 万以上	PMS、SM1、5NiSCa
			玻纤增强塑料	10 万左右 20 万以上	PMS、SMP2 25CrNi3MoAl 氮化、 H13 氮化
			PC、PMMA、PS 透明塑料		PMS、SM2
工程塑料	10 万左右	P20	PVC 和阻燃塑料		PCR

表 13-6　　　　　常用模具材料的适用范围与热处理方法

模具零件	使用要求	模具材料	热处理		说　明
导柱导套	表面耐磨、有韧性、抗曲不易折断	20、20Mn2B	渗碳淬火	≥55HRC	
		T8A、T10A	表面淬火	≥55HRC	
		45	调质、表面淬火、低温回火	≥55HRC	
		黄铜H62、青铜合金			用于导套
成型零部件	强度高、耐磨性好、热处理变形小，有时还要求耐腐蚀	9Mn2V、9CrSi、CrWMn、9CrWMn、CrW、GCr15	淬火、低温回火	≥55HRC	用于制品生产批量大，强度、耐磨性要求高的模具
		Cr12MoV、4Cr5MoSiV、Cr6WV、4Cr5MoSiV1	淬火、中温回火	≥55HRC	用于制品生产批量大，强度、耐磨性要求高的模具，但热处理变形小、抛光性能较好
		5CrMnMo、5CrNiMo、3Cr2W8V	淬火、中温回火	≥46HRC	用于成型温度、成型压力大的模具
		T8、T8A、T10、T10A、T12、T12A	淬火、低温回火	≥55HRC	用于制品形状简单、尺寸不大的模具
		38CrMoAlA	调质、氮化	≥55HRC	用于耐磨性要求高并能防止热咬合的活动成型零部件
		45、50、55、40Cr、42CrMo、35CrMo、40MnB、40MnVB、33CrNi3MoA、37CrNi3A、30CrNi3A	调质、淬火（或表面淬火）	≥55HRC	用于制品批量生产的热塑性塑料成型模具
		10、15、29、12CrNi2、12CrNi3、12CrNi4、20Cr、20CrMnTi、20CrNi4	渗碳淬火	≥55HRC	容易切削加工或采用塑性加工方法制作小型模具的成型零部件
		铍铜			导热性优良、耐磨性好，可铸造成型
		锌基合金、铝合金			用于制品试制或中小批量生产中的模具成型零部件，可铸造成型
		球墨铸铁	正火或退火	正火≥200HBS 退火≥100HBS	用于大型模具

续表

模具零件	使用要求	模具材料	热处理	说明
主流道衬套	耐磨性好、有时要求耐腐蚀	45、50、55以及可用于成型零部件的其他模具材料	表面淬火	≥55HRC
顶杆、拉料杆等	一定的强度和耐磨性	T8、T8A、T10、T10A	淬火、低温回火	≥55HRC
		45、50、55	淬火	≥45HRC
各种模板、推板、固定板、模座等	一定的强度和刚度	45、50、40Cr、40MnB、40MnVB、45Mn2	调质	≥200HBS
		结构钢Q235~Q275		
		球墨铸件		用于大型模具
		HT200		仅用于模座

表13-7　部分新型塑料模具钢的热处理及其应用

钢种	国别	牌号	热处理	应用
预硬钢	中国	5NiSCa	预硬，不用热处理	用于成型热塑性塑料的长寿命模具
	日本	SCM445（改进）		
		SKD61（改进）		同5NiSCa，以及高韧度，精密模具
		NAK55		同5NiCa，以及高镜面，精密模具
新型淬火回火钢	日本	SKD11（改进）	1 020~1 030℃淬火，空冷，200~500℃回火	同5NiSCa，以及高硬度、高镜面模具
	美国	H13+S	995℃淬火，540~650℃回火	同5NiSCa，以及高硬度、高韧度、精密模具
		P20+S	845~857℃淬火，565~620℃回火	
马氏体时效钢	中国	18Ni（300）	切削加工后470~520℃×3h左右时效处理，空冷	用于成型中小型、精密、复杂的热塑性和热固性塑料的长寿命模具以及透明塑料制件的模具
	日本	MASIC		
		YAG		
	美国	18MAR300		
耐腐蚀钢	中国	PCR	预硬，不需热处理	用于各种具有较高耐腐蚀要求的模具零部件
	日本	NAK101		
		STAVAX	调质	

习题与思考题

1. 模具设计任务书应包括哪些内容？若内容不全对设计有无影响？
2. 设计前，设计者应明确哪些事项？
3. 模具设计的一般步骤是什么？
4. 正确选择模具材料有何重要性和实际意义？
5. 塑料防护罩注塑模设计，图13-39为防护罩零件图，材料：ABS（抗冲）。

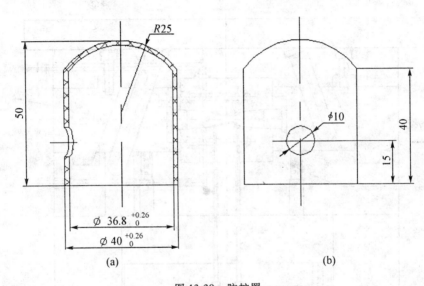

图 13-39 防护罩

技术要求：

(1) 塑件外侧表面光滑，下端外缘不允许有浇灌痕迹，塑件允许最大脱模斜度为 $0.5°$；

(2) 未注尺寸工差均按 SJ1372—78 8级精度；

(3) 较大批量生产。

设计要求：

(1) 根据实物或数模合理确定分型面，合理选择浇口位置及浇口形状；

(2) 根据注塑产品重量及结构特点，懂得计算锁模力并合理选择注塑机，并校核相关工艺参数；

(3) 了解不同塑料粒子收缩率不同对注塑模具的影响；

(4) 根据产品结构特点，分析模具结构，设计合理的抽芯顶出，冷却结构；

(5) 通过对模具结构的分析设计合理的脱模结构；

(6) 将模具的设计意图以工程制图的形式表示出来。

(7) 制订模具的装配工艺和成型零件的工艺，并编制出成型零件的工艺卡

设计条件：

（1）进行相关资料的收集及整理，熟悉注塑模具的制作过程；

（2）要求熟练使用 AutoCAD、PRO/E、UG 绘图软件。

6. 问答题

（1）请简述塑料模具设计流程。

（2）根据下面图 13-40 所示模具装配图，回答问题：

（a）写出①到④共四个部件的名称，并简单解释其在模具中的作用。

（b）请解释⑤处斜度配合的作用（见虚线圆圈处）。

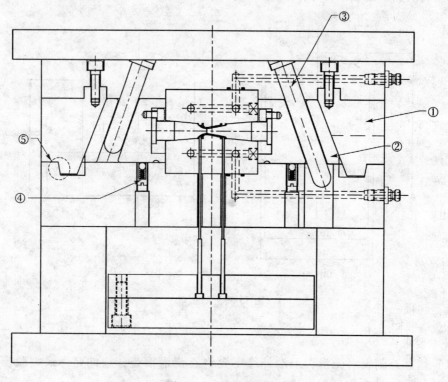

图 13-40　模具装配图

模块十四 成型条件和缺陷分析

任务一 成型条件设定

【知识点】
成型条件的设定
关于注射速度和保压压力的控制和设定

一、任务目标

正确的设定注射成型条件可以保证塑料的良好塑化、顺利充模、冷却与定型，从而生产出合格的塑料制件。

二、知识平台

（一）成型条件参数设定

1. 锁模力

锁模力又称合模力，是指熔料注入模腔时，合模装置对模具施加的最大夹紧力。当高压熔料充满模腔时，会在型腔内产生一个很大的力，力图使模具沿分型面胀开，因此必须依靠锁模力将模具夹紧，使腔内塑料熔料不外溢跑料。模具不至胀开的锁模力应为

$$F \geq 0.1KP_cA \tag{14-1}$$

式中：F——注塑机额定锁模力，kN

P_c——模具型腔及流道内塑料熔料的平均压力，MPa

K——安全系数，通常取 1.1-1.2

锁模力一般按成型品（含主、分流道）投影面积 0.4~0.5T/C㎡ 以上的锁模力选定成型机。

2. 塑化能力

塑化能力是指在一小时内，塑化装置所能塑化的熔料量。

设定时应考虑：成型机注射 1 次树脂的塑化时间应比成型品冷却时间短。严禁在螺杆转速为高速 150rpm 以上时缩短塑化时间。另外，螺杆高速回转时，会使树脂温度上升，并高于设定温度。

3. 料筒温度

注塑机料筒温度是注塑工艺的重要参数，料筒的温控技术将直接影响制品的质量。

目前，料筒多采用电阻式加热圈加热。沿料筒方向至电热圈分为若干段，每段具有各自的电功率和热电偶，可以单独进行温度监控。料筒分段控温是为了获得符合工艺要求的

温度分布以及足够快的升温速度和温控精度,并满足节能要求。控温时,靠料斗一侧的温度控制得低些,防止落料口的塑料过热后发生粘结,影响料的正常下落;料筒前端的温度较高,与熔料温度要求对应。整个料筒呈由低到高逐渐加温的态势。为了确保料斗处的温度不致升得过高,在料斗的附近还设置了冷却水回路。如图 14-1 所示为料筒加热圈分布图。

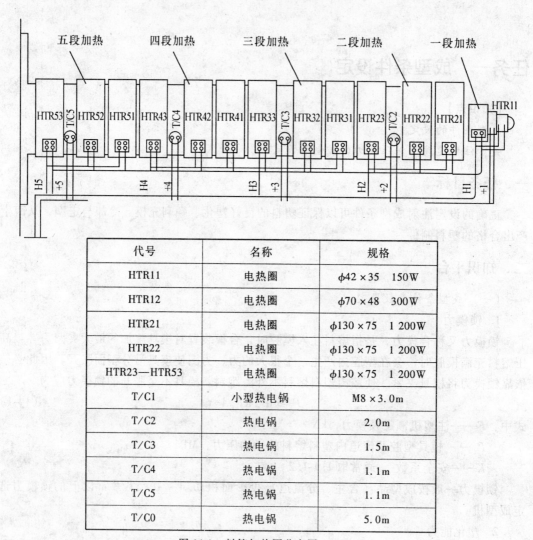

代号	名称	规格
HTR11	电热圈	$\phi 42 \times 35$ 150W
HTR12	电热圈	$\phi 70 \times 48$ 300W
HTR21	电热圈	$\phi 130 \times 75$ 1 200W
HTR22	电热圈	$\phi 130 \times 75$ 1 200W
HTR23—HTR53	电热圈	$\phi 130 \times 75$ 1 200W
T/C1	小型热电锅	$M8 \times 3.0m$
T/C2	热电锅	2.0m
T/C3	热电锅	1.5m
T/C4	热电锅	1.1m
T/C5	热电锅	1.1m
T/C0	热电锅	5.0m

图 14-1 料筒加热圈分布图

那么关于料筒温度的设定,一般来说,树脂塑化时的螺杆转速在 100rpm 时,树脂温度要比加热料筒温度高 10~20℃。但通常按整体塑化后的实际温度测定后进行温度设定。

后部温度设定:加热料筒后部的温度过低时,会加速螺杆及加热料筒的磨损。反之,后部温度过高,会降低树脂的成型充填能力。在充填能力适当时,后部温度设定值可适当提高。

中部温度设定:比加热料筒前部设定温度低 100℃ 左右设定即可。

前部温度设定：加热料筒前部温度设定具有计量、均匀塑化、保温等目的。
温度低：树脂流动性不足、成型品光泽不足。
温度高：焦痕、银丝、黑点附着。

4. 喷嘴温度

喷嘴是安装在料筒最前端的零件。注射时，喷嘴与模具紧密贴合连接，料筒里的熔料经过喷嘴的内孔道，注入模腔内。因为喷嘴内孔道的直径较小，所以，注射时它起到建立熔料的压力、提高注射速率的作用，并由于使熔料产生剧烈的剪切和摩擦，从而熔料得到进一步混炼、均化和升温。

喷嘴温度设定：喷嘴的温度按高于喷嘴处熔料凝固温度10-15℃进行设定。
温度低：熔料冷凝固化、喷嘴堵塞、冷凝料混入制品。
温度高：喷嘴"流涎"、拉丝。

5. 缓冲量

缓冲的作用是对注射油缸的保护。它的缓冲量是由螺杆的大小来计算的。当加热料筒、模具的温度均设定后，设定合适的缓冲量就变得重要了。无缓冲量设定时，用螺杆注射的成型品因无充分的保持压力，易发生熔接痕、成型收缩率不稳定等问题缺陷。

6. 注射压力

注射时，料筒内的螺杆或柱塞对熔料施加足够大的压力，此压力称为注射压力。其作用是克服熔料从料筒流经喷嘴、流道和充满型腔时的流动阻力，给予熔料充模的速率以及对模内的熔料进行压实。注射压力大小对制品的尺寸和重量精度，以及制品的内应力有着重要影响。

为了满足不同加工需要，许多注塑机配备有 2~3 根不同直径的螺杆及料筒供选用。由于注射油缸和油压不变，故改变螺杆直径便改变了最大注射压力。使用较小直径的螺杆，可对应获得较大的最大注射压力。在螺杆直径一定时，当然还可以通过调节注射系统的油压来改变最大注射压力。

设定时应注意：注射压力增加时，成型树脂的流动性相应增加，但引起成型品变形的残余应力也会增加。为了提高树脂的流动性，以选择提高树脂成型温度的办法较好。

在保证顺利成型的情况下，注射压力愈低愈好。熔体树脂在注射压力作用下充满模具型腔后，立即降低注射压力，改用使成型品不致发生缺陷的低压进行保压。

7. 注射速度和注射速率

注射速率指单位时间从喷嘴注射出的熔料量。注射速率高才能保证熔料快速充满模腔。描述注射快慢的参数，除了注射速率外，还有注射时间和注射速度，它们的关系为

$$q = \frac{Q}{t} \tag{14-2}$$

$$V = \frac{S}{t} \tag{14-3}$$

式中：Q——注射量，cm^3；

t——注射时间，s；

v——注射速度，等于注射时螺杆移动的速度，mm/s；

S——注射时螺杆所移动的距离，mm

目前注塑工艺要求注射速率不仅数值要高,而且要求在注射过程中可进行程序控制,即实现所谓"分级注射",以对熔料充模时的流动状态实现控制。

设定注射速度时应注意:

对于壁薄且树脂充模时流动距离长的成型品,应加快注射速度,才能顺利成型。

对于厚壁成型品,则应降低注射速度,否则会发生波纹、缺损等外观缺陷。这点要特别加以注意。

8. 螺杆转速

螺杆转速改变,物料在料筒里停留的时间和受剪切的程度也随之改变。调节时,要由较低向较高转速逐渐调。对热敏性或高粘度塑料,螺杆转速应调低些。有时,为了在规定的冷却时间内塑化足够的塑料,以平衡生产周期,也采用调节螺杆转速的办法。

螺杆的转速设定如下:

PC = 40 ~ 60rpm   ABS = 100 ~ 150rpm
POM = 50 ~ 100rpm   PP = 100 ~ 150rpm
PA = 100 ~ 150rpm   PPE = 30 ~ 70rpm
PE = 50 ~ 150rpm   PS = 70 ~ 120rpm

9. 塑化压力(背压)

塑化压力是指采用螺杆式注射机时,螺杆顶部熔料在螺杆转动后退时所受到的压力。

加入背压的目的:提高树脂的塑化能力;对使用调色剂的树脂能使其混色均匀一致;使树脂中挥发成分或空气等从料斗侧排出。

合适的背压 = 注射压力的 10% ~ 15% = 5kg/cm^2 ~ 15kg/cm^2

螺杆背压太小:熔体中含有空气或其他气体时,成型品会产生焦痕、银丝及其他如熔接痕等引起表面性能下降的缺陷。

螺杆背压太大:树脂塑化时间过长,会造成树脂中加入的玻璃纤维损伤,以及使树脂温度上升过高等。

10. 注射时间

注射时间包括充模时间和保压时间。

树脂完成充模后,因冷却引起体积收缩,对模具进行保压,可使熔体树脂在注射通道尚为凝固堵塞前不断对成型品进行补充,使成型收缩的影响降到最低限度。

对于壁厚较厚的成型品,通过保压可消除成型品的凹陷和缩孔,从而获得尺寸精度高的成型品。

主流道、分流道、浇口凝固后,无再延长注射时间的必要。

保压为了防止成型品变形,保压压力为注射压力的 $\frac{1}{2} \sim \frac{2}{3}$。

如注射压力为 90kg/cm^2 时,保压压力 = 45 ~ 60kg/cm^2

11. 成型条件与树脂流动距离

在成型过程中,塑料熔体在一定的温度、压力下填充模具型腔的能力称为塑料的流动性。塑料流动性差,就不容易充满型腔,易产生缺料或熔接痕等缺陷,因此需要较大的成型压力才能成型。相反,塑料的流动性好,可以用较小的成型压力充满型腔。但流动性太好,会在成型时产生严重的溢边。另外流动性的好坏,也就反映了树脂的流动距离。

影响树脂流动距离的主要因素：

(1) 模具温度对树脂流动性的影响小。

(2) 成型温度与树脂流动距离。

成型温度对树脂的流动性影响大，使用 PC 树脂时，熔体的粘度对温度极敏感，树脂温度升高时，流动性直线上升。

(3) 注射压力与树脂流动距离。

提高注射压力，可增加树脂的流动距离，但较长时间保持高的注射压力时，会使成型品的变形应力加大。

PC 树脂成型品壁厚在 1mm 以下时，提高注射压力也不会有效果。

成型条件与成型品表面光泽度：提高模具温度可增加成型品表面光泽度。

(4) 注射速度与树脂流动性

一般来说，随着注射速度的增加，树脂的流动性提高。特别是壁厚较厚的成型品，成型温度越高，注射速度对树脂流动性的影响越大。

12. 模具温度

模具温度通常是由通入定温的冷却介质来控制的；也有靠熔料注入模具自然升温和自然散热达到平衡的方式来保持一定的温度；在特殊情况下，也可用电阻丝和电阻加热棒对模具加热来保持模具的定温。

模具的温度越低，型腔内的塑料冷却速度越快，可以大大缩短成型周期，提高生产效率。但是模具温度太低，容易产生融接痕、缩痕等缺陷，影响塑件的外观质量。模具温度过高，塑件冷却慢，成型周期加长；塑件脱模后容易翘曲变形，影响塑件的尺寸精度。

如：PC 树脂是熔体温度高且易于凝固的材料，模具温度过低时，会造成成型品熔接处强度低下（熔接痕发生）及残余变形的发生。

13. 加热料筒的清洗（树脂排出）

为了消除成型品黑点、银丝、脏污等外观不良，以及物理性能的劣化，在清洗加热料筒时，应将加热料筒中的树脂充分排出．如果成型品表面的黑点仍难消除时，应考虑将螺杆拆下单独进行清洗。

料筒在清洗时应考虑：

(1) 如果欲换塑料的成型温度远比料筒内存留塑料的成型温度高，则应当先将料筒和喷嘴的温度升高到欲换塑料的最低加工温度，然后加入欲换塑料并连续进行对空注射，直至全部存料被清洗完毕才调整温度进行正常生产。

(2) 如果欲换塑料的成型温度远比料筒内塑料的成型温度低，则应当将料筒和喷嘴的温度升高至料筒内塑料的最好流动温度，然后切断电源，用欲换塑料在降温下进行清洗。

(3) 如欲换塑料的成型温度高，熔融粘度大，而料筒内的存留料是热敏性塑料（如聚氯乙烯、聚甲醛），为了防止塑料分解，应选用流动性好、非热敏性的塑料（如聚苯乙烯、高压聚乙烯）作清洗材料。

表 14-1 为初期成型条件的设定方法。

表 14-1　　　　　　　　　　　　初期成型条件的设定方法

	初期成型条件的设定方法
加热料筒温度的设定	1 先在较低温度进行设定，然后再配合其他条件逐渐提高。 2 前部，中部，后部的温差大体上控制在 10℃。 3 喷嘴温度控制在前部温度的 10℃ 以内。
模温调节器温度的设定	最初都按照各树脂的设定温度进行设定。
注射压力	1 为防止模具受损，先在较低压力设定后再逐渐提高。 2 设定低压，高压的中间压力，减少其他条件变化所带来的影响。 3 由于受模具温度，树脂温度，注射速度等的影响，注射压力的条件会有所变化．在考虑其他条件的前提下，设定最适条件。
低压锁模压力	为了保护模具，将锁模压力设定为最低压力。
高压锁模压力	1 在 140Kg/cm³ 左右进行高压设定。 2 成型品的投影面积小，成型机的缩模压力高时，可低压设定。
速度	1 注射速度＝先慢速设定，然后逐渐加快，在最适速度进行设定。 2 螺杆转速＝先慢转速设定，然后逐渐加快，在最适转数进行设定。 3 模具开．合模速度＝为了防止模具受损，先慢速设定，然后逐渐加快，在最适速度进行设定。
注射时间	1 最初设定较长时间，根据浇口冻结时间进行短时间设定。 2 到缓冲量及压力保持时间为止，设定注射时间。
冷却时间	1 最初设定较长时间，根据成型品的脱模状态间进行短时间设定。 2 为保证成型品的尺寸，有时为较长时间的设定。
成型机工作油温度	在 35～45℃ 的范围进行工作油温度的管理。

（二）关于注射速度和保压压力的控制和设定

1. 注射速度和保压压力的控制

模腔内压与成型品的质量关系。

模腔内注射树脂的充填速度和充填后的压力对成型品的质量有重大影响，其注射成型时型腔压力的变化关系如图 14-2 所示。

（1）充填过程对成型品的表面状态产生影响，决定成型品的外观、取向。

（2）压缩过程对成型品的形状完整性产生影响。

压力过高＝发生毛刺、损伤模具

压力太低＝成型不足

（3）保压压力过程对成型品的收缩产生影响，保压压力低，成型品收缩大时会产生凹陷、缩孔。另外，在冷却过程中，成型品内部的分子取向及结晶方式被加以决定。

（4）冷却过程从保压过程开始持续地进行。由模具温度变化进行冷却，同时模腔内的压力下降。

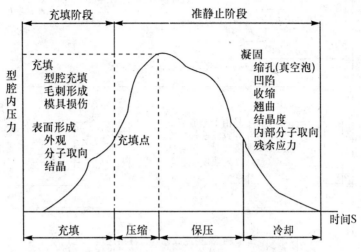

图 14-2　注射成型时型腔压力的变化

2. 注射速度和保压压力的设定方法

表 14-2 为通过合理设定注射速度和注射压力去避免常见缺陷的方法。

表 14-2　　　　　　　　　　注射速度和保压压力的设定方法

缺陷类型	设定方法
熔接痕	在成型孔的背面等产生的熔接痕，可通过提高注射速度、降低树脂的温度来防止。 改变其切换位置，把熔接痕移往表面的不显眼处
凹陷	降低厚壁成型品的注射速度，使其与模腔表面贴合紧密。 在末端部降低注射速度，提高保压压力。

续表

缺陷类型	设定方法
浇口周围喷射纹和银丝	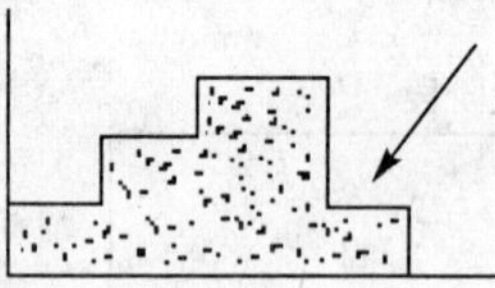 降低通过浇口时的注射速度
波纹	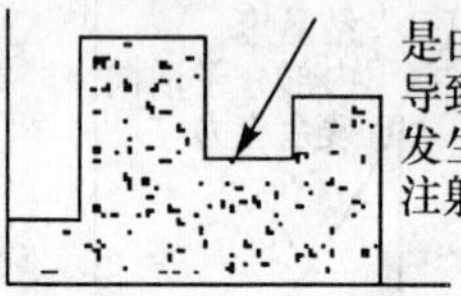 是由于流道窄小导致流速加快而发生时,可降低注射速度；是由于树脂温度较低、成型品厚壁部紊流而发生时,可提高注射速度 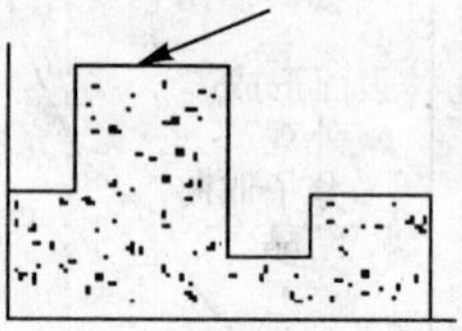
毛刺	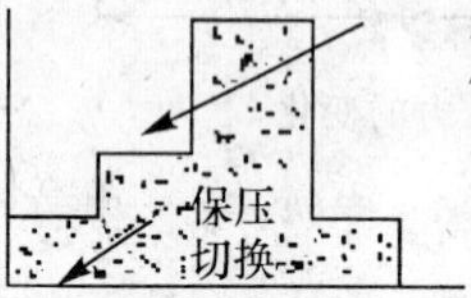 在充模完成前降低注射速度,防止模腔内产生峰值压力。同时,提高保压压力切换装置的精度,用较小的锁模力即可实施成型作业。
浇痕	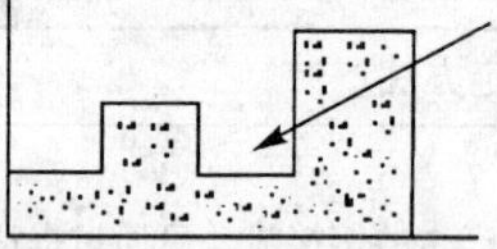 降低发生烧焦部位的注射速度,便于气体顺利排出。
凹陷·毛刺	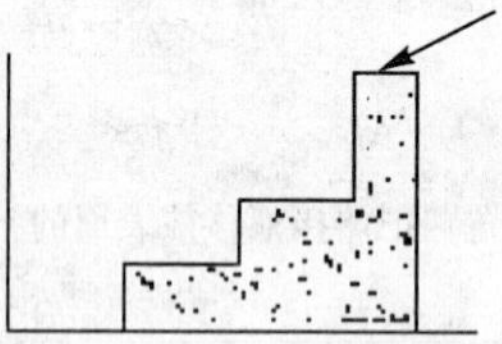 成型品壁薄时,提高型腔最末端拐角部位树脂的注射速度。成型品壁厚时,降低注射速度。 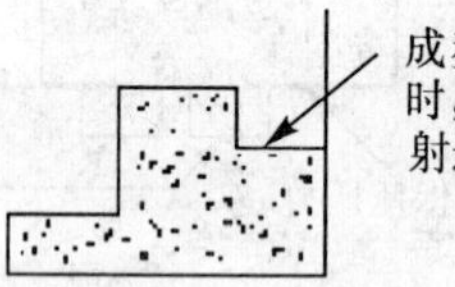

三、知识应用

以 POM 为例,讲述 POM 树脂的成型技术,了解 POM 树脂成型条件设定

1. 成型作业时的安全、卫生

(1) 成型作业时的注意事项

树脂分解

为了防止树脂分解，熔融树脂温度以及在料筒内滞留的时间分别为：

适当的树脂温度：190-210℃

熔融树脂在料筒内滞留的时间：

树脂温度：200℃允许滞留时间：60分种以内

树脂温度：210℃允许滞留时间：30分种以内

树脂温度：230℃允许滞留时间：10分种以内

如果要在中途停止成型作业时，必须将料筒内的树脂排出，使料筒的温度下降。如果料筒的温度过高而使树脂过热时，必须降低料筒的温度，同时加入新树脂将过热的树脂排出。

在排出过热的树脂时，应戴好防护眼镜、手套．而且作业者的手、脸等不能靠近喷嘴前部。

废气　必须对成型作业的空间进行局部或全部换气。

清扫　对于散落在地板上的树脂颗粒等，要及时进行清扫，以免作业者不慎滑倒。

(2) 成型机的启动、停止及树脂材料切换

①之前使用的是POM树脂时：

照旧启动加热器，当喷嘴及料筒内的温度达到规定的温度后，将喷嘴对空反复注射数次后才进行成型作业。此时，有必要确认喷嘴部的树脂是否处于熔融状态。

使用POM树脂的成型作业停止时，首先停止供料，只有当喷嘴喷出的熔融树脂完全没有时，才关掉加热器。

②之前使用的不是POM树脂时：

可以直接换成POM的树脂有，之前成型使用的树脂是与POM树脂一样的成型温度，而且是加热稳定性好的树脂如PE，PS，AS树脂等，或者是其他型号的POM树脂．均可直接换成POM进行成型。

需要先使用PE，PS料进行清洗，然后再换成POM树脂进行成型作业的有：比POM成型温度高的树脂如PC，PA，PBT，PPS等。

如果之前使用的材料是黑着色品等深色树脂，当难以清洗干净时，可用含有天然玻璃纤维的树脂进行清洗，比较容易清洗干净。

POM成型后需要换成其他树脂进行成型作业时：

如果是和POM一样的成型温度，则直接使用．如果与POM成型温度不一样，则先在POM成型温度下用PE、PS树脂对料筒进行清洗，然后再换成该材料的指定温度进行成型作业。

2. 成型机的选择

(1) 成型机的选择

在选择成型机时，需要根据成型机的一次注射量和成型品的投影面积来选择成型机。

一次注射量 = 注射容积 × 20% ~ 80% (最好是30% ~ 50%)

锁模力 > 成型品的投影面积 × 500 - 700 kgf/cm^2

(2) 塑化机构

止逆阀是在保压过程中，防止熔融树脂从模腔中倒流回料筒的部件．如有逆流发生

时，成型品就容易产生凹陷、气泡、尺寸偏差、强度低下等缺陷，必须引起充分注意。

（3）注射机构

为了防止波纹的发生，降低通过浇口的速度可起到较好的效果。注射率大的成型机则不存在此类问题。

（4）喷嘴机构

用开放式喷嘴进行成型作业时，一般不会发生问题。

3. 成型条件

（1）标准成型条件

预备干燥：80~90℃ ×3~4 小时

树脂温度：190~210℃

模具温度：60~80℃

注射压力：500~1000kgf/cm²

注射速度：5~50mm/s

螺杆转速：100150rpm

成型周期：浇口封止时间（注射+保压）+冷却时间

（2）预备干燥

刚开包的树脂无需干燥即可以用于成型。但开包后的树脂在湿度较高的环境下保管或长时间放置时，在使用前必须预先干燥。

注意事项：

棚架式干燥机：树脂颗粒的厚度：25~30mm

料斗式干燥器：按照各树脂指定的干燥温度设定干燥器的干燥温度及热风量，树脂在料斗内的滞留时间不能少于3~4小时。

（3）料筒温度

料筒的温度设定为：后部：150~170℃

中部：170~190℃

前部：180~200℃

喷嘴：190~210℃

树脂温度过高时，易导致材料的分解、变色（因滞留造成变色）。

树脂温度过低时，会有未塑化的颗粒混入。

（4）模具温度

成型时模具的标准温度为60~801℃，生产实际中应根据成型品的性能特点、表面状态、使用时的尺寸变化、成型周期等要求对模温进行设定。

模具温度高时，成型品尺寸变化较小，表面光泽较好。

模具温度低时，可以缩短成型品的成型周期。

（5）注射压力

注射压力需根据树脂材料的流动性、收缩率、成型品的性能特点来设定．主要依据成型品的外形、尺寸来决定。

注射压力的设定

注射压力：1000kgf/cm²

保压压力：500~1000kgf/cm²

从注射阶段转为保压阶段的时机：当模腔的80%~90%被熔融树脂填充时即进行保压。

注射压力高：会发生毛刺。

注射压力低：会发生充填不足、凹陷、表面起皱、气泡等。

(6) 注射速度

注射速度为5~50mm/s，生产实际中应根据成型品的形状、壁厚、品质要求、分流道大小、浇口大小来综合考虑。

注射速度宜快的场合：壁薄、一模多腔、尺寸要求较高的成型品。

注射速度宜慢的场合：壁厚、易产生气泡、波纹的成型品。

注射速度太快时，易产生喷射纹、波纹、毛刺、焦痕等缺陷。

注射速度太慢时，易产生充填不足、表面起皱等缺陷。

(7) 螺杆的转速、背压

考虑到熔融树脂有不同的温度要求，成型作业中以螺杆转速稍慢一些，背压稍高一些为好，一般设定为：

螺杆转速：100~150rpm

背压（表压）：5~10kgf/cm²

背压太低：因空气的卷入会导致对树脂量计量的不准确。

背压太高：会发生树脂从喷嘴流出的现象，并使成型时间延长。

(8) 冷却时间

根据模具温度、成型品壁厚的不同，来确定冷却时间，冷却时间应能保证成型品顺利脱模。

(9) 模具上沉积物的对策

长时间进行成型作业后，模具表面会粘上一些杂质，这种现象能导致成型品表面出现轧压痕、尺寸不良、脱模不良等。

对策：

①提高材料的干燥温度，以除去残留在颗粒中的水分和福尔马林。

②将树脂温度在190~210℃范围内设定的稍低些。

③要考虑成型机一次注射的重量和成型机的容量保持平衡。

④模具温度较高（60℃以上）时，应设置排气槽。

任务二　成型缺陷分析

【知识点】

各种缺陷形成原因及解决办法

PC树脂的缺陷种类，形成原因及对策

一、任务目标

正确了解各种缺陷产生的原因及解决方法，有利于成型出质量较高的塑件产品。

二、知识平台

（一）各种缺陷形成原因及解决办法

塑料常见缺陷如缺料、溢料、飞边、凹陷、气孔、熔接痕、皱纹、翘曲与收缩、尺寸不稳定等，往往是由成型工艺条件、塑件成型原材料选择、模具总体设计等多种因素造成的。下面我们就一些常见缺陷产生原因及解决方法作一系列简介。

1. 毛刺形成的原因及解决办法

毛刺的发生是由于熔融注塑树脂从模具分型面上溢出而形成，是成型作业中最恶劣的状态，特别是当毛刺牢固地粘附在模具分型面上而进行锁模时，会损伤模具分型面，模具由此引起损伤后，重新作业时成型品将会产生新的毛刺，同时也加剧模具的损坏并导致不能使用，所以要特别加以注意。

（1）不要使用过高的注射压力

尽快使成型机在注射，保压的切换位置动作、减少注射量、降低注射压力、成型机的注射压力表达到设定峰值时，完成树脂充填过程，切换为保压压力，当在充填过程完成后仍加诸高的注射压力时，会在成型品内部形成残余应力，并引起毛刺发生。

（2）锁模力不足

由锁模压力调节阀可增加锁模压力，或将锁模压力设定为95％。

但是，应根据成型品的投影面积、成型品所需成型压力选定合适的成型机。

（3）模具损伤

模具的分型面损伤或夹入异物使分型面不能紧密贴合时，肯定会发生毛刺。

模具的保管不当时，会使模具的动、定模座板损伤、锈蚀，所以不能直接将模具放置在地面上，否则会引起成型品成型时毛刺发生，要养成妥善保管模具的良好习惯。

（4）一定要妥善保管好成型机的模具安装面，在模具装入成型机前一定要用抹布将模具安装面擦拭干净，如发生锈蚀、敲打痕、凹痕时，应拆下固模板、锁模板，用铣床、钻床等进行加工修理。

（5）注射量过多或加热料筒的温度设定过高时，也会发生毛刺，注射量要在逐渐增加的情况下进行设定。

2. 成型不足形成的原因及解决办法

成型不足是由于熔融注塑树脂尚未完全充满模腔时就已冷却硬化而形成的成型缺陷。

（1）在成型机注射量充分的情况下，成型不足的状况仍得不到改善时，应考虑是否注射压力不足或熔融树脂的设定温度偏低。另外模腔排气不良时即使增加注射压力、提高熔融树脂的设定温度也会引起成型不足的发生．因此，要注意分析、判断成型时的状况，进行如减少注射速度等的成型条件变更。

（2）在成型机注射量为最大值，且成型温度、成型压力按常规设定无异常判断时，所发生的成型不足可通过选择实际注射量符合要求（或更大一些）的成型机加以解决。

（3）由止逆环伤损、磨损引起的树脂逆流有无发生确认，增加熔融树脂注射量，树脂仍在螺杆头端终止时，即为止逆环伤损，由于树脂逆流的发生，以此引起成型条件变更设定的错误较多。此时应立即进行树脂逆流调查，并更换止逆环。同时应将止逆环作为易损消耗件纳入正常的在库管理。

(4) 熔融树脂温度过低时，树脂的粘度增大，流动性随之变差，也会发生成型不足。但成型树脂温度仍以略低于成型要求的设定温度为好。温度过高会引起成型品收缩率增大，不能达到正常要求的成型精度，甚至引起树脂分解劣化直至发生焦痕等。

(5) 由模具引起的成型不足模具的主、分流道及浇口的通过面积小时，树脂流动的阻力增大，也会阻碍树脂的完全充填。

(6) 另外，注射速度过慢也会发生毛刺，成型压力无法提高时，也有可能引发成型不足。

3. 气泡形成的原因及解决办法

如图 14-3 所示，气泡易发生于成型品壁厚较厚部位，形成的原因与成型品凹陷完全相同。在成型品表面形成的为凹陷，在成型品厚壁中间形成的空洞为气泡。

上述缺陷发生的原因与模具的冷却速度有着密切的关系。

使用低温模具成型时，成型品表面快速冷却，成型品的收缩硬化由表及里逐步进行，中心最后收缩的部位因得不到熔融树脂的补充而形成空洞。应采取措施加强对模具成型时的温度管理。

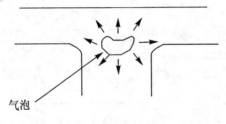

图 14-3　气泡示意图

4. 凹陷形成的原因及解决办法

如图 14-4 所示，凹陷的发生在成型品表面缺陷中最为常见。凹陷是由成型品热收缩引起体积变化，在壁厚部位形成的缺陷。

凹陷与成型不足相比为程度较轻的缺陷。常发生于模腔被熔融树脂充满，但保压压力不充分的场合。设定成型条件时，为了防止凹陷的发生，较好的方法是提高保压压力。特别应注意防止树脂逆流的发生。

更多发生凹陷的原因是浇口过小、模具温度偏低，使浇口部位的树脂先行冷凝硬化，在保压阶段，收缩的部分不能从浇口得到熔融树脂的补充，从而导致凹陷的发生。解决办法是扩大浇口，或者提高模具温度。

成型品凹陷发生的部位：

(1) 模具温度较高时，成型品壁厚部位。
(2) 成型品壁厚与壁薄交接处（如加强肋的内侧等）。
(3) 成型品壁厚在 5mm 以上时，凹陷发生的可能性大大增加。

5. 波纹形成的原因及解决办法

成型品表面形成的类似木材断面年轮纹样的波纹缺陷，在熔融树脂一边流入模腔就一边开始硬化时发生。也有可能在注射过程或是保压过程中发生，如图 14-5 所示。

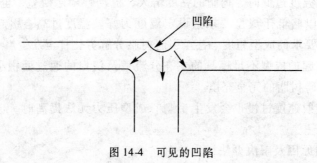

图 14-4　可见的凹陷

(1) 提高注射速度，使模腔内成型品均匀冷却，此效果对消除波纹缺陷最为理想。
(2) 提高模具温度，并稍提高熔融树脂温度。
(3) 提高注射压力，延长保压时间。
(4) 在喷嘴附近残留有已硬化的树脂（冷凝料）并流入模腔时，也会导致波纹发生。解决办法是加大模具设计中的冷料穴尺寸，使冷凝料不能进入模腔。
(5) 喷嘴直径、主流道、分流道的直径过小时，也会产生波纹缺陷。

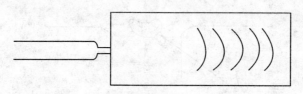

图 14-5　波纹缺陷

6. 银丝形成的原因及解决办法

成型品表面沿树脂流动方向形成的银白色线痕为银丝缺陷。
(1) 熔融树脂过热分解时可发生银丝缺陷，此时应降低加热料筒的设定温度。熔融树脂在加热料筒中滞留时间过长，会分解、炭化，并产生腐蚀性气体，除了使成型品发生银丝缺陷外，还会使模具、螺杆、止逆环等遭受腐蚀甚至报废而必须更换新部件，危害很大。
(2) 树脂干燥不足时，成型中会因树脂内部的水分蒸发而产生银丝缺陷。
(3) 空气混入也会产生银丝缺陷，为使树脂在加热熔化过程中产生的气体及空气排出，提高背压可收到较好的效果。
(4) 注射速度过快时会产生银丝缺陷，浇口过小时，通过浇口的树脂由于高温的作用，产生和喷嘴孔径过小的缺陷，而降低注射速度，则可防止通过的树脂产生焦痕缺陷。另外，可通过扩大浇口及喷嘴孔径对降低银丝缺陷发生的状况加以改善。
(5) 模具温度过低、模腔内气体排出不充分、模腔内附着有水分或脏污时，也会产生银丝缺陷。

7. 黑条形成的原因及解决办法

黑条是指成型品表面产生的黑色线痕状缺陷，其成因是由于螺杆表面、料筒内壁有污物附着，或是因树脂加热时分解产生。

解决的办法是清扫螺杆与料筒上的脏污,不使用不良树脂材料。特别是当螺杆表面粘附有树脂热分解产生的炭化物时,应将螺杆拆下彻底进行清洗。

黑条发生原因及对策:

(1) 加热料筒的设定温度过高,树脂在料筒中滞留时间过长,是导致黑条发生的原因。

(2) 注射速度快、浇口过小时,通过浇口的树脂因过热而产生分解,成型品易发生焦痕缺陷,解决方法是加大模具浇口或降低注射速度。

(3) 螺杆转速太高时,也会使树脂过热(分解)。

(4) 成型品发生有成型不足的缺陷时,在缺陷发生部位还有焦痕.这是由于模具的排气条件不好,成型时卷入的空气经压缩产生高温而引起成型品焦痕的发生.解决方法是改善模具的排气条件,让空气充分排出(此为多发现象,类似问题均可按此法加以解决)。

8. 喷射纹形成的原因及解决办法

喷射纹是指成型品表面产生的细长线痕状缺陷,如图14-6所示。

(1) 喷射纹常因熔融树脂中含有冷凝料而多有发生,这可通过在模具上设置冷料穴来加以解决。

(2) 成型树脂温度、模具温度过低时,也可发生喷射纹。

(3) 浇口位置开设不当时,也可引发喷射纹。

熔融树脂在模腔内最理想的充填方式是连续均匀不间断地充填,如果浇〔形状不好,充填树脂流动不均匀时,会在成型品表面产生拉丝状缺陷。采用限制性浇口避免熔融树脂从浇口直接冲击模腔可解决上述问题。

(4) 注射速度快时,最初高速射入的丝状树脂随即被冷却,与后续流入的树脂存在温度差时,则不能充分融合硬化,此时,降低注射速度即可解决。

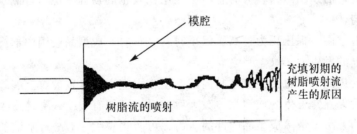

图14-6 喷射纹缺陷

9. 表面雾痕形成的原因及解决办法

模腔表面不良以及过多使用脱模剂时会使成型品表面产生雾痕缺陷。

雾痕的发生如是模腔表面不良引起,研磨模腔表面即可解决,由成型机引发的雾痕缺陷原因:

(1) 注射速度过快,设定温度过高等产生的过热使树脂分解而产生雾痕缺陷。

(2) 模具温度过低时也会产生雾痕缺陷。

(3) 树脂干燥不充分时也会产生雾痕缺陷。

10. 熔接痕形成的原因及解决办法

熔接痕是指在成型品表面产生的细线状对合缝痕迹,不注意观察时,难以发现。熔接痕经常发生在模腔内流动的熔融树脂的融合面上。成型品表面熔接痕部位的强度偏低,为了保证成型品的质量,应尽量消除此类缺陷。图14-7为熔接痕产生示意图。

(1) 成型树脂温度不足时,流入模腔内的树脂不能充分熔接就开始硬化,会发生熔接痕缺陷,此时,可通过提高树脂温度、提高注射速度以及提高模具温度加以解决。

(2) 当熔接痕不能通过设定成型条件来消除,且达不到品质要求的强度时,可通过变更浇口位置及改变注射速度,使熔接痕转移到成型品上对强度不作要求的部位。

(3) 模腔的成型阻力过大,造成树脂流动不畅,先行流入的树脂温度变低,也会产生熔接痕。此时,可考虑扩大浇道与浇口来加以解决。

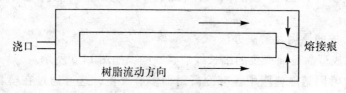

图14-7 熔接痕的产生

11. 裂纹,裂缝形成的原因及解决办法

在成型品表面产生的裂纹、裂缝,其产生原因如下:

(1) 成型品被强行顶出时所发生的裂纹、裂缝。

(2) 由成型品内部的应力所引发的裂纹、裂缝。

①为使成型品顶出时不致受力过大,可从模具的拔模斜度、研磨等方面考虑,另外可按成型品的形状设计考虑使用顶针的数量及直径。

②如潜伏浇口的顶出阻力较大时,尽可能用比较粗的顶针在浇口近侧顶出,使成型品的顶出受力均匀。

③注射压力过高、保压压力过高、保压时间过长时,成型品会因内部产生较大的应力引起裂纹、裂缝的发生。

④模具温度过低时,也会使成型品内部产生较大应力而导致裂纹、裂缝的发生。

最初成型后无异常发生的成型品,数天后有时也可能有裂纹、裂缝发生,通过对成型品采用后处理的方法,消除成型品内部的应力,可防止裂纹、裂缝等缺陷的发生。

12. 送料不良的原因及解决办法

所谓送料不良是指树脂材料特别是PA树脂在注塑时不能被螺杆顺利地从料斗送出的现象。

(1) 使用再生料时,要尽量将材料切细切碎,小吨位成型机的螺杆直径较细,料斗下的槽谷较浅,不能吃进体积较大的再生料。

(2) 含有玻璃纤维的再生料颗粒要尽量细小。

(3) 料斗侧的温度设置如果偏高时,料斗中的树脂就变得容易流动,从而使螺杆无法正常送料。

在使用PE树脂对料筒中的PC树脂进行清洗时,如果料斗下的PE树脂已熔化,螺杆就不能正常送料，从而达不到清洗效果。

（4）如果螺杆背压太高，那么即使螺杆仍在转动，螺杆也不会后退．所以使用PA（尼龙）树脂时，将背压稍微调低一些较好。

（5）半自动成型作业过程中，每当有作业停止发生时，如果使用的是PA（尼龙）树脂，也会引起送料不良。

（二）PC树脂的缺陷种类，形成原因及对策

1. 表14-3为PC树脂的缺陷种类，形成原因及对策

表14-3　　　　　　　　PC树脂的缺陷种类，形成原因及对策

缺陷种类	形成原因	对　策
银丝（与注射同方向分布）	树脂颗粒中含有水分（受潮产生）	①树脂在120℃、4小时以上干燥。 ②喷嘴对空注射，观察熔融树脂产生气泡的状态
银丝（不规则分布，局部发生）	树脂的加热 ①加热料筒或喷嘴的局部温度过高。 ②树脂在加热料筒或喷嘴中滞留。	①降低被加热部分的温度。 ②清扫滞留部，或用不含滞留树脂的部件替换。
变色（褐色）	①树脂加热或滞留时间过长。 ②螺杆的转数不当。	①检查加热料筒、喷嘴滞留部、接合部使用小型的成型机。 ②螺杆的转速设定在45~65rpm。
焦痕及气泡	树脂颗粒中卷入的空气不能排出	提高背压。
局部变色	模具的排气不充分、空气的隔热、因压缩而发热	模具分型面上开设深0.02左右的排气孔。
暗褐色变色、黑点、片状异物混入	加热料筒内壁上逐渐形成的树脂膜分解、脱落并混入。	清扫加热料筒内壁（半年1次）。 运转停止后，加热料筒的设定温度为160~180℃；或用PE树脂清洗后，降低温度。
空穴、周围树脂焦痕、银丝	模具内树脂中卷入空气、空气的隔热、因压缩而发热	降低注射速度
污点	①异物或其他树脂的混入。 ②成型机机体磨损物的混入。 ③接触油脂、油类及溶油物	①清扫料斗、加热料筒及喷嘴。 ②检查各部位的滑动面。 ③检查注射装置、模具，防止漏油
表面粗糙	使用脱模剂	充分研磨模具，在不使用脱模剂的情况下尽可能不使用脱模剂。

续表

缺陷种类	形成原因	对　策
表面凹陷或内部缩孔（气泡）	收缩硬化时补缩压力不足	①补压时间延长。 ②使用加热式喷嘴，防止浇口料成型时的热损失。 ③加大浇注系统。 ④凹陷在脱模后发生时，延长冷却时间。 ⑤增加树脂的供给量。
毛刺	①锁模压力不足、注射压力过高。 ②模具的磨损	①增加锁模压力、降低注射压力及保压压力。 ②对模具进行修正，更新。
不能脱模或脱模时变形	①使用高性能的脱模剂。 ②模具与成型品之间成真空状态。 ③脱模剂使成型品粘接在模具上。 ④成型品在脱模时未充分冷却。	①降低注射压力及树脂的供给量。增加拔模斜度，研磨模具。 ②在模具上增设消除真空负压的装置。 ③增设顶杆。 ④延长冷却时间。
成型品粘模	①模具温度过高。 ②脱模时间过早。	①加快冷却速度。 ②延长冷却时间。
成型不足	①加热料筒溢度过１氏、浇道的冻结过早、模具温度过低。 ②成型品壁厚太薄。 ③各模腔的充填不平衡。 ④树脂供给量不足	①提高加热料筒温度、扩大浇注系统、提高模具温度。 ②增加成型品壁厚。 ③改变分流道设置，使同时（平衡）充填。 ④增加树脂供给量。
成型品边缘圆弧状凸起	①树脂温度过低。 ②注射速度慢。	①提高树脂温度、特别是提高喷嘴温度。 ②提高注射速度。
波纹喷射纹浇口附近的粗糙	冷却后的树脂、或与模腔壁接触的树脂部分又被别的熔融树脂充填	加大浇口．降低注射速度。 改变浇口位置。 提高喷嘴温度。
熔接痕	充填树脂在模腔最后充满会合处已冷却	提高树脂温度，提高模具温度。 提高注射速度，加大浇口。
浇口附近起皱	树脂温度在保压期间已冷却	加大浇口
成型品表面分层	不同种类的树脂或异物混入	将加热料筒与喷嘴清洗干净

续表

缺陷种类	形成原因	对策
成型品的破损、劣化	①树脂颗粒中含有水分。 ②喷嘴温度过低。 ③喷嘴、浇口套之间夹有树脂冷凝块。 ④模具温度过高，注射压力、保压压力过高，由制品壁厚差产生内应力。 ⑤切口（应力集中）效应。 ⑥树脂被加热分解。 ⑦树脂中有异物混入。	①树脂干燥温度设定为120℃，喷嘴对空注射树脂，检查熔融树脂产生气泡时的状态。 ②提高喷嘴温度，消除未融化的树脂注射完成后，使喷嘴离开模具。 ③每次将冷却树脂去除。 ④降低注射压力、保压压力，在模腔被完全充填后，不要加过高的压力。 ⑤将模具的锐角部圆弧化（去应力集中）。 ⑥检查过热部，降低该部分的温度。 ⑦将加热料筒与喷嘴清洗干净

2. PC 树脂干燥与防潮（见表 14-4）

树脂干燥不均匀或有吸潮时．引发成型品产生的缺陷有：
①成型品变脆，②成型品产生银丝．③模具表面生锈导致成型品表面产生雾痕。

树脂干燥机因其调温器与机内实际温度存在偏差，需要对机内的温度分布情况进行调查。

表14-4　　　　　　　　　PC 树脂的一般干燥条件

干燥形式	干燥温度	干燥时间	注意事项
箱式	120℃	4~6小时	树脂颗粒层厚30mm以下
料斗式	120℃	3~4小时	树脂颗粒的堵塞

（1）料斗上层部的树脂短时间内流动到最下部。

中央部的树脂从外侧迅速流动引发的现象。

在清扫时确认料斗式干燥机的底部是否装有圆锥形的料斗。

（2）在确定料斗干燥机的容量时，可按单位使用量及所需时间计算出的值的1.5~2倍考虑。

（3）环境湿度（成型车间温度）不同时，干燥效率也不同。

（4）环境湿度为80%以上的高湿度期间，干燥时间要延长至原来的2倍。

（5）使用料斗式干燥机时，为了防止树脂冷却后的再次吸潮，要调整设定温度，保证树脂在设定温度不断加热。

（6）树脂含水率在0.02%以下。

三、知识应用

成型缺陷如图14-8所示，要想消除此类缺陷，应如何调整成型工艺。

图 14-8 成型缺陷

1. 要想法消除此类缺陷,应先分析形成这些缺陷的原因

图 14-9 为毛刺、波纹缺陷产生的过程示意图。

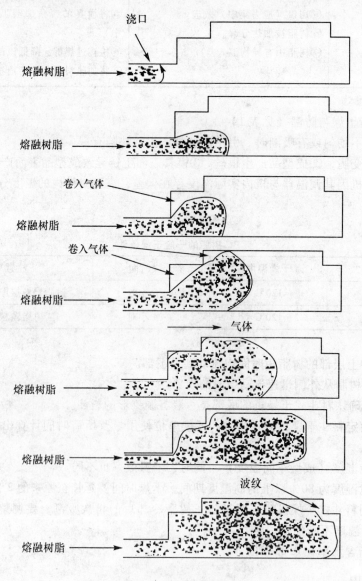

图 14-9 毛刺,波纹缺陷产生的过程

(1) 熔融树脂从浇道流入。
(2) 开始充填型腔。
(3) 熔融树脂在充填型腔的拐角部位前，先流入易于充填的部位。
(4) 型腔拐角部位被熔融树脂包围，在尚未充填的拐角部位残存有气体及树脂的挥发物。
(5) 随着熔融树脂的不断流入，型腔拐角部的残留气体也随其流动，从而导致雾痕的发生。
(6) 熔融树脂不断流入模腔中已固化的树脂中时，由于树脂温度的下降，树脂与模腔面的紧贴性降低。
(7) 随着熔融树脂的不断流入，在型腔充填结束时，由于充填速度快而使模腔内压力迅速增高，因而产生毛刺缺陷。

2. 解决办法

各类成型缺陷的解决办法如表 14-5 所示。

表 14-5

缺陷类型	模具温度	树脂温度	注射速度	保压压力
喷射纹	提高	提高	降低	
卷入气体产生的雾痕	提高	降低	降低	
波纹	提高	提高	提高	提高
毛刺	降低	降低	降低	降低

提高模具温度、树脂温度，不利于缩短成型周期。可以用控制注射速度的快慢来解决成型缺陷，用降低温度条件来缩短成型周期。

参考文献

[1] 申开智主编. 塑料成型模具. 北京：轻工业出版社，2002
[2] 黄锐主编. 塑料成型工艺学. 北京：轻工业出版社，1997
[3] 唐志玉等主编. 塑料制品设计师指南. 北京：国防工业出版社，1997
[4] 齐卫东主编. 塑料模具设计与制造. 北京：高等教育出版社，2004
[5] 李学锋主编. 塑料模设计及制造. 北京：机械工业出版社，2001
[6] 李学锋主编. 模具设计与制造实训教程. 北京：化学工业出版社，2004
[7] 唐志玉主编. 塑料模具设计师指南. 第1版. 北京：国防工业出版社，1999
[8] 冯炳尧、韩泰荣、蒋文森编. 模具设计与制造简明手册（第二版）. 上海：上海科学技术出版社，1998
[9] 模具设计与制造技术教育丛书编委会. 模具制造工艺与装备. 北京：机械工业出版社，2003
[10] 许发越主编. 模具标准应用手册. 北京：机械工业出版社，1994
[11] 许鹤峰陈言秋编著. 注塑模设计要点与图例. 第1版. 北京：化学工业出版社，1999
[12] 模具实用技术丛书编委会. 塑料模具设计制造与应用实例. 北京：机械工业出版社，2002
[13] 王文广等主编. 塑料注射模设计技巧与实例. 北京：化学工业出版社，2004
[14] 贾润礼程志远主编. 实用注塑模设计手册. 北京：中国轻工业出版社，2000
[15] 洪亮主编. PRO/E中文野火版模具设计教程. 北京：清华大学出版社，2007
[16] 王文广，田宝善，田雁晨主编. 塑料注射模具设计技巧与实例. 北京：化学工业出版社，2003
[17] 洪慎章编著. 实用注塑成型及模具设计. 北京：机械工业出版社，2006
[18] 屈华昌主编. 塑料成型工艺与模具设计. 北京：机械工业出版社，1996
[19] 手册编写组. 塑料模设计手册. 北京：机械工业出版社
[20] 李俊松主编. 塑料模具设计. 北京：人民邮电出版社 2007
[21] 夏江梅主编. 塑料成型模具与设备. 北京：机械工业出版社 2008

图书在版编目(CIP)数据

塑料模具设计基础/胡东升,杨俊秋,夏碧波主编. —武汉:武汉大学出版社,2009.1
湖北高职"十一五"规划教材
ISBN 978-7-307-06838-4

Ⅰ.塑… Ⅱ.①胡… ②杨… ③夏… Ⅲ.塑料模具—设计—高等学校:技术学校—教材 Ⅳ.TQ320.5

中国版本图书馆 CIP 数据核字(2009)第 010318 号

责任编辑:李汉保　　责任校对:黄添生　　版式设计:马　佳

出版发行:**武汉大学出版社**　(430072　武昌　珞珈山)
(电子邮件:cbs22@whu.edu.cn　网址:www.wdp.com.cn)
印刷:湖北睿智印务有限公司
开本:787×1092　1/16　印张:23.625　字数:567 千字　插页:2
版次:2009 年 1 月第 1 版　　2012 年 1 月第 2 次印刷
ISBN 978-7-307-06838-4/TQ・8　　定价:38.00 元

版权所有,不得翻印;凡购买我社的图书,如有质量问题,请与当地图书销售部门联系调换。

机电专业教材书目

1. 模具制造工艺
2. 冲压模具设计指导书
3. 冲压工艺及模具设计与制造
4. 数控仿真培训教程
5. 机械制图与应用
6. 机械制图与应用题集
7. 单片机入门实践
8. 现代数控加工设备
9. PLC应用技术
10. 可编程控制器应用技术
11. 数控编程
12. UG软件应用
13. 塑料模具设计基础
14. 数控加工工艺
15. 数控加工实训指导书
16. 机电与数控专业英语
17. 传感器与检测技术
18. 机械技术基础